"十二五"普通高等教育本科国家级规划教材

地理信息系统原理

（第二版）

华一新　张　毅　成　毅等　编著

U0197499

科学出版社

北京

内 容 简 介

　　地理信息系统是综合处理和分析地理空间数据的信息系统和技术方法，地理空间数据的组织、管理、分析、可视化等都需要地理信息技术的支持。本书系统介绍了地理信息系统基本概念、数据模型、数学基础、体系结构、技术手段等主要内容，重点阐述了地理空间数据获取、处理、分析、管理和可视化等核心技术，并对地理信息系统标准、地理信息服务和地理信息应用等进行了初步的介绍。

　　本书可作为测绘、地理、环境、土地、信息、军事等学科领域的本科生教材，也可供从事地理信息系统开发与应用的研究人员和工程技术人员参考。

图书在版编目(CIP)数据

地理信息系统原理/华一新等编著. —2 版. —北京：科学出版社，2019.12

"十二五"普通高等教育本科国家级规划教材

ISBN 978-7-03-063707-9

Ⅰ. ①地…　Ⅱ. ①华…　Ⅲ. ①地理信息系统–高等学校–教材

Ⅳ. ①P208

中国版本图书馆 CIP 数据核字(2019)第 280835 号

责任编辑：杨　红　郑欣虹 / 责任校对：何艳萍
责任印制：赵　博 / 封面设计：迷底书装

科 学 出 版 社 出版

北京东黄城根北街 16 号
邮政编码：100717
http://www.sciencep.com

天津市新科印刷有限公司印刷
科学出版社发行　各地新华书店经销
*

2012 年 1 月第 一 版　　开本：787×1092　1/16
2019 年 12 月第 二 版　　印张：15 1/4
2025 年 1 月第十四次印刷　字数：374 000

定价：59.00 元
(如有印装质量问题，我社负责调换)

第二版前言

地理信息系统(geographic information system，GIS)在国民经济和国防建设的各个方面都有重要作用，已经在地理、地质、交通、水利、农业、公安、军事等专业领域，以及位置服务、空间定位、路径规划、周边查询等公众服务方面取得了很好的应用效果，并且地理信息系统的应用仍然在进一步扩展和深化。

本书的基本内容最早源于《地理信息系统原理与技术》(华一新、吴升、赵军喜，解放军出版社，2001)。该教材在本科生和研究生的地理信息系统课程教学中持续使用了十多年，以基本概念清晰、技术方法详细为特点，取得了很好的教学效果。

为了适应地理信息技术的发展，以《地理信息系统原理与技术》教材为基本内容，吸收了地理信息系统领域的新概念和新技术，编著出版了教材《地理信息系统原理》(华一新、赵军喜、张毅，科学出版社，2012)。该教材在多所院校得到使用，教学效果优良，多次重印，被评为"十二五"普通高等教育本科国家级规划教材。

本书作者长期从事测绘和地理专业本科生及研究生的地理信息系统课程教学工作，持续承担和完成了多项地理信息系统方面的科研和工程研发任务，为了使地理信息系统教材的内容能始终紧跟科学技术发展的步伐，同时更好地配合地理信息系统课程本科生和研究生教学的实际安排，在参阅了大量国内外有关资料，并结合地理信息技术的最新进展后，作者对《地理信息系统原理》教材进行了全面系统的修编。主要修编内容为：

(1)将 12 章内容整合为 10 章，使教材架构的体系性更强，教材内容信息量更加丰富，教材章节安排更加合理，更便于教学的组织和实施。

(2)对地理信息系统名词概念和技术方法的表述进行了全面梳理，使地理信息系统相关概念和技术方法的描述更加准确、更易于理解。

(3)对技术方法部分进行了适当的增删，删除了在实际应用和教学中很少涉及的部分内容，增加了新技术、新方法的描述，保证了 GIS 知识体系的完整性和先进性。

在本书修编工作中，华一新修改编写了第 1 章～第 3 章，以及第 9 章；张毅修改编写了第 4 章和第 5 章；赵军喜修改编写了第 6 章和第 7 章；成毅修改编写了第 8 章和第 10 章。华一新对全书进行了统稿和定稿。

经过作者的努力，本书内容更加丰富、完整和准确，但仍难免存在不足，恳请读者提出宝贵的修改意见。

作　者

2019 年 8 月

第一版前言

地理信息技术在国民经济和国防建设的各个方面都发挥着重要的作用。本书是作者在多年来从事本科、研究生的地理信息系统课程教学和完成多项地理信息系统课题研究的基础上，参阅了大量国内外有关资料编著而成的。

本书主要内容源自 2001 年解放军出版社出版的《地理信息系统原理与技术》(华一新、吴升、赵军喜编著)，该教材已在本科和研究生的地理信息系统课程教学中使用了 10 多年，取得了很好的教学效果。随着地理信息技术的快速发展，出现了一些新的概念和技术方法，需要补充到地理信息系统教材中。本书就是以《地理信息系统原理与技术》为基础，在重新确定章节内容和增加新的技术进展后编著而成的。在本书的撰写过程中，华一新负责各章节目录的确定、全书内容的最终审定和第 1、2 章的编写；赵军喜负责第 3、5、6、7、10、11 章的编写；张毅负责第 4、8、9、12 章的编写。全书共 12 章，各章主要内容如下：

第 1 章介绍 GIS 的定义、发展、组成、应用、相关学科以及我国 GIS 的研究进展。

第 2 章介绍空间数据的地理参照系、地图投影、常用大地坐标系。

第 3 章介绍空间数据的数据特征与类型、数据源、数据的度量等级、数据质量。

第 4 章介绍空间数据模型及分类、矢量空间数据模型、栅格空间数据模型、表面模型。

第 5 章介绍基本的空间关系，包括空间距离、空间方位、空间拓扑。

第 6 章介绍 GIS 标准的定义和分类、分类与编码标准、记录格式与交换标准、元数据标准。

第 7 章介绍常用的空间数据获取方法，包括野外直接测量获取空间数据、摄影测量方法获取空间数据、地图数字化获取空间数据。

第 8 章介绍空间数据的坐标变换、图形编辑、拓扑关系生成、矢量数据的压缩、空间数据的结构转换、空间插值、数字高程模型的生成、图像数据的处理。

第 9 章介绍空间数据管理技术的发展、空间数据库引擎、空间数据的组织、空间索引。

第 10 章介绍空间查询、空间统计分析、地形分析、叠置分析、缓冲区分析、栅格分析、网络分析。

第 11 章介绍空间数据可视化的原理和形式、地图符号和注记、电子地图设计、地图输出。

第 12 章介绍地理信息服务概念、地理信息服务内容、GIS 与地理信息服务、地理信息网络服务。

虽然经过作者的努力，但本书难免还存在一些不足，恳请读者提出宝贵的修改意见。

作　者

2011 年 10 月

目　　录

第1章 绪 论

本章从地理信息系统的起源出发，依次介绍了 GIS 的相关概念、基本功能、组成结构、应用等内容，以便读者形成对 GIS 的基本认识。

1.1 什么是地理信息系统

随着计算机技术的快速发展，人类社会已经步入信息时代。在各种专业领域和大众领域，涌现出多种多样的数据获取、处理与应用的信息系统。其中，城市规划、地籍管理、精准农业、交通运输、公共安全、抢险救灾、作战指挥、电子导航、电子地图等方面的信息系统都与地理空间位置有关，都是地理信息系统在不同领域中的实际应用。

1.1.1 地理信息系统的起源

20 世纪 50 年代，测绘和地理领域开始用计算机来汇总、处理和计算测绘与地理数据。例如，1956 年，奥地利测绘部门首先利用计算机创建了地籍数据库。

1963 年，加拿大农业部开展土地调查项目。农业部负责人 Lee Pratt 的想法是，用手工的方式把土地利用信息绘制在透明薄膜上，并在地图上进行叠加分析。地理学家 Tomlinson（图 1-1）提出了建立加拿大地理信息系统（Canada geographic information system，CGIS）的思想，认为基于计算机的分析可以快速、方便地实现各类专题数据的叠加和量算。CGIS 将加拿大的土壤、居民地、地形等信息按照图层（图 1-2）进行组织，并通过计算机进行叠置分析。CGIS 的输入设备是滚筒式扫描仪和数字化仪，使用的是 IBM 360/65 大型机，其输出设备分别是行式打印机和绘图仪。1972 年，CGIS 全面投入应用，用于自然资源的管理和规划。

图 1-1 地理学家 Tomlinson

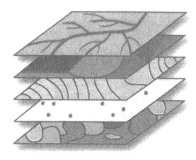

图 1-2 以图层方式组织数据

1965 年，Howard Fisher 教授在福特基金支持下建立了哈佛大学计算机图形与空间分析实验室，并领导实验室开发了地图制图软件——联合制图系统（synagraphic mapping system，SYMAP），能够实现地图的移动跟踪数字化、地图数据拓扑关系生成和地图分幅数据拼接等功能，对 GIS 技术的发展产生了重要影响。

地理信息系统的出现与计算机技术的发展密不可分，随着计算机技术的发展，地理信息技术也在不断发展。

1.1.2　地理信息系统的相关术语

与地理信息系统直接相关的术语主要包括信息、地理信息、空间信息、地理空间信息、数据、地理数据、空间数据、地理空间数据等，本节简要描述了这些术语的基本含义及相互关系。在地理信息系统相关领域，往往会混用地理信息、空间信息、地理空间信息，以及地理数据、空间数据、地理空间数据等术语，但这些术语在技术范畴内所表示的实际含义并无本质区别。本书在涉及 GIS 应用时，主要使用地理空间数据的术语；在涉及 GIS 技术方法时，主要使用空间数据的术语。

1. 信息

信息是近代科学的一个专门术语，是客观世界中继物质和能量之后的第三个现代科学的基本概念，已广泛应用于各个社会领域。

狭义的信息论将信息定量地定义为"两次不定性之差"，即人们获得信息前后对事物认识的差别。例如，抛一枚硬币，这枚硬币是正是反，就有 1 比特(bit)的信息量。同理，计算机中的一个二进制位可以是 0 或 1，也具有 1 比特的信息量。广义的信息论认为，信息是主体(人、生物或机器)与外部客体(环境、其他人、其他生物或机器)之间相互联系的一种形式，是主体和客体间一切有用的消息或知识，是表征事物特征的一种普通形式。

本书认为信息是客观事物的反映，提供了客观事物的消息与知识。

2. 数据

数据是一种载存信息的符号。数据的形式可以是数字、符号、字母等。信息和数据是不可分离的，信息由数据表达，数据包含的意义就是信息。

数据是信息的载体，但并非数据就是信息。只有理解了数据的含义，对数据做出了解释，才能得到数据所包含的信息。要从数据中得到信息必须经过处理和解释。数据处理是指对数据的收集、筛选、排序、转换、检索、计算、分析等；数据解释则需要知识和经验，不同的背景和目的会产生不同的解释。虽然在很多情况下，可以把信息和数据当作同义词，但两者的实际含义是不同的。

3. 信息系统

系统是由相互作用和相互依赖的若干组成部分结合而成的，是具有特定功能的有机整体。对计算机而言，系统是为实现某种特定的功能，由必要的人员、设备和方法或程序按一定的方式组织起来进行工作的集合体。

信息系统是加工和处理信息的系统，可以对信息进行采集、处理、传输、管理、检索、分析等，也可以为决策过程提供有用的信息。从计算机科学的角度看，信息系统由计算机硬件、软件、数据和用户四大部分组成，具有采集、管理、分析、表达四大功能。

4. 地理信息与地理数据

地理信息是指与地理位置有关的事物的信息，描述了事物的空间位置、空间形态、属性特征、相互联系和变化规律等。地理信息具体包括位置、形态、关系、结构、行为、认知、属性等方面的信息。

简单地说，地理信息是指具有空间位置的事物的各种信息。大到世界各大洲、各国家，小到一幢房屋、一棵树，由于它们含有空间位置信息(如可用经纬度表示)，都属于地理信息的范畴；而图书资料、财务报表等方面的信息，由于通常不含空间位置信息，就不属于地理信息。据有关资料统计，人类所使用的各种信息中，地理信息约占所有信息的 80%。因此，地理信息在日常生活、国民经济和国防建设中具有重要的作用。

地理信息由地理数据来具体表达。地理数据是具有空间位置的自然、社会、人文、经济等方面的数据，可以是图形、图像、文本、表格、数字、声音等形式。因此，地图数据、遥感数据、全球导航卫星系统(global navigation satellite system，GNSS)数据等测绘数据都属于地理数据。

5. 地理空间信息与地理空间数据

为了强调地理信息的空间特征(如空间位置和空间形态)，地理信息又称为地理空间信息。相应地，地理数据又称为地理空间数据。

在地理信息系统领域，地理空间信息和地理空间数据是使用较为频繁的术语。

6. 空间信息与空间数据

空间信息泛指有空间位置的事物的信息。例如，在汽车的坐标系下，汽车的发动机、座椅、车窗等是具有空间位置的事物，均可对其空间位置进行描述。所以，在汽车设计中，发动机、座椅、车窗等的信息是一种空间信息。相应地，空间信息由空间数据进行具体描述。地理空间信息是空间信息的一种，地理空间数据是空间数据的一部分。地理信息技术不仅可以用于地理空间数据的处理、分析与显示，而且可以用于空间数据的处理、分析与显示，所以，在地理信息系统领域，经常出现地理空间信息与空间信息混用，地理空间数据与空间数据混用的情况。

1.1.3　地理信息系统的概念

1. 地理空间数据的使用

通过使用地理空间数据，可以回答各种与空间位置相关的问题。例如，在生活中会有这样的问题：连云港—霍尔果斯高速公路上的交通事故多发地段在哪里？外国语小学十分钟步行距离内有多少二室一厅的房子出售？城市施工区域中埋设何种地下管线？从火车站到市图书馆如何换乘公交车？当前位置附近有哪些快餐店？

这些问题的相同特点是，涉及的事物或现象都具有空间位置。这些问题已经在不同的信息系统中得到了很好的解决，解决的基本方法是将道路数据、交通事故数据、单位地址数据、房屋出售数据、公交数据等地理空间数据进行面向特定目的的处理、分析和显示。

这些针对不同问题的地理空间数据处理、分析和显示的方法，具有相同的技术特点：都需要对数据进行统一的组织与管理，都需要建立空间分析的模型和算法，都需要进行可视化显示等。这种对地理空间数据的使用方法就是地理信息技术，所建立的信息系统统称为地理信息系统。

2. 地理信息系统的定义

地理信息系统至今没有一个全球公认的唯一定义，不同领域的专家给出的定义是不同的，但都是对同一个事物不同侧面的理解和描述。目前，对 GIS 的认识主要有三种不同的角度。

(1)地图的角度。主要来自于测绘领域，认为 GIS 是地图显示、处理与使用的信息系统，每个数据集被看作不同类型的地图、图层、要素等。

(2)数据库的角度。主要来自于计算机领域，认为 GIS 就是地理空间数据组织、管理和操作的计算机系统，强调系统体系结构、海量数据存取、高效数据访问、高性能空间计算等的重要性。

(3)空间分析的角度。主要来自地理学领域，认为 GIS 就是基于地理空间数据对地理现象进行分析和模拟的信息系统，强调地理空间数据应用是 GIS 的本质。

随着地理信息系统在不同领域的广泛应用，出现了城市规划信息系统、地籍管理信息系统、土地利用信息系统、交通管理信息系统、电子导航信息系统、地图生产信息系统等，不同的使用者对地理信息系统有着不同的理解。本书作者认为，地理信息系统是一个仍在迅速发展的领域，现在还不需要一个完善的定义，只要把握其基本特征和基本构成即可。因此，本书给出 GIS 的一般定义：GIS 是用地理空间数据对现实地理世界进行抽象和描述的技术方法，是采集、存储、管理、分析和表达地理空间数据的信息系统。

简单地说，地理信息系统是处理地理空间数据的技术。"数据"意味着需要应用计算机技术进行数据的存储、管理和计算；"地理"意味着数据是描述地理现象的；"空间"意味着数据所表示的事物具有空间位置和空间形态等特征；"处理"是指需要对数据进行获取、管理、查询、分析、可视化等操作。

3. 对地理信息系统的再理解

1)GIS 与地图

地图至少有 5000 年的历史，是一种现实世界的模型，通过将现实世界抽象到二维平面上，实现地理信息的存储、表达和应用。把地图"装入"计算机(图 1-3)就是最基础的 GIS，GIS 就是从地图的计算机绘制开始的。

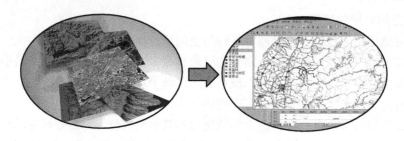

图 1-3　把地图"装入"计算机

地图是对现实世界的静态描述，将地图装入计算机后，有利于动态描述地理空间信息。基于地图的深入应用往往需要专业人员来完成，而将地图装入计算机后，地图变得更易于使用，并能解决更多的问题。简言之，GIS 源于地图，但比地图更有用。

2)GIS 与计算机技术

最初计算机只能表示数字和用于计算；后来计算机可以表示字符；数据库技术的发展使得计算机可以用于管理统计数据。20 世纪 60 年代中期，计算机开始用于绘制地图。GIS 把地理空间数据存入计算机，使得地理空间数据能更好地发挥出效能。同时，GIS 技术的发展与计算机技术的发展有着密切的关系(图 1-4)。

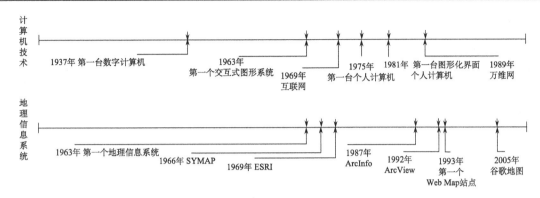

图 1-4 GIS 技术与计算机技术发展的关系

3) GIS 与应用需求

GIS 的发展离不开应用需求的牵引。社会越来越复杂,决策越来越需要精准化,而精准化的决策往往与地理空间位置密切相关。GIS 可以弥补地图在地理空间信息获取、管理、表达、分析等方面的不足,并且可以提供更友好、更灵活、更方便的地理空间信息的应用方式。

经过 50 多年的发展,GIS 在军用和民用的各个行业都得到了广泛的应用,取得了良好的应用效果,随着网络通信设施覆盖度的提升,GIS 已经走进百姓的日常生活。怎样更精确、动态、全面地描述现实世界,如何更可信、迅速、准确地提供空间决策支持,是 GIS 未来发展的方向。

4. 与 GIS 相关的学科和技术

GIS 是传统科学与现代技术的结合,涉及多门学科和技术(图 1-5)。

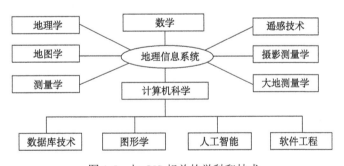

图 1-5 与 GIS 相关的学科和技术

地理学研究人类居住的地球,其地理分析方法是 GIS 空间分析方法的基本来源。同时,GIS 为地理学的定量化、动态化、系统化研究提供了技术手段。

地图学有着古老的历史,地图是地理空间信息最有效的表示方法之一。地图学是地理信息系统的方法论基础,GIS 实现了地图功能的拓展和延伸。

测量学为确定地理现象的空间位置和空间形态提供技术手段。测量是 GIS 获取地理现象空间数据的基本方法,测量成果是 GIS 地理空间数据的基本数据源。

大地测量学不仅为 GIS 提供空间基准(如精密地心参考框架),还可为 GIS 提供精确定位信息、重力场模型等的获取方法。

摄影测量学为基于影像提取 GIS 空间数据提供技术方法,常用的数字图像处理方法可以集成到 GIS 应用系统中。

遥感技术是 GIS 获取和更新地理空间数据的有效方法。遥感数据是目前 GIS 的主要数据源，GIS 技术可支持遥感数据的进一步开发和应用。

GIS 是一种基于计算机的信息系统，计算机科学是建立 GIS 的基础。数据库技术为地理空间数据管理提供技术手段，图形学为 GIS 空间数据的操作和运算提供方法，软件工程为 GIS 开发提供软件研发的工程化方法，人工智能为 GIS 空间决策支持提供了理论、技术和方法。

数学的许多分支(如图论、几何学等)广泛应用于 GIS 地理空间数据的处理、分析和计算。例如，统计学在 GIS 空间分析和数据质量方面有重要应用，又如，运筹学为基于 GIS 的空间决策和优化提供了原理和方法等。

GIS 相关的学科和技术还有很多，并且随着 GIS 应用领域、应用模式和空间范畴的扩展，还会进一步增加。

1.2　GIS 的基本功能

GIS 在不同应用领域中发挥着不同作用，不同应用领域中的 GIS 有着不同的功能，以满足不同的应用需要。但 GIS 的基本功能是一样的，即空间数据获取、空间数据管理、空间查询与空间分析、空间数据可视化。不同文献对 GIS 基本功能的分类可能会略有不同，且会使用如数据采集、数据输入、数据处理、数据检索、数据存储、数据输出等不同的术语，但对基本功能实质内容的描述是一致的。

基于 GIS 的基本功能，可以研发出满足不同需要的空间信息系统，如城市规划信息系统、交通管理信息系统、车辆导航信息系统、地籍管理信息系统等。

1.2.1　空间数据获取

在 GIS 中，地理空间数据的获取与处理功能通常称为空间数据获取，是指为构建空间数据库或形成空间数据集，采集、接收、转换、处理与空间位置有关的各种数据的方法和工作。空间数据获取是建立空间信息系统的基础工作。只有进行持续的空间数据获取，才能实现空间数据库的不断更新，才能充分发挥空间信息系统的实际应用效能。

空间数据获取的概念是随着 GIS 的进步而发展起来的。最早是指为建立 GIS 地理数据库而使用的地图数据采集方法，主要指纸质地图的数字化，即将纸质地图数字化为由点、线、面及其属性构成的矢量地图数据和以规则格网方式描述的数字高程模型(digital elevation model，DEM)数据。随着地理信息技术的发展，地理数据库包含了越来越多种类的空间数据，遥感影像数据、野外测量数据、卫星导航定位数据，以及各种多媒体专题数据等成为空间数据获取的主要内容。近年来，基于互联网和物联网的空间数据获取手段不断发展，空间数据获取的内容也随之扩展。随着空间信息探测和应用技术的发展，空间数据获取的内容必将更加丰富多样。

随着相关技术的快速发展，空间数据获取方法已发生很大变化：遥感影像成为空间数据的主要数据源，卫星、航空飞机、无人机等成为空间数据的主要获取平台；大比例尺矢量地图数据的生成与更新以摄影测量方法为主，基于纸质地图的矢量地图生成方法已很少使用；GPS、北斗等卫星定位数据已广泛应用；与位置相关的文本、图片、视频、音频等数据[称为位置标签或兴趣点(point of interest)数据]的数据量急剧增加；基于互联网的空间数据获取方法成为研究热点；基于物联网的空间数据获取与监测技术成为重要研究内容；室内导航位置数据的获取技术正在向实用化转型；空间数据的标准化和数据共享问题越来越突出；空间数据可信度的分析评价方法亦需要向实用化方向发展。总之，传统的空间数据获取开始转向时空大数据获取。

不同类型的空间数据获取需要用到不同的设备、软件和方法。例如，文本数据通常用人机交互的方式通过键盘录入，或者将文本资料扫描后用字符识别软件录入；矢量地图数据的获取，通常是将纸质地图扫描成图像后，以人机交互方式进行采集，或利用矢量数据自动追踪软件进行半自动化输入；栅格地图数据和影像数据的采集，当原始影像不是数据形式时，通常采用扫描仪扫描成图像数据的方式输入； DEM 数据通常由摄影测量系统生成，或通过对地图等高线数据的内插生成。

为了获取各种信息系统中已有的空间数据，GIS 需要有数据转换装载功能，能够根据数据转换标准把其他系统的空间数据集转换到当前的 GIS 系统中，或者通过直接访问其他系统的数据库来获取数据。

为了将不同类型空间数据装入 GIS 地理空间数据库，通常需要进行数据处理。GIS 的数据处理主要包括图形和文本数据编辑、图幅拼接、几何纠正、拓扑关系生成、标准化处理、其他处理等，即完成 GIS 的空间数据在装入 GIS 地理空间数据库前的各种工作。GIS 的空间数据获取功能如图 1-6 所示。

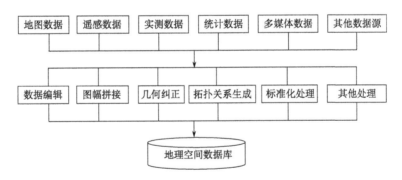

图 1-6 GIS 的空间数据获取功能

1.2.2 空间数据管理

GIS 涉及多种类型的空间数据，有矢量数据、栅格数据、DEM 数据、统计数据、多媒体数据、关系数据等，而且数据量巨大。GIS 空间数据管理的主要任务就是建立、维护、使用地理空间数据库。

地理空间数据的组织方法是实现 GIS 空间数据管理的基础。GIS 空间数据通常按矢量和栅格两种基本空间数据模型进行数据存储和数据组织。为了高效地管理和应用空间数据，通常还需要分图层进行数据的细化组织，并构建高效的空间数据索引。

地理空间数据的管理方式是构建地理空间数据库和实现地理空间数据高效访问的具体手段。GIS 地理空间数据主要以纯文件型、文件-关系型、全关系型、对象-关系型和纯对象型进行管理。

地理空间数据库可以认为是存储在计算机物理存储介质上的 GIS 空间数据体，而地理空间数据库管理系统是实现其空间数据管理功能的软件系统。GIS 地理空间数据库管理系统应具有空间数据建库功能，包括数据装载、数据库初始化、数据入库检查等；数据导入导出功能，包括多种格式地理空间数据的导入、根据组合条件查询导出数据等；数据更新功能，包括整体或局部的有条件数据更新、数据检查更新等；数据检索功能，包括按照时间、空间、属性等条件进行精确、模糊、组合查询等；安全保密功能，包括用户与权限管理、身份认证和日志管理等；数据备份与恢复功能，包括各种数据备份和恢复功能；等等。

1.2.3 空间查询与空间分析

1. 空间查询

空间查询也称为空间数据查询，是指根据给定的查询条件，从 GIS 地理空间数据库中找出符合条件的空间数据并显示和提交给用户的一种操作。空间查询是 GIS 用户最常使用的功能，大部分 GIS 应用问题都可以通过空间查询来解决。空间查询的效能在很大程度上决定了 GIS 的应用水平。对用户来说，空间查询通常包括图文查询、文图查询和统计查询。

1）图文查询

在二维或三维可视化地理环境背景下进行查询操作，实现对地理目标或目标集相关属性特征信息的查询（图 1-7），包括目标的表格信息、文本信息、图像信息、音视频信息等。查询方式包括点查询、矩形查询、圆形查询、多边形查询等。

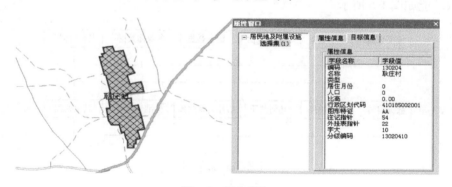

图 1-7　图文查询

2）文图查询

以地理目标的名称、类型、关系等特征为查询条件，查询出符合条件的地理目标或目标集的地理空间位置和空间分布特征等信息，并在二维或三维可视化地理环境中以图形方式显示出来。查询方式包括单项查询、组合查询、模糊查询、精确查询等。

3）统计查询

选定需要统计的地理目标或目标集，对其数量、类型、空间分布等需要统计的属性特征和空间特征数据进行统计计算，结果通常以统计图形、统计报表和统计专题图等方式显示。

2. 空间分析

空间分析也称为空间数据分析，是指根据 GIS 空间数据中地理目标的时空信息计算并生成相关派生结果的技术。空间分析是 GIS 的核心功能，其技术方法在不断发展，空间数据挖掘、可视（化）分析等已成为新的空间分析术语。

从应用角度看，GIS 空间分析包括基本空间分析和专业空间分析两部分。基本空间分析即 GIS 的通用空间分析功能，主要包括空间量算、叠置分析、缓冲区分析、空间统计分析、路径分析(图 1-8)、地形分析等；专业空间分析是指 GIS 应用于某一具体专业领域时，为解决专业问题而建立的各种专业空间分析模型，如交通流量分析、城市用地现状分析、选址分析、城市地价分析等。

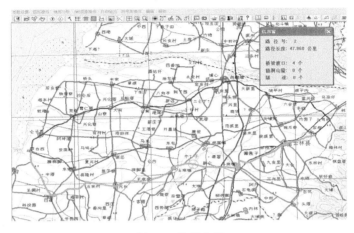

图 1-8　路径分析

1.2.4　空间数据可视化

空间数据可视化是指运用地图学、计算机图形学和图像处理技术，将 GIS 空间数据用图形、图像、图表、文字、表格、视频等可视化形式进行显示和交互处理的理论、方法和技术。简单地说，空间数据可视化就是指针对空间数据的可视化表达。

从技术角度看，空间数据可视化就是对空间数据的空间特征、时间特征和属性特征的可视化。因此，空间数据可视化的基本内容就是对地理实体(点、线、面、体)与空间关系的静态和动态的可视化。

空间数据可视化的主要形式是地图(包括电子地图、动画地图、影像地图、三维地图等)、多媒体(包括文本、表格、声音、图像、图形、动画、视频等)、虚拟地理环境等。地图是空间数据可视化的最主要方式，地图数据可视化技术是最主要的空间数据可视化技术。

在进行空间数据可视化表达时，GIS 可提供方便的可视化操作功能，如无级缩放、漫游、图层控制、符号修改、图文标注等；同时，应能在可视化环境中进行图形量算、目标查询、空间分析等操作，并能对查询和分析的结果进行可视化表达。

GIS 空间数据可视化的结果既可以输出为数据文件(或数据库)，存储在光盘、硬盘等介质上，也可以直接输出在纸张、胶片等介质上，如打印输出为纸质地图。将地理空间数据输出为纸质地图往往是 GIS 的必备功能(图 1-9)。

图 1-9　纸质地图打印输出

1.3 GIS 的组成

从 GIS 开发和应用的角度，可以把 GIS 大体分为四个部分，即计算机硬件系统(硬件)、计算机软件系统(软件)、地理空间数据(数据)、管理与使用者(人员)(图 1-10)。其中，硬件是 GIS 的骨架，是 GIS 各项功能的承载体；软件是 GIS 的大脑，具体实现 GIS 的各项功能；数据是 GIS 的"血液"，是 GIS 产生效能的基本材料；人是 GIS 的主宰，既是 GIS 的实现者，又是 GIS 的使用者。

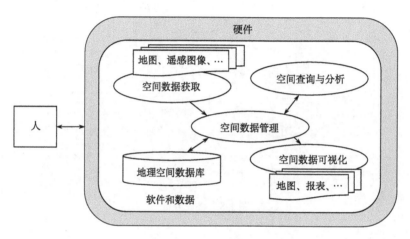

图 1-10 GIS 的组成

1.3.1 硬件

硬件是 GIS 的骨架，是建立 GIS 的基础环境，通常包括数据输入、数据存储、数据计算和数据输出四方面的设备(图 1-11)。

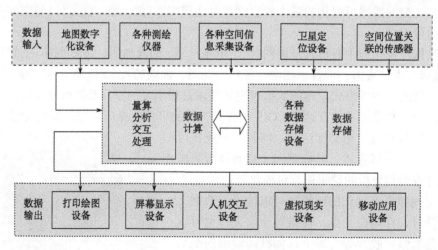

图 1-11 GIS 硬件的组成

(1)数据输入设备：包括各种数字化仪、扫描仪、测绘仪器、传感器等，为地理信息系统输入数据。

(2)数据存储设备：包括各种固定和移动的数据存储设备，如磁带、磁盘、光盘及由其组成的数据存储系统等，用于存储地理信息系统数据。

(3)数据计算设备：包括各种计算机、服务器、应用终端等，为地理信息系统的数据处理和分析提供计算功能。

(4)数据输出设备：包括各种投影仪、显示器、绘图机、打印机、刻录机等，用于输出和展现地理信息系统数据。

1.3.2 软件

软件是 GIS 的大脑，GIS 的各种功能都是由软件来实现的。通常把 GIS 软件分为工具型 GIS 和应用型 GIS 两类。

1. 工具型 GIS

工具型 GIS 常称为 GIS 工具、GIS 平台、GIS 基础软件等，没有具体的应用目标，通常为一组具有 GIS 数据输入与处理、存储与管理、查询与检索、分析与应用、制图与可视化等功能的软件包，是建立应用型 GIS 的支撑软件，如 ArcGIS、MapInfo、SuperMap、GeoStar、MapGIS 等。

工具型 GIS 软件通常由四个部分组成：①数据采集与处理，获取各种地图、外业观测成果、遥感影像、多媒体资料等不同来源的地理空间数据，转换并处理成 GIS 需要的形式；②数据存储与管理，GIS 有一个巨大的地理空间数据库，可以是集中式的，也可以是分布式的，用于存储管理 GIS 中的一切数据；③数据查询与分析，实现对地理空间数据的检索、统计和运算，提供基本的空间分析模型和常用专业应用模型；④数据显示与输出，将 GIS 的数据及分析结果以易于理解的形式(如报表、地图等)提供给用户，GIS 输出的主要产品是各种地图。

2. 应用型 GIS

应用型 GIS 是满足具体应用目标的 GIS，具有一定的应用规模、特定的用户群体、专门的空间数据和专业的应用功能。应用型 GIS 通常是在工具型 GIS 的支持下建立起来的。根据应用领域、应用目的和应用方式的不同，应用型 GIS 又有各种类型，如城市规划信息系统、地籍管理信息系统、电子导航信息系统、地图生产信息系统、兵要地志信息系统、森林防火信息系统等。

1.3.3 数据

数据是 GIS 的"血液"。GIS 数据就是地理空间数据，是具有空间定位的自然、社会、人文、经济、军事、科学等方面的数据，可以是图形、图像、文本、表格、数字、视频、音频等形式。GIS 以地理空间数据来描述现实世界，以 GIS 中的地理对象来对应现实世界中的地理实体。GIS 就是实现地理空间数据输入、处理、存储、查询、分析、输出的信息系统。

为了便于数据的组织与管理，GIS 通常将地理空间数据分为两部分：几何数据(有时称为位置数据或空间数据)和属性数据。几何数据描述地理实体的空间位置、几何形态及与其他地理实体的空间关系。例如，描述一幢房子的位置和形状的坐标数据就属于几何数据。属性数据是描述地理实体的社会或自然属性的数据，如房子的户主、建筑年代、建筑材料等。

数据在 GIS 中极为重要。所有的 GIS 应用都是基于数据展开的，GIS 数据的质量(精度、现势性等)直接影响 GIS 应用的可信度。数据是随着时间不断老化的，为了使 GIS 能有效、可靠地发挥作用，地理空间数据必须不断更新。

1.3.4 人

GIS 是为人服务的，以满足人的空间认知、空间行为、空间决策等应用需要为目的。同时，GIS 的研发、维护等都需要人的参与。GIS 人员通常可分为以下几类。

(1)GIS 研发人员：负责 GIS 应用系统的研发、升级等。

(2)GIS 维护人员：负责维护和更新地理空间数据库，维护系统软硬件及数据的安全，维持 GIS 的日常运行。

(3)GIS 使用人员：使用 GIS 进行工作。GIS 的使用者已经非常广泛，有的是管理人员，利用 GIS 进行日常业务管理，如交通运输管理等；有的是研究人员，主要利用 GIS 进行数据分析，如地学研究等；有的是普通大众，主要利用 GIS 解决日常问题，如路径导航等。

1.4 GIS 的应用

1.4.1 GIS 的基本使用方式

应用 GIS 可以研制出满足不同应用需要的信息系统，如城市规划信息系统、电子导航信息系统、公共安全信息系统、土地利用信息系统等。从使用者的角度看，GIS 具有三种基本使用方式，即查询、制图和分析。

(1)查询。查询是 GIS 的第一种基本使用方式，可以满足 GIS 用户的大部分应用需求。用户可以将 GIS 显示的电子地图作为查询的背景，直接在电子地图上选择需要查询的目标，然后 GIS 给出查询的结果；也可以输入查询的条件(如地名等)，GIS 查询出符合条件的空间数据，并显示给用户。如果没有 GIS 的帮助，查询的对象和查询的结果都只能是数据，显示方式也只能是表格或清单；有了 GIS 的支持，用户可以直接在电子地图上进行查询操作，并在电子地图上浏览查询结果。

(2)制图。制图是 GIS 的第二种基本使用方式，可以满足专业领域用户对专题地图制作的需要。大多数专业领域的用户需要将专业的地理空间数据或空间分析的结果制作成专题地图，作为一种研究成果。目前，GIS 的制图功能已经越来越简便，普通用户也可以方便地制作简要地图了。

(3)分析。分析是 GIS 的第三种基本使用方式，主要满足专业用户基于地理空间信息的研究和决策的需要。GIS 具有基本的空间分析功能，并且支持开发更专业、更有针对性的空间分析模型，因此，可以为用户研究空间规划和空间决策提供空间分析支持，分析的结果可以用图形、文字、表格等形式表达。

1.4.2 GIS 的应用领域

GIS 既可以对空间数据进行定量描述，也可以进行可视化表达，还可以进行分析计算。GIS 同时支持数据思维和空间思维，使地理空间信息的应用效能有了巨大的提高，比起单独在地图上进行空间量算和单独对数据进行统计分析，有了质的改进。GIS 在日常生活、科学研究、管理决策等各方面都有广泛的应用。

(1)应用于全球变化动态监测。通过在全球尺度上对地理空间信息进行获取、管理和分析，可以掌握全球气候、粮食、资源、人口等的基本情况和变化趋势。例如，联合国粮食及农业组织利用遥感与 GIS 技术，监测欧洲和非洲的农作物的病虫害防治情况。

(2)应用于国情调查。通过获取、管理、分析全国范围的自然资源、地理环境、土地利用、森林资源、农作物生产、气象气候等地理空间信息，可以进行国民经济调查、灾害情况评估、风险预测预警等决策分析。

(3)应用于国防和军事。军事 GIS 是各种指挥自动化系统的基础。军事行动是基于战场地理环境展开的，军事 GIS 具有获取、存储、处理、表达和分析战场地理环境信息的能力，对于指挥员认知战场环境、判断战场态势具有重要作用。

(4)应用于国民经济的各个领域。很多国民经济领域的管理和决策都和地理空间位置有密切关系，GIS 已经在土地管理、房地产经营、污染治理、环境保护、交通规划、地下管线管理、市政工程和城市规划等各个领域发挥了重要作用。

(5)应用于企业的经营和管理。通过实时更新工程作业区的空间信息，可以及时掌握和调整工程的作业进度和作业方式，达到优化施工的目的。利用 GIS、卫星定位等技术，可以开发与空间位置有关的各种业务系统，如公共自行车服务平台等。

(6)应用于个人的日常生活。基于 GIS 技术开发的应用服务平台可以直接用于个人的空间位置服务，如周边地理环境查询、城市公交换乘、旅游路线选择、最优路径分析、出租车呼叫、公共自行车查询，等等。

GIS 的应用领域极为广泛，只要与空间位置有关，GIS 就可以发挥作用。

1.4.3 我国 GIS 的应用概况

20 世纪 80 年代中期，GIS 技术开始在我国经济发展和社会生活中得到应用，相关技术人员研制了各种类型的信息系统，取得了较好的应用效益。

1. 农业、林业、土地、矿产等领域

GIS 主要应用于国土资源决策管理、全国基本农田保护与监测、农业资源管理、区域农业规划、粮食流通管理、森林灾害监测、森林资源调查与评价、野生动物植物监测、土地利用规划、土地覆被动态监测、矿产资源调查等。各地区及相关部门陆续研发了土地利用评价、宗地地价评估、区域土地适宜性评价、水土流失、节水灌溉、退耕还林还草、地矿点源、矿产预测等信息系统，取得了良好的社会和经济效益。图 1-12 是 GIS 用于地籍管理示例。

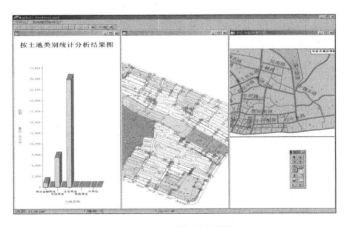

图 1-12 GIS 用于地籍管理

2. 水文、水利、抗灾、减灾等领域

GIS 技术在水文、水利及各种自然灾害或人为灾害监测、预报、评估、灾害保险、抗灾及应急救援、灾后恢复等领域的广泛应用，有效提升了我国水文、水利、抗灾减灾方面的动态监测、预测预报、灾害防治等的信息化水平和决策支持能力。近年来，我国开展了数字长江、数字黄河、数字湖泊等方面的建设与研究，同时开展了水利设施管理、湖泊管理、数字河道、湖泊洪涝灾害监测等各种信息系统的建设与研究，取得了很好的应用效果。

3. 城市规划、公共安全、电子政务等领域

GIS 技术在我国城市建设和电子政务等领域的应用取得了一定的成效。北京、上海、天津、深圳等很多大中型城市在城市规划、城市管理、公共安全(图 1-13)、交通管理、国情监测等方面普遍利用 GIS 技术进行不同专业方向的资源管理与辅助决策，保证了规划、管理、决策的科学性。土地利用规划与管理、环境监测与管理、城市建设规划与管理、交通管理与控制、城市公共安全、综合国情省情、政务辅助决策等各种信息系统的开发和应用，提高了有关部门管理决策的能力和水平。

图 1-13　GIS 用于公共安全

图 1-14　GIS 技术在数字城市中的应用

4. 嵌入式 GIS 的应用

随着嵌入式硬件设备、嵌入式操作系统、导航定位技术及移动互联技术的不断发展，GIS 软件可以在嵌入式设备上实现地理空间数据的获取、处理、显示、传输、分析等功能。嵌入式 GIS 已经在国民经济和国防建设的各个领域得到广泛的应用，使得基于空间位置的信息获取、信息处理和决策支持能力得到进一步提升。目前，嵌入式 GIS 主要应用于智能汽车、智能交通、智能家电、工业控制、环境监测、公共安全、位置服务、实时数据采集、日常生活等方面。

5. 面向公众的 GIS 应用

1999 年开始，国内 GIS 应用逐步转向了网络地图服务和移动位置服务。目前，基于 GIS 技术开发的各种信息系统或平台已经可以为公众提供各种与空间位置有关的服务。例如，基于地图的兴趣点搜索、公交换乘查询、路径规划(驾车、骑车、步行等)、实时路径导航、实时位置共享、周边信息查询、路况信息发布、公共自行车服务、三维实景浏览、旅游景点服务，等等。GIS 技术已经全面进入人们的日常生活，随着智慧城市、人工智能、时空大数据等技术的发展，GIS 的应用方式将更加智能化。图 1-14 为 GIS 技术在数字城市中的应用。

1.5 GIS 的发展历史

1.5.1 国外 GIS 的发展概况

1. GIS 孕育期（20 世纪 60 年代）

随着社会的进步，人们对资源和环境规划与管理的要求越来越高；计算机技术的发展，促使了对地图的分析、应用和输出系统的研制。1966 年，美国哈佛大学的 Howard Fisher 等研制完成了第一个综合性地图制图软件 SYMAP。

GIS 的诞生源于社会需求及地理空间数据采集、存储、检索、分析、显示和输出技术的发展。1963 年，加拿大着手建立加拿大地理信息系统（CGIS），用于处理和应用加拿大土地调查所获得的大量数据，是国际上公认的第一个较为完善的大型 GIS。

同时，与 GIS 技术有关的组织机构开始建立。1966 年，美国城市和区域信息系统协会（the Urban and Regional Information System Association，URISA）成立；1969 年，美国州信息系统全国协会（National Association of State Information System，NASIS）成立；1968 年，国际地理联合会（International Geographical Union，IGU）成立了地理数据采集与处理委员会；等等。

这些组织相继举行了一系列 GIS 国际研讨会，对 GIS 技术的发展和传播起到了重要的指导作用。这一时期的 GIS 软件以计算机制图为主，解决了计算机制图方面的有关问题，如栅格数据与矢量数据的互相转换，自动拓扑，图幅拼接，多边形合并、叠加，按属性查询空间数据，地图和表格的输出等。

2. GIS 发展期（20 世纪 70 年代）

这段时间主要发达国家先后研制了不同专题、不同规模、不同类型的 GIS。美国、加拿大、英国、德国、瑞典、日本等国家投入了大量的人力、物力、财力，研制的 300 多个 GIS 软件投入使用。美国开发了资源信息显示系统（resource information display system，RIDS），日本建立了国土信息系统，瑞典在中央、区域和市三级建立了许多 GIS，如城市规划 GIS，法国建立了地理数据库系统 GITAN，等等。

以遥感影像为数据源的 GIS 逐渐受到重视。1976 年，美国喷气推动实验室（Jet Push Laboratory，JPL）研制成功兼有影像数据处理和 GIS 功能的影像信息系统（image based information system，IBIS）；1979～1980 年，美国国家航空航天局（National Aeronautics and Space Administration，NASA）的地球资源实验室开发了 ELAS 地理信息系统，可处理卫星影像数据和地图数据，并用于生产专题图。

同时，GIS 的研究组织机构纷纷建立。1978 年，国际测量工作者联合会（Federation Internationale des Geometres，FIG）决定其第三委员会的任务是研究 GIS；1980 年，美国地质调查局出版了《空间数据处理计算机软件》的报告，总结了 1979 年以前世界各国所能收集到的 GIS 及有关的计算机软件的研制情况。

这一时期的 GIS 软件在技术方面的发展特点为：属性数据和空间数据分别管理；地图扫描输入技术有一定进展；GIS 人机交互技术逐步成熟；空间数据处理得到重视；研制了大量 GIS 应用系统；等等。

3. GIS 拓展期（20 世纪 80 年代）

随着图形工作站和微机性价比的迅速提高，计算机技术的应用更加广泛，GIS 软件从单一功能、分散系统，向多功能、数据共享发展。出现了大量的商业性 GIS 工具软件，形成

GIS 产业。1989 年，市场上有报价的 GIS 工具软件就有 70 多个。

GIS 开始全面推广应用，并向第三世界国家发展。集成 GIS 与遥感（remote sensing，RS）的技术开始应用于研究全球性问题，如全球沙漠化、核扩散、核废料等；GIS 由机助制图向分析应用转变，用于更复杂的领域，如城市化的研究等；GIS 成为许多国家和部门规划决策的重要工具。

这一时期 GIS 软件在技术上的特点为：栅格数据矢量化的研究提高了数据输入的效率；可支持不同形式的地图输出；可处理更复杂和更大量的数据；空间分析能力大大提高；空间数据库与属性数据库无缝结合；等等。

4. GIS 提升期（20 世纪 90 年代）

GIS 已成为许多机构必备的工作系统，并在一定程度上影响了现有机构的运行和工作方式。同时，社会公众对 GIS 的认识普遍提高，需求大幅度增加。国家级乃至全球性的 GIS 得到重视，例如，GIS 被列入美国政府的"信息高速公路"计划，再如，美国副总统戈尔提出的"数字地球"战略包括了 GIS。

在这一阶段，GIS 的研究重点是：引入人工智能和专家系统技术；GIS、GPS、RS 的紧密结合；GIS 数据结构、数据模型、数据质量的深入研究；GIS 的标准化和数据共享；GIS 的网络化；等等。

5. GIS 普及期（2000 年以来）

随着地理信息产业的发展和数字化信息产品的普及，基于 GIS 技术的各种软件系统和平台已成为人们不可缺少的工具。无论是政治、经济、军事等各专业领域，还是基于互联网和移动终端的日常工作和生活方面，GIS 技术的应用已全面普及。换言之，GIS 已进入全面应用阶段。

GIS 在这一阶段要解决的重点问题是如何使 GIS 产生实际的应用效益。因此，GIS 领域开始研究更深入、更广泛、更大数据量、更智能化、更有效的应用问题。如地理空间信息服务技术；GIS 与虚拟现实技术的结合；时空 GIS；数据共享和数据同步技术；GIS 数据安全问题；微观和宏观的 GIS 应用技术；时空大数据技术等。

1.5.2 我国 GIS 的发展概况

1. 20 世纪 70～80 年代：准备和起步

这一时期，我国在 GIS 技术、政策、人才培养方面都迈出了重要步伐，为今后我国 GIS 的发展奠定了良好的基础。

1974 年，我国开始引进国外地球资源卫星影像；1977 年，诞生我国第一张由计算机输出的全要素地图；1978 年国家计划委员会召开全国第一届数据库（空间）学术讨论会；1980 年陈述彭院士主持建立了我国第一个地理环境信息研究室，揭开了我国地理信息系统研究与应用的序幕；1981 年，在四川渡口-二滩地区进行航空遥感 GIS 建设试验；1982 年，中国科学院地理科学与资源研究所建立全国县界数据库；1984 年，国家测绘局（现已并入自然资源部）开始启动中国国家基础地理信息系统建设工作；1985 年，资源与环境信息系统国家重点实验室成立；1988 年第一个专门培养 GIS 人才的本科专业在武汉招生。

1983 年，陈述彭院士在国家科学技术委员会的支持下，开展我国资源与环境信息国家规范与标准研究，形成的《资源与环境国家信息系统规范报告》（俗称蓝皮书）被认为是我国地理信息系统及其标准化的纲领。此后,地理信息系统在理论探索、规范探讨、实验技术、软件开发、系统建立、人才培养和区域性试验等方面都取得了突破和进展。一些有远见的地方政府也开始投资建立本地的 GIS。

2. 20 世纪 90 年代:发展和产业化

这一时期,我国开展了 GIS 的学科建设,开始形成多层次 GIS 人才培养机制;GIS 产业化取得了显著成果,一些有影响力的 GIS 公司成立;重视 GIS 技术的研究和 GIS 系统的研制,建立了一系列地理空间数据库。

1990 年,大陆第一本《地理信息系统概论》(黄杏元等编著)教材在高等教育出版社出版;1993 年,第一个硕士 GIS 专业在武汉开始招生;1997 年,我国正式在地理学和测绘学两个一级学科下分别设立"地图学与地理信息系统"和"地图制图学与地理信息工程"两个二级学科,并开始博士和硕士学位点的申报和招生。

1994 年 4 月 25 日,中国 GIS 协会成立;1996 年 3 月举行了第一次国产 GIS 软件年度测评;1998 年 11 月中国科学院召开了"资源环境信息与数字地球"研讨会,并于 1999 年 1 月 20 日向国务院提交了"中国数字地球发展战略的建议"报告。

1992 年,国务院办公厅秘书局和国家测绘局联合研制的"综合国情 GIS"开始启动;1993 年,建成以 1:100 万国家基础地形数据库为支撑的综合国情电子地图系统;1994 年、1998 年、2006 年,分别建成了全国 1:100 万、1:25 万和 1:5 万基础地理数据库;1997 年,建成以局域网支持下的分布式综合国情 GIS;1998 年,建成中国 1:25 万基础地理数据库。

我国著名的 GIS 软件 MapGIS、GeoStar、SuperMap、CityStar、方正智绘在 20 世纪 90 年代相继问世,一大批 GIS 软件研制成功,并应用于各行各业。

3. 21 世纪前 10 年:成熟和标准化

进入 21 世纪,基于 GIS 技术的服务通过网络深入到人们的生活领域,GIS 的概念得到普及,GIS 教育普遍开展,GIS 产业和技术越来越成熟,GIS 标准化受到重视。

GIS 高等教育在全国普遍展开。2000 年,全国有 30 余所院校设立了地理信息系统本科专业;2004 年,迅速发展到了 100 余所院校;2005 年后,平稳保持在 150 余所院校,有百余所高校具有 GIS 相关的理学或工学的硕士和博士学位点。

GIS 产业稳步发展,GIS 技术达到国际先进水平。2004 年,国内首个面向网络的大型 GIS——SuperMap GIS 5 问世;2006 年,我国投资 7 亿多元建成的国家基础地理信息系统地形数据库通过验收,达到国际先进水平。同时,在经济建设、公共卫生、公共安全、城市规划、交通管理、日常生活等各个方面建立了各种 GIS 应用系统,GIS 发挥了实际的应用效能。

地理信息标准化工作取得实质性进展。2002 年,国务院办公厅转发了国家发展和计划委员会等 11 个部门《关于促进我国国家空间信息基础设施建设和应用若干意见的通知》,要求促进我国地理空间信息的共享和广泛应用,健全地理空间信息标准和政策法规。2004 年,全国地理信息标准化技术委员会完成了地理信息国家标准和国家标准制修订项目的归口确认和评价工作,研制了涉及基础地理信息数据生产、建库和产品制作的 20 多项标准,并于 2007 年印发实施了《国家地理信息标准体系框架》。

4. 近年来我国 GIS 的进展

在 GIS 应用方面,我国进入了地理信息服务时代。百度、腾讯等大型互联网公司,均提供免费的地图服务;国家大剧院、首都国际机场等大型公共场所将室内定位与 GIS 结合,推出了室内地理信息服务。GIS 是时空数据整合与应用的基本平台，GIS 技术在数字城市、智慧城市、大数据中心建设中发挥了不可或缺的重要作用。基于 GIS 技术的位置服务应用，如出租车呼叫、公共自行车、路径规划与导航、周边兴趣点查询等方面，已成为公众日常生活的一部分。

在 GIS 软件平台方面，我国跟上了国际先进水平的步伐。经过引进、消化、吸收和再创新的发展过程，我国 GIS 软件（如 MapGIS、SuperMap、GeoStar 等）已经占据了 60%以上的国内市场，并开始走向国际市场。我国在高安全空间数据库、高性能 GIS 等方面也取得了初步的成果。与国际先进 GIS 软件相比，我国的 GIS 基础软件在可靠性、稳定性、支持能力等方面还需要进一步加强。

在 GIS 核心技术方面，我国与国际先进水平同步。我国较早开展了 GIS 技术与大数据、人工智能、虚拟现实、云计算等技术结合的研究，在关键技术方面有了重要突破。例如，在空间分析方面，开展了空间数据挖掘、时空数据分析等研究，提升了 GIS 的应用能力；在空间数据可视化方面，在大场景三维可视化的基础上，开始从虚拟现实向增强现实和混合现实技术扩展；在体系结构方面，基于云平台的地理信息服务技术已经形成，并形成产品和得到应用；在计算模式方面，开展了基于超算和并行计算的 GIS 平台技术研究，取得了关键技术的突破；等等。

总之，近年来我国的 GIS 技术的研究和应用都进入了国际先进行列，有力地推动了我国信息化建设的整体进程。

1.5.3　GIS 的发展方向

1. GIS 的研究现状

在 GIS 理论与技术方面，国外经过 50 多年的发展，建立起了成熟的理论、方法和标准，在专业领域和大众化领域都得到了成功应用；国内经过 30 多年的技术跟踪和发展，在国家"863"计划等的持续支持下，在理论研究、关键技术、应用水平等方面都达到了国际先进水平。随着云计算、大数据、人工智能、虚拟现实等技术的发展，GIS 技术正在进一步发展。

国外当前的研究主要是基于传统 GIS 数据模型和数据组织方式，通过拓展空间信息的数据来源、属性维度、展现效果、应用范畴、管理水平、计算能力、可视化效果、交互分析手段等，提升空间信息获取、管理、应用的效能。空间数据管理应用了分布式存储、高性能计算等先进技术；传统空间分析向时空大数据分析方向发展；空间数据可视化开始应用虚拟现实/增强现实（virtual reality，VR/augmented reality，AR）技术；GIS 功能向云平台迁移；对象化专业数据模型在电力等行业得到应用；GIS 应用向智能设施管理、智能决策支持等方向深化发展；等等。

国内 GIS 理论与技术的研究基本与国外同步，在基于地理本体与地理认知的时空模型构建、高安全地理空间数据库管理系统、多模态时空数据分析模型、三维 GIS 可视化、探索式可视化分析、基于云计算的 GIS 平台、智慧城市基础设施管理等方面均达到国际先进水平。但因为计算机技术与国际先进水平存在差距，所以在计算机新技术应用方面，与国外相比还有一定的差距。

当前国内外 GIS 理论与技术的研究并没有改变传统 GIS 的基本理论和基本方法：基本空间数据模型仍是传统 GIS 的矢量/栅格数据模型；空间数据组织仍采用传统的要素层（图层）

组织方式；空间信息内容以测绘信息为基础进行了属性内容的扩展；空间信息尺度仍然属于常规地图范畴；空间数据属性基本不涉及实体行为和认知特征；等等。

2. GIS 面临的新要求

GIS 是对地理现象的抽象和表达，传统 GIS 以矢量/栅格等空间数据模型进行具体描述，将空间数据存入计算机进行管理、分析、可视化等应用。矢量数据模型是 GIS 的基本和核心数据模型，也是栅格/表面数据模型的基础。而矢量数据模型完全来源于地图的数字化，GIS 的空间数据模型实际上是基于地图的数据模型。随着空间信息系统应用领域和应用方式的扩展，传统 GIS 服务能力的局限性有所凸显。

(1) 传统 GIS 难以满足空间范畴扩展的要求。传统 GIS 建模对象是地图要素，而地图是三维现实世界在二维平面上的抽象和投影，适合于地球表面地理实体的抽象和描述。对于生活在地球表面的人类，地图及其基于地图的 GIS 可以满足大多数空间认知的需要。但当人类的空间认知需求拓展到地下、海中、空中、室内等三维世界，甚至拓展到微观和宏观的客观世界时，基于地图的 GIS 就难以满足要求。

(2) 传统 GIS 难以满足描述现实世界动态变化的要求。现实世界中实体的位置、结构、形态、关系、行为、属性等都是动态变化的，而地图本身的静态特征使得传统 GIS 难以描述动态的现实世界。当传统 GIS 需要获取和管理动态空间数据（如实时获取和管理车辆的实时空间位置）时，往往需要进行额外的数据模型和数据结构设计。这种专门设计的数据模型和数据结构不具有通用性，难以适用于不同类型空间实体多维动态信息的获取、管理和应用。

(3) 传统 GIS 难以描述空间实体之间复杂动态的关联关系。传统 GIS 可以描述地图要素对象间的静态关系，包括基本空间位置关系（如相邻、相连、相交等）和简单属性特征关系（如区划关系、等级关系等），但对于空间实体之间动态变化的各种复杂关系（如组成与分解、个体与整体、下级与上级、老师与学生、接受与传播、执行与控制等），由于空间数据模型本身不涉及这些信息，缺乏描述、管理与应用的基础和机制。

(4) 传统 GIS 不能描述空间实体的自主认知和行为能力。地图固有的静态特征使得地图无法描述"活"的事物，因此传统 GIS 无法描述具有自主认知和行为能力的"活"的空间实体，如生命体、智能机器人等。当需要更真实地抽象和描述一个有成长性、自主性的现实世界的时候，以静态地图的方式抽象与描述地理实体的传统 GIS 就不能适应了。

(5) 传统 GIS 限制了空间数据可视化技术的应用。传统 GIS 以地图作为空间数据可视化的模板，地图的分要素符号化方式，使得传统 GIS 在空间数据的符号化抽象表达、图层化显示控制等方面有着天然的优势，而在 AR、VR 等可视化技术应用方面却有很大的限制。传统 GIS 不能直接进行 AR、VR 等可视化数据的描述、采集、管理和应用，往往需要另建或外挂其他数据模型，并建立与 GIS 平行的信息系统来应用这些可视化技术。

(6) 传统 GIS 难以满足时空大数据分析的需要。传统 GIS 将地理实体抽象为地图上的地图要素，并使每个地图要素对象关联其属性特征数据，在此基础上实现了叠置分析、路径分析、地形分析等基本的空间分析功能，并且可以通过构建复杂空间分析模型来实现复杂的空间分析。但传统 GIS 空间数据模型能够描述的地理实体的类型和信息非常有限，时空大数据往往无法关联地图要素对象，因而无法对其进行获取、管理和应用。因此，传统 GIS 难以满足面向时空大数据的时空分析、深度学习、知识挖掘和决策支持等应用的需要。

总之，传统 GIS 以地图为模板的空间数据建模方法，在以地图为基础的空间数据管理、表达和应用等方面都有很好的适应性。但当空间信息的应用由地图空间发展到微观和宏观等空间范畴时，传统 GIS 已难以满足要求。

3. 新一代空间信息系统

GIS 是一种基于地图数据模型的信息系统，通过矢量/栅格/表面等数据模型实现地图要素的数字化描述，并将地图要素的几何特征数据和属性特征数据进行关联，以此方式将描述现实世界的地图装入计算机。换句话说，把地图装入计算机就是 GIS。这种传统的 GIS 已越来越不能满足社会发展的应用需要。

人类对现实世界的空间认知已经由表面走向立体、由静态走向动态、由孤立走向关联、由被动走向主动、由观察走向交互等，而传统 GIS 的数字地图世界不能很好地描述动态三维的现实世界，所以开始出现不能满足应用需要的情况。因此，提出了研制新一代空间信息系统的需求。

那么，GIS 发展到终极状态是什么样的？可以想象，终极 GIS 是一种时空信息系统，能够在计算机中构建与现实世界完全对应的数字世界，能够在数字世界中描述现实世界的一切，这种时空信息系统也就具有了以数字方式模拟世界的能力。但这种终极 GIS 的数据模型非常复杂，需要在传统 GIS 数据模型和终极 GIS 数据模型之间，寻找一种比数字地图更好的空间数据模型，来抽象和描述复杂的现实世界，基于此形成新一代空间信息系统。新一代空间信息系统是 GIS 今后的发展方向，面向新一代空间信息系统的空间数据模型及其构建、管理、分析、可视化、应用等技术是 GIS 今后的研究重点。

思 考 题

1. 简介 GIS 的起源及第一个 GIS 的基本情况。

2. 阐述信息系统与地理信息系统的基本概念。

3. 阐述空间信息与地理空间信息的联系与区别。

4. 阐述对地理信息系统概念的理解和认识。

5. GIS 的基本功能有哪些？GIS 工作者应该具备哪些基本能力？

6. 针对一个具体的 GIS 系统(如手机导航软件)，举例说明 GIS 的基本功能。

7. 简介 GIS 的组成及各组成部分的基本作用。

8. 简介用户使用 GIS 的基本方式。

9. 简介国际上 GIS 的发展历程。

10. 简介我国 GIS 的应用情况。

11. 阐述 GIS 面临的挑战和今后的发展方向。

第2章　地理空间数据的数学基础

2.1　地理空间数据的地理参照系

目前，世界各国、各地区、各领域已建立了各种规模和类型的 GIS，其在政治、经济、国防乃至大众应用的各个方面都发挥着重要的作用。但不论每个具体 GIS 的应用目的是什么，其地理空间数据的分析、可视化等应用必须在统一的地理参照系下进行。也就是说，GIS 的应用需要有统一的坐标系和高程系。

2.1.1　参考椭球

地球近似球体，其表面高低不平，极其复杂。假想将静止的平均海水面延伸到大陆内部，可以形成一个连续不断的、与地球比较接近的形体，其表面就称为大地水准面。但是，由于地球内部物质分布不均匀和地面高低起伏不平，各处的重力方向发生局部变异，处处与重力方向垂直的大地水准面显然不可能是一个十分规则的表面，且不能用简单的数学公式来表达。因此，大地水准面不能作为测量成果的计算面。

为了计算测量成果，需要选用一个同大地体相近的、可以用数学方法来表达的旋转椭球来代替地球(称为地球椭球)，且这个旋转椭球是由一个椭圆绕其短轴旋转而成的。形状、大小一定，且经过定位、定向的地球椭球体，称为参考椭球。参考椭球面是测量计算的基准面，法线是测量计算的基准线。

我国 2000 国家大地坐标系(China geodetic coordinate system 2000，CGCS2000)参考椭球的定义常数是：长半轴 a=6378137.0m；扁率 f= 1/298.257222101；地球的地心引力常数（包含大气层)GM =3.986004418×10^{14} m^3/s^2；地球角速度 ω=7.292115×10^{-5} rad/s。

2.1.2　坐标系

坐标系即确定地面点或空间目标位置所采用的参考系。与测量相关的主要有地理坐标系和平面坐标系。

1. 地理坐标系

地理坐标系用经纬度来表示地面点的位置。地面上任一点 M 的位置可由经度 λ 和纬度 φ 来确定，记为 $M(\lambda,\varphi)$。

经纬度具有深刻的地理意义，它标示物体在地面上的位置，显示其地理方位(经线与南北相应，纬线与东西相应)，标示时差。此外，经纬度还标示许多地理现象所处的地理带，如气候、土壤等部门都要利用经纬度来推断地理分布规律。

经纬度的测定方法主要有两种：天文测量和大地测量。

以大地水准面和铅垂线为依据，用天文测量的方法，可获得地面点的天文经纬度。采用天文观测方法测定的具有天文经度和天文纬度的地面点，称为天文点。

以旋转椭球和法线为基准，用大地测量的方法，根据大地原点和大地基准数据，由大地控制网逐点推算各控制点的坐标 (B, L)，称为大地经纬度。

2. 平面坐标系

将椭球面上的点通过投影的方法投影到平面上时，通常使用平面坐标系。平面坐标系分为平面极坐标系和平面直角坐标系。

平面极坐标系采用极坐标法，即用某点至极点的距离和方向来表示该点位置的方法。主要用于地图投影理论的研究。

平面直角坐标系采用直角坐标(笛卡儿坐标)法来确定地面点的平面位置。可以通过投影将地理坐标转换成平面坐标。

2.1.3 高程系

高程是指由高程基准面起算的地面点的高度。高程基准面根据多年观测的平均海水面来确定。也就是说，高程(也称海拔高程、绝对高程)是指地面点至平均海水面的垂直高度。地面点之间的高程差，称为相对高程，简称高差。

由于不同地点的验潮站所得的平均海水面之间存在着差异，选用不同的平均海水面就有不同的高程基准面。一个国家一般只能采用一个平均海水面作为统一的高程基准面。我国的高程基准原来采用"1956 年黄海高程系"。由于观测数据的积累，黄海平均海水面发生了微小的变化，就启用了新的高程系统，即"1985 年国家高程基准"。新的高程基准对已有地图的等高线高程的影响可忽略不计。

2.2　地　图　投　影

2.2.1 地图投影的实质

不规则的地球表面可以用地球椭球面来替代，但地球椭球面是不可展曲面，而地图是一个平面。将地球椭球面上的点映射到平面上的方法，称为地图投影。

对于较小区域范围，可以视地表为平面，这样就可以直接把曲面对应为平面，不需要投影。对于大区域范围，甚至是半球、全球，就必须使用投影方法进行曲面到平面的转换。例如，假设地球按比例尺缩小成一个透明的地球仪那样的球体，在其球心、球面或球外安放一个发光点，将地球仪上经纬线(连同控制点及地形、地物图形)投影到球外的一个平面上，即成为平面地图。图 2-1 是将地球表面投影在圆柱面上的透视投影示意图。

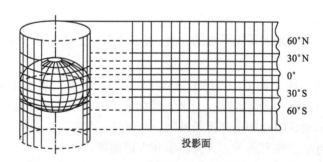

图 2-1　将地球表面投影在圆柱面上的透视投影示意图

这种直观的透视投影方法有很大的局限性，多数情况下地图投影不会用这种几何作图的方法来实现。

科学的投影方法需要将地球椭球面上的经纬线网与地图平面上的经纬线网相对应，即建立地球椭球面上点的坐标 (λ, φ) 与地图平面上对应点的坐标 (x, y) 之间的函数关系，用数学表达式表示为

$$\begin{cases} x = f_1(B, L) \\ y = f_2(B, L) \end{cases} \tag{2-1}$$

式 (2-1) 是地图投影的一般方程式。当给定不同的具体条件时，就可得到不同种类的投影公式。

2.2.2　地图投影变形

由于要将地球椭球面展开成地图平面，且不能有断裂，图形必将在某些地方被拉伸，某些地方被压缩。因而投影变形是不可避免的。投影变形通常包括三种，即长度变形、角度变形和面积变形。

1. 长度变形

长度变形 v_μ 是指长度比与 1 的差值，即

$$v_\mu = \mu - 1 \tag{2-2}$$

其中，长度比 μ 为地面上微分线段投影后长度 $\mathrm{d}s'$ 与其固有长度 $\mathrm{d}s$ 之比。即

$$\mu = \frac{\mathrm{d}s'}{\mathrm{d}s} \tag{2-3}$$

长度比是一个变量，不仅随点位不同而变化，而且在同一点上随方向不同也有差异。

2. 角度变形

角度变形是指实际地面上的角度 α 和投影后角度 α' 的差值，即

$$\Delta\alpha = \alpha - \alpha' \tag{2-4}$$

角度变形可以在许多地图上清晰地看到。本来经纬线在实地上是直角相交的，但经过投影之后，变成了非直角相交的图形。

3. 面积变形

面积变形 v_p 是指面积比 P 与 1 的差值，即

$$v_p = P - 1 \tag{2-5}$$

其中，P 为面积比，是地球表面上微分面积投影后的大小 $\mathrm{d}F'$ 与其固有面积 $\mathrm{d}F$ 之比，即

$$P = \frac{\mathrm{d}F'}{\mathrm{d}F} \tag{2-6}$$

面积比随点位不同而变化，面积变形在投影中经常出现。

2.2.3　地图投影的分类

1. 按投影变形性质分类

根据地图投影变形的性质，可以分为等角投影、等面积投影和任意投影三种。

等角投影保证了投影前后任意点与任意两条微分线段构成的角度不产生变形，这种投影可以使投影前后的形状保持不变，因而也称为正形投影。

等面积投影保证了投影前后面积保持不变，对微分面积如此，对整个区域的较大面积也是如此。

任意投影在投影后既不保持角度不变，又不保持面积不变，它同时存在着长度、角度和

面积的变形。在任意投影中，如果存在某一方向上长度不变，称为等距离投影。

等角与等面积是相互抵触的，也就是说等角是以牺牲等面积为代价的；同样等面积也是以牺牲等角为前提的；任意投影虽然存在着各种变形，但各种变形比较均衡。

2. 按投影面及其位置分类

地图投影首先将不可展的地球椭球面投影到一个可展曲面上，然后将该曲面展开为一个平面。通常，可展曲面的常用类型是圆锥面、圆柱面和平面(曲率为零的曲面)，相应地可以得到圆锥投影、圆柱投影、方位投影。同时，根据投影面与地球轴向的相对位置，可以分为正轴投影(投影面的中心轴与地轴重合)、斜轴投影(投影面的中心轴与地轴斜向相交)和横轴投影(投影面中心轴与地轴相互垂直)。

各种投影都具有一定的局限性，一般来说，距投影面越近，变形就越小。为了控制投影的变形分布，可以调整投影面与椭球体面的相交位置。根据这个相交位置，又可以进一步得到各种投影相应的切投影(投影面与椭球体相切，图 2-2)和割投影(投影面与椭球体相割)。此外，还有伪方位投影、伪圆锥投影、伪圆柱投影等许多类型的投影，此处不再赘述。

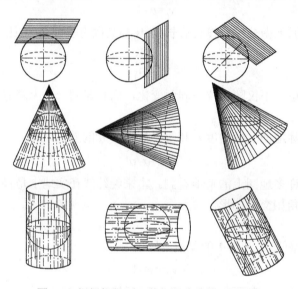

图 2-2　根据投影面及其位置分类的地图投影

2.2.4　地图投影变换

当 GIS 所使用的地图数据具有不同的地图投影时，需要将一种投影的数据转换成另一种投影的数据，这种转换方法称为地图投影变换。

地图投影变换的实质是建立两平面场之间点与点的一一对应关系。假定原图点的坐标为 (x, y)(称为旧坐标)，新图点的坐标为 (X, Y)(称为新坐标)，则由旧坐标变换为新坐标的基本方程式为

$$\begin{cases} X = f_1(x, y) \\ Y = f_2(x, y) \end{cases} \tag{2-7}$$

具体方法通常分为三类：解析变换法、数值变换法和数值解析变换法。

1. 解析变换法

这类方法是找出两种投影间坐标变换的解析计算公式。由于所采用的计算方法不同，又可分为反解变换法和正解变换法。

反解变换法（又称间接变换法）。这是一种中间过渡的方法，即先解出原地图投影点的地理坐标 ϕ，λ，然后将其代入新图的投影公式中求得其坐标。即

正解变换法（又称直接变换法）。这种方法不需要反解出原地图投影点的地理坐标，而是直接求出两种投影点的坐标关系式。即

2. 数值变换法

如果原投影点的坐标解析式不知道，或不易求出两种投影之间坐标的直接关系，可以采用多项式逼近的方法，即用数值变换法来建立两种投影间的变换关系式。例如，可采用二元三次多项式进行变换。二元三次多项式为

$$\begin{cases} X = a_{00} + a_{10}x + a_{01}y + a_{20}x^2 + a_{11}xy + a_{02}y^2 + a_{30}x^3 + a_{21}x^2y + a_{12}xy^2 + a_{03}y^3 \\ Y = b_{00} + b_{10}x + b_{01}y + b_{20}x^2 + b_{11}xy + b_{02}y^2 + b_{30}x^3 + b_{21}x^2y + b_{12}xy^2 + b_{03}y^3 \end{cases} \tag{2-8}$$

选择 10 个以上的两种投影之间的共同点，并组成最小二乘法的条件式，即

$$\begin{cases} \sum_{i=1}^{n}(X_i - X_i')^2 = \min \\ \sum_{i=1}^{n}(Y_i - Y_i')^2 = \min \end{cases} \tag{2-9}$$

其中，n 为点数；X_i、Y_i 为新投影的实际变换值；X_i'、Y_i' 为新投影的理论值。根据求极值原理，可得到两组线性方程，即可求得各系数的值。

3. 数值解析变换法

当已知新投影的公式，但不知原投影的公式时，可先通过数值变换求出原投影点的地理坐标 ϕ，λ，然后代入新投影公式中，求出新投影点的坐标。即

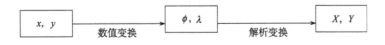

2.3　常用地图投影

GIS 存储、管理、分析、显示和应用的内容是地理空间数据，而地理空间数据的描述必须要有指定的地理参照系，且地理空间位置应以地理坐标或平面坐标的方式表示出来。

地图不仅是 GIS 的重要数据源，而且是表达地理空间信息的最佳媒介。在 GIS 中，地理空间信息基本上都是以地图的方式显示给用户的，用户通常是在地图上进行地理空间信息的应用，GIS 输出的成果中大部分也是地图，等等。因此，地图投影在 GIS 中是必不可缺的。

例如，当 GIS 的地理空间数据库中的数据是以地理坐标(即经纬度)存储时，地图数据必须通过地图投影变换成地理坐标，才能装入地理空间数据库中。而当需要显示或输出地图时，必须将地理空间数据库的数据通过地图投影变换为指定投影的平面坐标。

在 GIS 中，地理空间数据的显示可以根据用户的需要，指定各种投影。我国常用的地图投影情况为：①我国基本比例尺地形图(1:100 万、1:50 万、1:25 万、1:10 万、1:5 万、1:2.5 万、1:1 万、1:5000)除 1:100 万外均采用高斯-克吕格投影(简称高斯投影)；②我国 1:100 万地形图采用了等角正圆锥投影，其分幅原则与国际地理学会规定的全球统一使用的国际百万分之一地图投影保持一致；③我国大部分省区图多采用等角正圆锥投影和属于同一投影系统的正轴等面积割圆锥投影；④海图使用墨卡托投影。

2.3.1　高斯-克吕格投影

高斯-克吕格投影是一种横轴等角切椭圆柱投影。它是将一椭圆柱横切于地球椭球体上，椭圆柱面与椭球体表面的切线为一经线，投影中将其称为中央经线，然后根据一定的约束条件，即投影条件，将中央经线两侧规定范围内的点投影到椭圆柱面上，如图 2-3 所示。

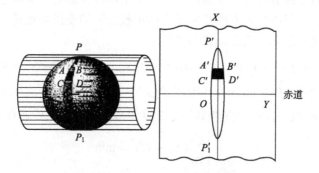

图 2-3　高斯-克吕格投影及其图形

高斯-克吕格投影的条件为：①中央经线和地球赤道投影为直线且为投影的对称轴；②等角投影；③中央经线上没有长度变形。

根据高斯-克吕格投影的条件推导出高斯-克吕格投影的计算公式为

$$\begin{cases} X = S + \dfrac{1}{2} Nt\cos^2 Bl^2 + \dfrac{1}{24} Nt(5 - t^2 + 9\eta^2 + 4\eta^4)\cos^4 Bl^4 + \cdots \\ Y = N\cos Bl + \dfrac{1}{6} N(1 - t^2 + \eta^2)\cos^3 Bl^3 + \dfrac{1}{120} N(5 - 18t^2 + t^4 + 14\eta^2 - 58t^2\eta^2)\cos^5 Bl^5 + \cdots \end{cases} \tag{2-10}$$

其中，X、Y 为点的平面直角坐标系的纵、横坐标；B、l 为点的地理坐标，以弧度计，从中央经线起算；S 为由赤道至纬度 B 处的子午线弧长；N 为纬度 B 处的卯酉圈曲率半径；$\eta = e'\cos B$，$t = \tan B$，e' 为椭球体第二偏心率。

$$e'^2 = (a^2 - b^2) / b^2 \tag{2-11}$$

其中，a、b 分别为地球椭球体的长短半轴。

高斯-克吕格投影是等角投影，没有角度变形，其沿任意方向的长度比都相等，长度、面积变形均不大，其中长度变形≤0.14%，面积变形≤0.27%。对高斯-克吕格投影的长度变形 μ 的求解可以根据式(2-12)所示的长度比表达式进行。

$$\mu = 1 + \frac{1}{2}\cos^2 B(1+\eta^2)l^2 + \frac{1}{6}\cos^4 B(2-\tan^2 B)l^4 - \frac{1}{8}\cos^4 Bl^4 + \cdots \qquad (2\text{-}12)$$

由该长度比公式可以看出高斯-克吕格投影变形具有以下特点：①中央经线上无变形；②同一条纬线上，离中央经线越远，变形越大；③同一条经线上，纬度越低，变形越大；④等变形线为近似平行于中央经线的直线。

由此可见，高斯-克吕格投影的最大变形处为各投影带在赤道边缘处。为了控制变形，我国地形图采用分带方法，即将地球按一定间隔的经差(6°或3°)划分为若干相互不重叠的投影带，各带分别投影。

为了制作地图和使用地图的方便，通常在地图上都绘有一种或两种坐标网，即经纬线网和方里网。①经纬线网：是由经线和纬线所构成的坐标网，又称地理坐标网。②方里网：是由平行于投影坐标轴的两组平行线所构成的方格网。因为是每隔整公里绘出坐标纵线和坐标横线，所以称为方里网；方里线同时又是平行于直角坐标轴的坐标网线，因此方里网又称为直角坐标网。

直角坐标网的坐标系以中央经线投影后的直线为 X 轴，以赤道投影后的直线为 Y 轴，它们的交点为坐标原点。这样，坐标系中就出现了四个象限。我国位于北半球，全部 X 值都是正值。在每个投影带中则有一半的 Y 坐标值为负。为了避免 Y 坐标出现负值，规定纵坐标轴向西平移 500km(半个投影带的最大宽度不超过 500km)。这样，全部坐标值都表现为正值。

2.3.2　正等角割圆锥投影

正等角割圆锥投影是假想圆锥轴和地球椭球体旋转轴重合并套在椭球体上，圆锥面与地球椭球面相割，将经纬网投影于圆锥面上展开而成。其经线投影成辐射的直线束，纬线投影成同心圆弧，如图 2-4 所示。

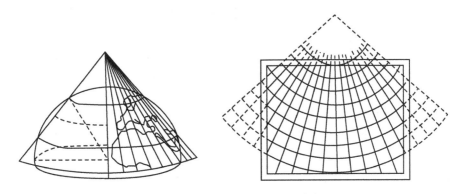

图 2-4　正等角割圆锥投影及其经纬线图形

圆锥面与椭球面相割的两条纬线圈，称为标准纬线(B_1，B_2)。采用双标准纬线的相割与采用单标准纬线的相切相比，其投影变形小而均匀。

投影变形的分布规律是：①无角度变形，投影前后对应的微分面保持图形相似，故亦称为正形投影；②等变形线和纬线一致，同一条纬线上的变形处处相等；③两条标准纬线上没有任何变形；④在同一经线上，两标准纬线外侧为正变形(长度比大于 1)，而两标准纬线之间为负变形(长度比小于 1)，变形不均匀，北边变形的增长快于南边；⑤同一纬线上等经差的线段长度相等，两条纬线间的经线线段长度处处相等。

1962 年联合国在德国波恩举行的世界百万分之一国际地图技术会议上，建议用等角圆锥投影替代改良多圆锥投影作为百万分之一地图的数学基础。对于全球而言，百万分之一地图采用两种投影，80°S～84°N 采用等角割圆锥投影，极区附近，即 80°S 至南极、84°N 至北极，采用极球面投影(正等角方位投影的一种)。

自 1978 年以来，我国决定采用等角割圆锥投影作为 1∶100 万地形图的数学基础，其分幅与国际百万分之一地图分幅完全相同。我国处于北纬 60° 以下的北半球内，因此本土的地形图都采用双标准纬线正等角割圆锥投影。

2.3.3　墨卡托投影

墨卡托投影，即等角正圆柱投影，是 16 世纪荷兰制图学家墨卡托(Mercator)创制并用于编制海图的投影。从几何意义上看，是以正圆柱面为投影面，按某种投影条件，将地球椭球面上的经纬线网投影于圆柱面上，然后展成平面的一种投影。

在墨卡托投影中，纬线投影为平行直线，经线投影为与纬线正交的另一组平行直线，两经线间的间隔与相应经差成正比，如图 2-5 所示。

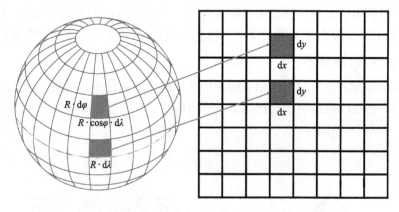

图 2-5　墨卡托投影及其经纬线图形

墨卡托投影的各种变形均只与纬度相关，与经度无关；等变形线形状与纬线相一致，是平行标准纬线的直线。所以，墨卡托投影适合制作沿纬线延伸地区的地图，特别是沿赤道延伸地区的地图。

墨卡托投影虽然在长度和面积方面的变形很大，但几个世纪以来，世界各国一直用它作海图。这是由于墨卡托投影具有等角航线投影呈直线的特性，便于在海图上进行航迹绘算。

等角航线是地球面上一条与所有经线相交成等方位角的曲线，又名恒向线、斜航线。地球面上的等角航线在墨卡托投影图上为直线的特性，使领航变得十分简便。在墨卡托投影地图上，连接起、终点的直线就是等角航线，量出它与经线的夹角即是航向角，保持此角航行就能到达终点。但是，在地球面上，任意两点间的最短距离是大圆航线，而不是等角航线，如图 2-6 所示，从"A 点"到"B 点"，大圆航线为 5450 海里(1 海里=1852 米)，等角航线为6020 海里。沿等角航线航行，虽领航简便，但航程较远。因此，在远洋航行时，把两者结合起来，即在球心投影图上，把始点、终点连成直线即为大圆航线，然后把该大圆航线所经过的主要特征点转绘到墨卡托投影图上，依次将各点连成直线，各段直线就是等角航线。航行时，沿此折线而行。因而，总的来说，沿大圆航线航行，航程较短；但就某一段直线而言，走的又是等角航线，便于领航。

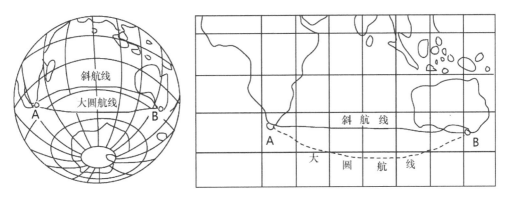

图 2-6　等角航线与大圆航线

2.4　常用大地坐标系

大地坐标系规定了大地测量的起算基准，是一种固定在地球上，随地球一起转动的非惯性坐标系。根据原点位置的不同，大地坐标系分为地心坐标系和参心坐标系。地心坐标系的原点与地球质心重合，参心坐标系的原点与参考椭球中心重合。

2.4.1　常用大地坐标系简介

1. 1954 年北京坐标系

新中国成立初期，苏联 1942 年坐标系经联测和平差计算引入我国，建立了 1954 年北京坐标系。该坐标系是参心坐标系，其椭球面与我国大地水准面不能很好地吻合，产生的误差较大，不能满足我国空间技术、国防尖端技术、经济建设的要求。

1954 年北京坐标系严格来说有 1954 年北京坐标系和新 1954 年北京坐标系两种。对高斯平面坐标来说，两者坐标差值在 5m 以内的约占全国面积的 80%，超过 5m 的主要集中在东北地区，其中大于 10m 的仅在少数边沿地区，最大达 12.9m。

1954 年北京坐标系存在如下问题：①椭球参数有较大误差；②参考椭球面与我国大地水准面存在着自西向东明显的系统性倾斜；③几何和物理大地测量应用的参考面不统一；④定向不明确；⑤当时使用的仪器、测量方法落后，致使在大面积长距离传递中误差累计较大，且系统只是进行了局部的平差。

2. 1980 年国家大地坐标系

我国在积累了 30 年测绘资料的基础上，通过全国天文大地网整体平差建立了我国的大地坐标系(1980 年国家大地坐标系)。该系统坐标统一、精度优良，可直接满足 1:5000 甚至更大比例尺测图的需要。我国使用 1980 年国家大地坐标系，取代了 1954 年北京坐标系。

1980 年国家大地坐标系采用的地球椭球基本参数为 1975 年国际大地测量与地球物理联合会第十六届大会推荐的数据。该坐标系的大地原点设在我国中部的陕西省泾阳县永乐镇，位于西安市西北方向约 60km，故称 1980 年西安坐标系。基准面采用青岛大港验潮站 1952～

1979 年确定的黄海平均海水面(即 1985 年国家高程基准)。

该坐标系能更好地代表和描述地球的几何形状和物理特征,以我国范围内高程异常平方和最小为原则,做到了与我国大地水准面较好地吻合。此外,1982 年我国已完成了全国天文大地网的整体平差,消除了以前局部平差和逐级控制产生的不合理影响,提高了大地网的精度。在上述基础上建立的 1980 年西安坐标系比 1954 年北京坐标系更科学、更严密、更能满足我国国防和经济建设的需要。

3. 1984 年世界大地坐标系

1984 年世界大地坐标系(world geodetic system 1984,WGS84)是一种国际上采用的地心坐标系。坐标原点为地球质心,其地心空间直角坐标系的 Z 轴指向国际时间局(Bureau International de l'Heure,BIH)1984.0 定义的协议地极(conventional terrestrial pole,CTP)方向, X 轴指向 BIH1984.0 的协议子午面和 CTP 赤道的交点, Y 轴与 Z 轴和 X 轴垂直构成右手坐标系。

该坐标系是在卫星测地技术发展的基础上,应用具有较高精度的甚长基线干涉测量(very long baseline interferometry, VLBI)等空间技术成果,并兼顾全球覆盖点位分布建立起来的,因而它的参考框架和椭球参数及处理结果比以往的世界大地测量系统更严密。

4. 2000 中国大地坐标系

2000 中国大地坐标系(China geodetic coordinate system 2000,CGCS2000),又称为 2000 国家大地坐标系,是我国新一代大地坐标系,现已在全国正式实施。

2000 国家大地坐标系的原点为包括海洋和大气的整个地球的质量中心;2000 国家大地坐标系的 Z 轴由原点指向历元 2000.0 的地球参考极方向,该历元的指向由国际时间局给定的历元为 1984.0 的初始指向推算;定向的时间演化保证相对于地壳不产生残余的全球旋转; X 轴由原点指向格林尼治参考子午线与地球赤道面(历元 2000.0)的交点, Y 轴与 Z 轴和 X 轴构成右手正交坐标系。

2.4.2　常用坐标转换模型

由于 GIS 需要接收和处理不同来源的地理空间数据,而这些地理空间数据往往基于不同的大地坐标系。怎样将基于不同大地坐标系的地理空间数据转换为基于同一大地坐标系的数据,是 GIS 需要解决的重要问题。坐标转换模型就是解决不同大地坐标系之间的坐标转换的基本方法。

1. 二维七参数转换模型

二维七参数转换模型是一种改正数法,其基本思想是把基准转换和坐标系转换融合到一个模型中,建立起不同大地基准下坐标之间的直接关系。由于二维七参数转换模型考虑了不同大地坐标系椭球参数的变化,其适用于不同大地坐标系的转换。

$$\begin{bmatrix} \Delta L \\ \Delta B \end{bmatrix} = \begin{bmatrix} -\dfrac{\sin L}{N\cos B} & \dfrac{\cos L}{N\cos B} & 0 \\ -\dfrac{\sin B\cos L}{M} & -\dfrac{\sin B\sin L}{M} & \dfrac{\cos B}{M} \end{bmatrix} \begin{bmatrix} \Delta X \\ \Delta Y \\ \Delta Z \end{bmatrix}$$

$$+\begin{bmatrix} \tan B\cos L & \tan B\sin L & -1 \\ -\sin L & \cos L & 0 \end{bmatrix}\begin{bmatrix} \varepsilon_x \\ \varepsilon_y \\ \varepsilon_z \end{bmatrix}+\begin{bmatrix} 0 \\ -\dfrac{N}{M}e^2\sin B\cos B \end{bmatrix}m \qquad (2\text{-}13)$$

$$+\begin{bmatrix} 0 & 0 \\ \dfrac{N}{Ma}e^2\sin B\cos B & \dfrac{(2-e^2\sin^2 B)}{1-f}\sin B\cos B \end{bmatrix}\begin{bmatrix} \Delta a \\ \Delta f \end{bmatrix}$$

其中，$\Delta B,\Delta L$ 为同一点位在两个坐标系下的纬度差(rad)、经度差(rad)；$\Delta a,\Delta f$ 为椭球长半轴差(m)、扁率差(无量纲)；$\Delta X,\Delta Y,\Delta Z$ 为平移参数(m)；$\varepsilon_x,\varepsilon_y,\varepsilon_z$ 为旋转参数(rad)；m 为尺度参数(无量纲)；N 为椭球卯酉圈曲率半径；M 为椭球子午圈曲率半径。

2. 平面四参数转换模型

平面四参数转换模型用于不同平面直角坐标系之间的转换，属于二维坐标转换，对于三维坐标，需将坐标通过高斯-克吕格投影变换得到平面坐标再计算转换参数。

平面直角坐标转换模型：

$$\begin{bmatrix} x_2 \\ y_2 \end{bmatrix}=\begin{bmatrix} x_0 \\ y_0 \end{bmatrix}+(1+m)\begin{bmatrix} \cos\alpha & -\sin\alpha \\ \sin\alpha & \cos\alpha \end{bmatrix}\begin{bmatrix} x_1 \\ y_1 \end{bmatrix} \qquad (2\text{-}14)$$

其中，x_0，y_0 为平移参数(原坐标系原点在新坐标系下的坐标)；α 为旋转参数(x_1轴相对于 x_2 轴的方位角)；m 为尺度参数；x_2，y_2 为新大地坐标系下的平面直角坐标；x_1，y_1 为原坐标系下平面直角坐标。

3. 三维七参数转换模型

三维七参数坐标转换模型用于解决不同大地坐标系下三维坐标的转换。

$$\begin{bmatrix} \Delta L \\ \Delta B \\ \Delta H \end{bmatrix}=\begin{bmatrix} -\dfrac{\sin L}{(N+H)\cos B} & \dfrac{\cos L}{(N+H)\cos B} & 0 \\ -\dfrac{\sin B\cos L}{M+H} & -\dfrac{\sin B\sin L}{M+H} & \dfrac{\cos B}{M+H} \\ \cos B\cos L & \sin B\sin L & \sin B \end{bmatrix}\begin{bmatrix} \Delta X \\ \Delta Y \\ \Delta Z \end{bmatrix}$$

$$+\begin{bmatrix} \dfrac{N(1-e^2)+H}{N+H}\tan B\cos L & \dfrac{N(1-e^2)+H}{N+H}\tan B\sin L & -1 \\ -\dfrac{N+H-Ne^2\sin^2 B}{M+H}\sin L & \dfrac{N+H-Ne^2\sin^2 B}{M+H}\cos L & 0 \\ -Ne^2\sin B\cos B\sin L & Ne^2\sin B\cos B\cos L & 0 \end{bmatrix}\begin{bmatrix} \varepsilon_x \\ \varepsilon_y \\ \varepsilon_z \end{bmatrix}$$

$$+\begin{bmatrix} 0 \\ -\dfrac{N}{M}e^2\sin B\cos B \\ N+H-Ne^2\sin^2 B \end{bmatrix}m$$

$$+\begin{bmatrix} 0 & 0 \\ \dfrac{N}{Ma}e^2\sin B\cos B & \dfrac{2-e^2\sin^2 B}{1-f}\sin B\cos B \\ -\dfrac{N}{a}(1-e^2\sin^2 B) & \dfrac{M}{1-a}(1-e^2\sin^2 B)\sin^2 B \end{bmatrix}\begin{bmatrix} \Delta a \\ \Delta f \end{bmatrix} \tag{2-15}$$

其中，$\Delta B,\Delta L,\Delta H$ 分别为同一点位在两个坐标系下的纬度差(rad)、经度差(rad)、大地高差(m)；Δa 为椭球长半轴差(m)；Δf 为扁率差(无量纲)；$\Delta X,\Delta Y,\Delta Z$ 为平移参数(m)；$\varepsilon_x,\varepsilon_y,\varepsilon_z$ 为旋转参数(rad)；m 为尺度参数(无量纲)；M 为椭球子午圈曲率半径；N 为椭球卯酉圈曲率半径；H 为大地高。

2.4.3　坐标转换的一般方法

1) 模型选择

通常，全国及省级范围的坐标转换可选择二维七参数转换模型；省级以下的坐标转换可选择平面四参数转换模型。

2) 重合点选取

坐标重合点可采用在两个坐标系下均有的坐标成果点，但最终重合点还需要根据所确定的转换参数，计算重合点坐标残差，根据其残差值的大小来确定。若残差大于三倍中误差则剔除，重新计算坐标转换参数，直到满足精度要求为止。用于计算转换参数的重合点数量与转换区域的大小有关，但不得少于五个。

3) 模型参数计算

用所确定的重合点坐标，根据坐标转换模型，利用最小二乘法计算模型参数。

4) 精度评估与检核

选择部分重合点作为外部检核点，不参与转换参数计算。用转换参数计算这些点的转换坐标，并与已知坐标进行比较，以此进行外部检核。应选定至少六个均匀分布的重合点进行坐标转换精度的检核。

思　考　题

1. 为什么地理空间数据需要有确定的地理参照系？

2. 地理参照系的主要内容包含哪几个方面？

3. 地图投影的实质是什么？

4. 地图投影会带来哪些变形？

5. 有哪些常用的地图投影？分别用于哪些地图类型？

6. 有哪些常用的地图坐标系？

第3章　地理空间数据

地理信息系统是对地理空间数据获取、管理、处理、可视化和应用的技术系统。地理空间数据是 GIS 管理和处理的对象。本章通过对地理空间数据的来源、特征、类型、量表、质量、标准等内容的介绍，系统地阐述地理空间数据的特点。

3.1　地理空间数据的来源

地理空间数据是具有地理空间位置的自然、社会、人文、经济等方面的数据，可以是图形、图像、文本、表格、数字、音视频等形式。因此，地理空间数据来源广、种类多、格式复杂。本节介绍地理空间数据的主要种类，包括地图数据、遥感数据、文本数据、统计数据、实测数据、导航定位数据、多媒体数据、兴趣点数据等。

3.1.1　地图数据

地图是地理空间信息的主要表现形式，地图数据是地理空间数据的主要种类。地图是对现实世界的一种抽象描述方式，包含着丰富的地理空间信息，不仅含有地理实体类别等属性特征信息，而且含有地理实体空间位置和地理实体间空间关系的信息。因此，所有 GIS 都需要地图数据(图 3-1)。地图数据不仅可以用于宏观分析(使用小比例尺地图数据)，而且可以用于微观分析(使用大比例尺地图数据)。在使用地图数据时，应考虑到地图投影所引起的变形。

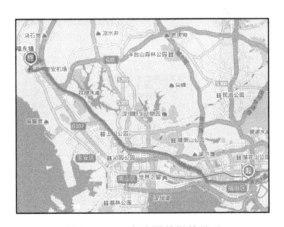

图 3-1　GIS 中地图数据的显示

地图数据可以通过对纸质地图的扫描数字化进行采集，或通过测绘地理信息相关机构进行申领或购买，或通过访问其他信息系统的地图数据库获取，也可通过互联网进行购买和下载等。

3.1.2　遥感数据

遥感数据是地理空间数据的重要组成部分，是 GIS 最常用的数据种类之一(图 3-2)。遥感数据含有丰富的资源与环境信息，在 GIS 支持下，可以与地质、地球物理、地球化学生物、军事应用等方面的信息进行整合和综合分析。

图 3-2　GIS 中的遥感影像数据

遥感数据是一种大面积、近实时、多类型的数据源，在 GIS 中的主要作用包括：作为背景图像显示区域综合环境信息；用于采集或更新 GIS 数据；通过影像分析处理，形成遥感专题地图；与矢量数据叠加处理，生成影像地图。不同分辨率、不同类型的遥感数据可从相关数据发布机构购买或下载获得。

3.1.3　文本数据

文本数据是指各行业、各部门有关的法律文档、行业规范、技术标准、条文条例等，如边界条约、宗地划分文件等(图 3-3)。GIS 通过将文本数据的关键词与空间数据进行关联，可以实现空间位置与文本资料间的相互查询。

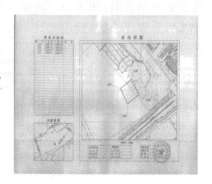

图 3-3　不同种类的文本资料

3.1.4　统计数据

各种专业机构和业务部门都拥有不同领域(如人口、经济、土地资源、水资源、基础设施等)大量的统计数据，这些都是 GIS 重要的专题数据。统计数据主要有两种来源：一是来源于直接的调查和试验，称为第一手或直接的统计数据；二是来源于别人调查或试验的数据，称为第二手或间接的统计数据。根据统计数据存储的方式，可以分为纸质统计数据与电子统计数据。纸质统计数据一般指出版的统计资料数据，如统计年鉴(图 3-4)；电子统计数据指统计表格、统计数据库等(图 3-5)。

日期	最高负荷	时间	最低负荷	时间	日平均负荷
9月1日	14.3	11:33	8.9	22:10	11.6
9月2日	14.4	11:30	8.3	4:00	11.4
9月3日	14.7	11:40	8.5	17:55	11.6
9月4日	15.6	11:30	8.1	4:00	11.9
9月5日	14.4	11:55	9.4	3:45	11.9
9月6日	14.9	19:15	7.8	4:25	11.4
9月7日	13.9	23:55	7.0	3:30	10.5
9月8日	14.0	6:44	7.7	9:00	10.9
9月9日	13.5	18:50	8.6	13:50	11.1
9月10日	13.8	18:30	8.6	22:00	11.2
9月11日	14.0	19:15	7.9	3:40	11.0
9月12日	13.3	11:10	8.5	14:35	10.9
9月13日	12.1	6:55	7.1	18:30	9.6
9月14日	12.8	19:15	5.9	8:05	9.4
9月15日	13.6	19:50	6.4	5:15	10.0
9月16日	13.6	19:20	6.6	14:15	10.1
9月17日	12.4	12:55	0.0	8:50	6.2
9月18日	12.3	18:55	6.8	5:25	9.6
9月19日	13.6	19:00	7.2	0:20	10.4
9月20日	14.3	18:45	7.5	2:40	10.9

图 3-4　纸质统计资料　　　　　　　　图 3-5　电子统计资料

统计数据描述了某一区域中自然、经济等要素的特征、规模、结构、水平等指标，是 GIS 定位、定性和定量分析的基础数据，在 GIS 空间分析中发挥着重要的作用。统计数据在 GIS 中通常以统计图表和统计地图等方式进行显示（图 3-6）。

3.1.5　实测数据

野外试验、实地测量、传感器采集等获取的数据，可以通过手工方式、数据文件传输方式、网络传输方式等直接进入 GIS，并用于实时分析和深化应用。

传统的测量工具，如三脚架、标尺、罗盘、平板仪、坡度仪、皮尺等，其测量结果需要记录在纸上。以全球定位仪、激光测距仪、全站仪等为代表的现代测量工具可直接与数据记录仪连接，将所测得的位置、距离和方位数据存储在电脑中（图 3-7）。

传感器数据是指传感器所采集的温度、湿度、加速度、气压、流量、图像、声音、视频等数据，是 GIS 时空分析的重要数据源。GIS 可以通过连接传感器或传感器网，实时或近实时地获取传感器的空间位置及其所采集到的属性信息。

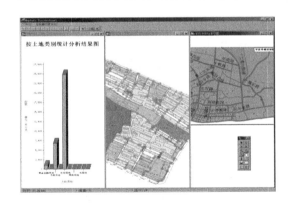

图 3-6　统计数据的显示

图 3-7　测量数据的采集

3.1.6　导航定位数据

导航定位数据是指通过卫星定位、基站定位、室内定位等手段获得的地理空间位置数据。GIS 可以利用导航定位数据确定用户的位置，开展基于位置的各种信息服务，如实时路径导航、附近商店查询等。

　　导航定位数据主要通过全球定位系统(GPS)、北斗卫星导航系统、室内定位技术、手机基站定位技术等获得。全球定位系统(GPS)，是由美国国防部研制和维护的中距离圆形轨道卫星导航系统，可以为地球表面绝大部分地区(98%)提供准确的定位、测速和高精度的时间标准；中国北斗卫星导航系统(图 3-8)是继美国全球定位系统(GPS)、俄罗斯 GLONASS 之后的第三个成熟的卫星导航系统，目标是向全球用户提供优质的定位、导航和授时服务；室内定位技术是指在室内环境中采用无线通信、基站定位、惯导定位等构建的室内导航定位体系的技术，实现人员、物体等在室内空间位置的实时获取(图 3-9)；手机基站定位技术是通过电信移动运营商的网络，如全球移动通信系统(global system for mobile communications，GSM) 网络，获取移动终端用户空间位置信息(经纬度坐标)的技术。

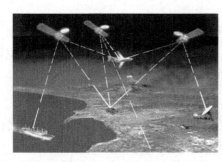

图 3-8　北斗卫星导航系统　　　　　　　图 3-9　室内定位技术

3.1.7　多媒体数据

　　多媒体数据(包括声音、图像、录像等)可以通过通信接口、数据文件、数据访问等方式传入到 GIS 中，是属性数据的重要组成部分。通过多媒体数据与空间数据的关联，可以辅助 GIS 实现空间数据的采集、查询和分析(图 3-10)。

　　例如，将公路的路况、临时建筑、桥涵、平交道口、广告牌、路政业务、养护数据、修建历史等图片和录像信息同步在电子地图上进行显示，可用于日常公路养护与管理工作。综合利用 GIS、数字图像处理(digital image processing，DIP)/数字图像识别(digital image recognition，DIR)等技术，可以在 GIS 中实现基于视频图像的目标识别和跟踪，实现电子地图与视频图像的匹配与同步交互，实现基于视频图像的空间定位和空间量算等。

3.1.8　兴趣点数据

　　兴趣点(point of information，POI)泛指一切可以抽象为点的地理对象，尤其是一些与人们生活密切相关的地理实体，如学校、银行、餐馆、加油站、医院、超市等。兴趣点的主要用途是对事物或事件的地址进行描述，以增强对事物或事件位置的描述能力和查询能力。一个兴趣点应该至少包含三个方面的信息：名称、类别和地理坐标。

　　兴趣点数据的准确性和实时性，对于基于位置服务(location-based services，LBS)的可用性至关重要。由于城市建设快速发展，兴趣点也随着地形地貌、业务单位规划的变更而相应发生变化，这就要求兴趣点数据能进行持续的丰富和更新。如图 3-11 所示，利用手机电子地图的周边位置服务功能，可以获取手机位置周边的景点 POI 信息，并提供相应的服务。

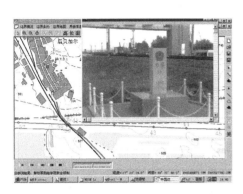

图 3-10　多媒体数据在 GIS 中的应用　　　图 3-11　基于手机位置的附近景点 POI 查询

3.2　地理空间数据的特征与类型

3.2.1　地理空间数据的基本特征

虽然地理空间数据有不同的类型和来源，但都具有四个基本特征：空间特征、属性特征、关系特征和时间特征。

(1)空间特征——描述事物或现象的空间位置和空间形态，即用来说明事物或现象"在哪里"和"什么样"。例如，国界界桩数据可以描述其空间位置(如用经纬度坐标描述)和空间形态(如用三维模型或地图符号描述)特征。空间特征又称几何特征，描述空间特征的数据通常称为几何数据。

(2)属性特征——描述事物或现象的性质，即用来说明事物或现象"是什么"和"怎么样"，包括事物或现象的类别、等级、数量、名称、质量、状态等。例如，对于某一建筑物，建筑物的主人、建筑年代、建筑类型等就是其属性特征。描述属性特征的数据通常称为属性数据。

(3)关系特征——描述事物或现象之间的相互联系，即用来说明事物或现象之间的关联性，包括包含、相邻、相连等空间关系，也包括整体与部分、指挥与执行、原因与结果等属性关系。例如，一个市包含若干县，一条铁路联通若干省份，一个大队指挥若干小队等。描述关系特征的数据通常称为关系数据。

(4)时间特征——描述事物或现象随时间变化的动态性，即用来说明事物或现象的变动，包括空间特征、属性特征、关系特征随时间的动态变化。例如，随着时间的变化，河流的空间位置发生变化、城市的人口数发生变化、部门或企业的人员发生变化等。通常通过给地理空间数据加上时间戳来体现时间特征，也可通过存储多个版本的历史数据等方式来实现。

由于地理空间数据具有上述特征，在 GIS 中需要通过较为复杂的空间数据模型来描述地理空间数据。目前的 GIS 主要实现对地理空间数据的空间特征、属性特征和关系特征的获取、管理和应用，较少考虑空间数据的时间特征，这是因为时间特征会大大增加 GIS 数据模型的复杂度。

3.2.2　地理空间数据的类型

根据地理空间数据的特征及其描述方式，可以把地理空间数据归纳为三类：几何数据、属性数据和关系数据。地理空间数据的时间特征并不是单独存在的，几何数据、属性数据和关系数据都具有时间特征，都会随着时间发生变化。因此，需要在几何数据、属性数据和关系数据的描述中，分别进行其时间特征的描述，即描述几何数据、属性数据和关系数据是如何随着时间发生变化的。

1. 几何数据

描述事物或现象的空间特征的数据就是几何数据，如用来描述空间实体的位置、形状、大小等数据。几何数据主要用于描述事物或现象"在哪里"和"什么样"。

GIS 中通常以矢量和栅格的形式来描述几何数据。几何数据的矢量表示形式是指用三维或二维坐标串来表示地理实体的空间特征(图 3-12)；几何数据的栅格表示形式是指用规则的像元阵列来表示地理实体的空间特征(图 3-13)。

除了矢量和栅格形式的几何数据，用于描述地理实体形状和结构的 3D 数据模型、具有可量测性的图像和视频、测量获取的点云数据等能够表示地理实体空间特征的数据都可以作为 GIS 的几何数据。

需要注意的是，事物或现象的空间特征是会随时间发生变化(突变或渐变)的，如改变空间位置或空间形态等。因此，当需要描述地理实体空间特征的变化时，其相应的几何数据需要能够反映这种变化，即要在几何数据中增加时间特征的描述。

图 3-12　矢量形式的几何数据　　　　　　图 3-13　栅格形式的几何数据

2. 属性数据

描述事物或现象的属性特征的数据就是属性数据，如用来描述空间实体的类型、等级、数量、名称、质量、状态等数据。属性数据主要用来描述事物或现象"是什么"和"怎么样"。最常用的属性数据是统计数据。表 3-1 是我国部分省(直辖市)2013～2015 年的地区生产总值统计数据。

GIS 中通常用二维表的形式来存储和管理属性数据：用字段名来描述具体的属性特征，用字段值来描述该特征的具体取值。

需要注意的是，事物或现象的属性特征会随着时间发生变化，如某地区人口数逐年变化、某条道路等级随时间发生变化等。因此，当需要描述地理实体属性特征的变化时，其相应的属性数据需要能够反映这种变化，即要在属性数据中增加时间特征的描述。

表 3-1　我国部分省(直辖市)2013～2015 年地区生产总值　　　　单位：亿元

地区	2013 年	2014 年	2015 年
北京	19801	21331	23015
河北	28443	29421	29806
辽宁	27213	28627	28669
上海	21818	23568	25123
河南	32191	34938	37002
山东	55230	59427	63002
浙江	37757	40173	42886
湖北	24792	27379	29550
江苏	59753	65088	70116
四川	26392	28537	30053
陕西	16205	17690	18022
安徽	19229	20849	22006

3. 关系数据

描述事物或现象之间相互关系的数据就是关系数据，包括用来描述地理实体间的包含、相邻、相连、结构、因果、组成等关系信息。关系数据主要用于描述事物或现象之间的联系。关系数据可以分为空间关系数据和属性关系数据两类。空间关系数据描述由地理实体空间特征产生的关系，如地理区域的包含关系等；属性关系数据描述由地理实体属性特征产生的关系，如路灯与维修部门的关系等。

拓扑关系是 GIS 中最主要的空间关系，描述了空间实体间的邻接、关联、包含等基本空间关系。如图 3-14 中通过二维表描述了结点、弧段与左右多边形的拓扑关系。

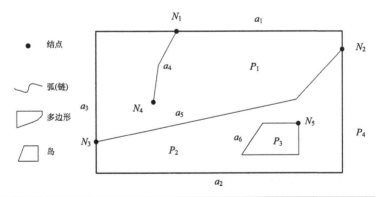

弧	起结点	终结点	左多边形	右多边形
a_1	N_1	N_2	E	P_1
a_2	N_2	N_3	E	P_2
a_3	N_3	N_1	E	P_1
a_4	N_4	N_1	P_1	P_1
a_5	N_3	N_2	P_1	P_2
a_6	N_5	N_5	P_2	P_3

图 3-14　结点、弧段与左右多边形的拓扑关系

在很多 GIS 软件中，拓扑关系数据需要显式存储，以方便在显示和分析时使用；在有些 GIS 软件中，拓扑关系数据可以通过实时计算获得，不需要进行存储。而属性关系数据必须进行显式地描述和存储。

关系数据有助于 GIS 查询、分析和应用功能的实现，方便解决诸如有几条道路通向某城市？某条铁路途经哪些站？一条河流的支流有哪些？一所学校有哪些专业？某条道路由谁维护等问题。

需要注意的是，事物或现象的关系特征会随着时间发生变化(包括关系强度的变化)，如道路中断引起的路网连通性变化、归属关系变化引起的指挥关系变化等。因此，当需要描述地理实体关系特征的变化时，其相应的关系数据需要能够反映这种变化，即在关系数据中增加时间特征的描述。

3.3　地理空间数据的量表

为了以数据的方式来抽象描述现实世界，需要对事物或现象的特征进行鉴别、分类、命名和量测。量表是一种测量尺度，是描述事物或现象的定量化方法。常用的量表有四种：名称量表(定名量表、名义量表)、顺序量表(等级量表)、间隔量表(等距量表)和比率量表(等比量表)。用不同量表描述的数据，需要用不同的可视化方法进行表达。

3.3.1　名称量表

对数据进行分类，并给予名称，也称为名义量表、定名量表。名称量表是最简单的量表，用数字、字母、名称或任何记号把不同实体加以区分即可，并不指出它们的顺序、大小或差异程度(图 3-15)。

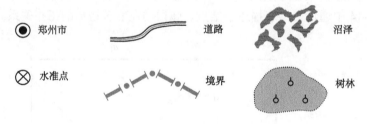

郑州市　　　　　道路　　　　　沼泽

水准点　　　　　境界　　　　　树林

图 3-15　名称量表举例

名称量表是一种定性区分，不涉及数量关系。例如，苹果、葡萄、橘子、西瓜等，只是水果的名称，表示不同类型的水果，并不表示水果的大小或顺序。简单地说，名称量表是对数据的分类，应用名称量表可以对地理实体进行分类。

3.3.2　顺序量表

把数据按一定次序排列，又称为等级量表(图 3-16)。顺序量表是一种把事物按次序排列起来的描述方式，没有度量单位，也没有绝对零点。但顺序量表是基于某种数量的量测，并按数据的等级序列排列的。由于顺序量表对事物进行了排序，其比名称量表提供了更多的信息。

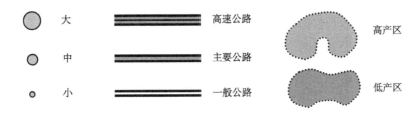

图 3-16　顺序量表举例

顺序量表是一种排序区分，可以不涉及数量关系。例如，高速公路、主要公路、一般公路等只是公路的等级，表示出了公路的级别，并不表示公路的具体参数。简单地说，顺序量表是对数据的等级区分，应用顺序量表可以对地理实体进行分级。

3.3.3　间隔量表

有相等的度量单位，但没有绝对零点的量表（图 3-17）。间隔量表要求一定数量差距在整个量表的阶梯上都是相同的，但没有绝对的零点。间隔量表是使用得最广的量表，不但描述了事物的次序，而且还提供了事物之间的距离。简单地说，间隔量表也是对数据的等级区分，只是分级的间隔是相等的，能够比顺序量表提供更多的信息。

由于间隔量表没有绝对的零点，只能作加减的运算，不能作乘除的运算。例如，摄氏温度计的参照点是以冰点为计量的起点，由于不是绝对的零点，不能说 8℃ 是 4℃ 的两倍。

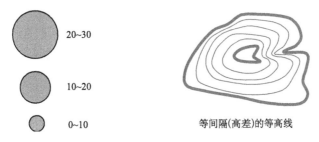

图 3-17　间隔量表举例

3.3.4　比率量表

比率量表是在一个具有实际意义的绝对零点的基础上的数据值，也称为等比量表（图 3-18）。因为比率量表具有绝对零点，且量表上的单位相等，所以可以进行加减乘除四则运算。

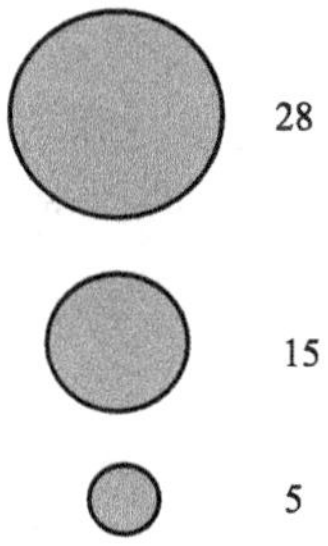

村镇	人口/人
京南镇	19801
河西镇	28443
宁原镇	27213
海弛镇	21818
南石镇	32191
山书镇	55230

图 3-18　比率量表举例

简单地说，比率量表是数据的具体数值，是四种量表中描述数据最详细的方式。在比率量表数据的基础上，按固定间隔分级，即可形成间隔量表；按不固定间隔分级，即可形成顺序量表；给所有数据一个定性的名称，则形成名称量表。

3.4　地理空间数据质量

地理空间数据质量直接影响到 GIS 的效益。GIS 中的地理空间数据的质量问题，是许多系统不成功的主要原因之一。

3.4.1　地理空间数据质量概述

地理空间数据质量指地理空间数据满足应用要求的程度。地理空间质量问题是伴随着地理空间数据的采集、处理和应用的过程而产生并表现出来的。

地理空间数据质量通常用地理空间数据的误差和正确率来度量，主要包括数据源、点位精度、属性精度、要素完整性和属性完整性、数据逻辑一致性、数据现势性等方面的误差。

地理空间数据质量控制是为达到数据质量要求所采用的技术方法和手段的总称，主要包括确定地理空间数据的误差的来源、性质和类型；提出度量误差的指标；分析误差在 GIS 空间操作中的传播机制；研究削弱误差对 GIS 产品质量影响的方法等。

GIS 中的地理空间数据质量问题是一个关系到数据可靠性和系统可信性的重要问题。应用 GIS 技术，用户可以不管比例尺的大小和数据的精度，很容易把不同来源的数据进行叠加显示和综合分析，但由于误差的增加和积累，往往会得出不正确的结论。

建立和使用 GIS 需要和误差作"斗争"。如果对地理空间数据的误差处理不当，GIS 能以相当快的速度产生各种垃圾产品，而这种垃圾产品看起来似乎是精美无比的。当用户发现 GIS 的结论与实际的地理状况相差大得惊人时，GIS 就会在用户中失去信誉。

3.4.2　地理空间数据误差的类型

GIS 中地理空间数据的误差可以分为：明显误差、原始量测值的误差、数据处理过程中产生的误差和误差传播生成的误差。

1. 明显误差

主要包括：①数据年龄，大多数 GIS 使用已有的数据，而这种数据往往是过时的。使用的数据越旧，出现误差的可能性就越大。②地图比例尺，地图比例尺越小，表示的内容越概括，一般来讲，精度也越低。③观测值的密度及其分布模式，有些专题图(如土壤图)是对一系列观测值的内插得来的，在建立数字地面模型时，内插误差较量测误差要大得多。

2. 原始量测值的误差（又称为源误差）

主要包括：①遥感数据，摄影平台、传感器的结构及稳定性、信号数字化、光电转换、影像分辨率等引起的误差。②测量数据，主观误差(对中误差、读数误差、平分误差等)、客观误差(仪器不完善、缺乏校验、未作改正等)、环境影响(气候、气压、温度、磁场、信号干扰、风、照明度等)。③属性数据，属性数据的录入、数据库的操作等引起的误差。

3. 数据处理过程中产生的误差

主要包括：①几何纠正引起的误差。②坐标变换带来的误差。③几何数据编辑引起的误差。④属性数据编辑引起的误差。⑤空间分析计算(如多边形叠置等)产生的误差。⑥图形化简(如数据压缩)形成的误差。⑦数据格式转换形成的误差。⑧矢量栅格数据的相互转换引起的误差。⑨计算机中的数字误差(如舍位误差)。

4. 误差传播生成的误差

误差传播生成的误差是指对有误差的数据,经过变换、处理后生成的 GIS 数据产品也存在着误差。主要包括:①代数关系下的误差传播,指对有误差的数据进行代数运算后,所得结果的误差。②逻辑关系下的误差传播,指对数据进行逻辑交、并等运算所引起的误差传播,如叠置分析时的误差传播。③推理关系下的误差传播,指不精确推理所造成的误差。

3.4.3 地理空间数据质量的评价标准与评价方法

1. 地理空间数据质量评价标准

国际标准化组织——地理信息/地球信息技术委员会(ISO/TC211)从 1995 年开始立项研制国际地理信息标准,有两个标准与数据质量问题密切相关。

《地理信息——质量基本元素》国际标准。该标准旨在建立描述地理空间数据质量的原理和提供有关数据质量的模型。地理空间数据的生产者和用户都可以使用这一标准,生产者按照该标准说明地理空间数据的质量,用户则按照该标准确定地理空间数据是否满足其特定的应用需求。《地理信息——质量基本元素》国际标准从五个方面衡量地理空间数据的质量:①完整性,如要素的完整性、属性的完整性等。②逻辑一致性,如属性一致性、拓扑一致性等。③位置精度,如绝对精度、相对精度、形状的相似性等。④时间精度,如与时间有关的属性误差等。⑤专题精度,如要素属性的精度等。

《地理信息——质量评价过程》国际标准。该标准提供地理空间数据质量的评价过程框架,确定数据质量评价内容,建立评价过程框图。数据质量评价内容:包括地理信息数据集、要素类型、要素、要素关系、属性类型、属性等。数据质量评价过程:数据生产者和用户在对地理空间数据集进行质量评价时应遵循的流程。

我国通常从以下八个方面评价地理空间数据的质量:位置精度、属性精度、数据完整性、逻辑一致性、接边精度、现势性、元数据与文档资料、要素关系处理。

2. 地理空间数据质量评价方法

1) 直接评价法

用计算机程序自动检测。某些类型的错误可以用计算机程序自动发现,数据中不符合要求数据项的百分率或平均质量等级也可由计算机程序计算出。例如,可以检测文件格式是否符合规范、编码是否正确、数据值是否超出范围等。

基于随机抽样的检测方法。抽样检验是通过对产品的样本进行检验,从而推断整批产品的质量是否达标的质量检测方法,是质量控制的基本手段。

2) 间接评价法

间接评价法基于外部知识或信息,通过演绎推理来确定数据集的质量等级或符合程度。用于演绎推理的外部知识和信息有很多种,常见的有数据用途、数据历史记录、数据源的质量、数据生产方法、误差传递模型等。

3) 非定量描述法(综合法)

数据集的总体质量可以通过对数据质量的组成部分的质量评价结果进行定性的综合评价。

3.4.4 矢量地图数据的质量评价

矢量地图数据是 GIS 的主要数据内容，也是 GIS 空间分析的基本数据，其数据质量问题直接关系到 GIS 数据产品和空间分析结果的可靠性。因此，本节对由地图扫描数字化方法生产的矢量数字地图数据的质量检查和评价问题进行了介绍。

1. 位置精度评价

生成矢量地图数据的扫描原图必须平整无折、清晰、清洁、无明显局部变形，扫描图像保持清晰、不粘连，图廓点、格网点影像完整，扫描影像定位精度在限差之内。进行数据采集时，需要保证图幅定位坐标正确，点、线、面符号位置采集正确，有向点、有向线的数字化方向正确，共边元素采集正确等。

数学基础的检查必须用理论值坐标核查四个图廓点、首末方里网、经纬网交点、控制点坐标的正确性。平面与高程点位置的精度通过将采集生成的矢量数字地图与原图匹配，检查点线面要素的套合情况。

2. 属性精度评价

地图要素属性数据的检查，主要检测其属性值的漏赋或错误赋值情况，需要检查每个地图要素属性赋值的正确性。

人工检查时，可以通过符号化的方式，将地图要素的属性数据以符号的形式显示出来，以便检查人员快速发现问题。例如，检查水系要素时，把水系地图要素的属性类型(河流、湖泊等)以不同颜色和符号显示，并配以图例和标注，对照原图逐个检查其属性的正确性。

计算机自动检查是基本的属性精度评价方式。根据数据采集要求和各地图要素的属性数据的取值特点，可以编制相应的核查软件，通过软件进行属性精度的自动检测。这种方法可以解决绝大部分的属性精度评价问题。

3. 数据完整性评价

数据完整性评价需要检查地图要素分层的完整性、地理实体的完整性、属性数据的完整性、注记的完整性等。

人工检查时，可以将所采集的数字图与原图进行套合显示，目视检查面状要素是否闭合，线状要素是否连续，属性数据是否完整，同一地物在不同图幅的分类、分层属性是否相同，注记是否完整等。人工检查的多数工作可以通过计算机软件实现，以减轻人工检查的工作量，并提升检查效率。

4. 逻辑一致性评价

逻辑一致性评价的内容包括：检查点、线、面要素拓扑关系建立是否有错，面状要素是否封闭，一个面状要素的标识点是否唯一或遗漏标识点，线划相交情况打断是否正确，有无重复输入两次的线划，是否出现悬挂结点，等等。

逻辑一致性评价同样需要计算机自动检查软件的支持，在计算机自动完成主要检查工作后，再进行人工的核实和检查。

5. 接边精度评价

因为地图扫描数字化是按图幅实施的，所以相邻图幅之间存在接边问题。在几何图形方面，相邻图幅接边地物要素在逻辑上应保证无缝接边；在属性方面，相邻图幅接边地物要素属性应保持一致；在拓扑关系方面，相邻图幅接边地物要素拓扑关系应保持一致。

6. 现势性评价

地理空间数据的现势性是指地理空间数据与地理环境现状的符合度，重点是确定数据的获取时间。因此，需要确定数字化原图及更新资料的测量或更新年代，或根据掌握的地理变化情况和资料，直接检查和核对各地物的更新情况。

7. 元数据与文档资料评价

生产的矢量地图数据需要携带元数据信息。元数据是数据的数据，矢量地图数据的元数据是描述矢量地图数据的数据。需要检查每幅地图元数据信息的完整性和正确性。需要在计算机上对元数据文件中的各个部分进行逐项检查，确保正确填写和没有遗漏。

矢量数字地图数据生产过程的技术文档，是产品质量控制、检查和评定的重要依据，作业人员必须认真填写，质量管理人员需据此对产品质量进行评定。

8. 要素关系处理评价

确保重要要素之间关系正确并忠实于原图，层与层间不得出现整体平移，境界与线状地物，公路与居民地内的街道及与其他道路的连接关系正确。应严格按照数据采集的技术要求处理各种地物关系。

3.5　地理空间数据标准

地理空间数据标准也称为地理信息标准或 GIS 标准，主要为地理空间数据的互操作、可移植和数据交换提供规范。其中，地理信息分类与编码标准、地理空间数据交换格式、地理信息元数据标准最为常用。

3.5.1　地理空间数据标准概述

1. 地理空间数据标准的概念

当今的信息技术是基于标准的，没有标准，就无法通信。计算机通过由 0 和 1 组成的比特流表达信息，某组特定的数字可以代表特定的图形、图像或文字。一台计算机要与其他计算机一起工作时，需要相互之间的通信。如果没有标准，计算机中的图形、图像或文字只不过是大量的 0 和 1，计算机之间就不能互相解译。

地理空间数据需要用专门的数据模型和数据格式来描述现实世界的地理实体、地理现象和地理事件，如果没有统一的地理空间数据标准(GIS 标准或地理数据标准)规范地理空间信息的描述、操作和表示，那么各种 GIS 之间就无法进行信息的共享、数据的互操作、功能的可重用等。

通常认为，地理空间数据标准是对地理目标或现象的定义、描述和操作的规定，目的是规范地理空间数据模型和数据结构，规范地理空间数据获取、处理、存储、分析、访问和表达的方式，规范地理空间数据交换和操作的方法和过程。

地理空间数据标准的主要作用包括两个方面：地理空间数据的相互交换和地理空间数据的互操作。

地理空间数据的相互交换，简称空间数据交换，是指把某一领域的地理空间数据转换为另一个领域的地理空间数据。通过数据转换(如转换成同一标准的地理空间数据)，或者用数据转换软件转换，不同领域的 GIS 可以相互交换数据，使地理空间数据发挥更大的效益。

地理空间数据的互操作，也称空间数据互操作，是指一个地理信息系统直接操作(如数据获取、处理、分析、可视化、输出等)另一个地理信息系统中的地理空间数据。通过 GIS 互操作标准，例如，通过地理空间数据库的标准访问接口直接访问其他 GIS 数据库等方式，可以在不同 GIS 间实现地理空间数据的直接操作。

2. 地理空间数据的标准化机构

ISO/TC211 是国际标准化组织(International Organization for Standardization，ISO)于 1994 年成立的地理信息/地球信息技术委员会 ，致力于数字地理信息领域标准化工作。为了促进全球地理信息资源的开发、利用和共享，该组织制定了定义、描述、管理、采集、处理、分析、查询和表达地理信息的系列标准，为不同用户、不同系统、不同地方之间的数据转换提供方法和服务。

开放地理空间信息联盟(Open Geospatial Consortium，OGC)，是 1994 年为实现地理信息的互操作而成立的政府与私人组织的联合体，主要由 GIS 厂家、计算机厂商、数据库开发或出售者、电信公司、美国联邦机构、学术界的代表组成。提出的开放式地理数据互操作规范(open geographic information specifications, OGIS)把传统集中式 GIS 推向了开放式 GIS，把基于空间数据转换的数据共享推向了基于网络互操作规范的地理空间数据资源、地理信息系统和地理信息服务的全方位共享。

全国地理信息标准化技术委员会(SAC/TC 230)，在 1997 年由国家技术监督局成立。其工作目标是组织协调地理信息领域国家标准的制定与管理，推进地理信息相关标准的贯彻与实施。全国地理信息标准化技术委员会于 2009 年年底推出了《国家地理信息标准体系》，将地理信息标准分为七大类、44 小类和其他相关标准，并按照标准性质分为三个层次，即地理信息基础类标准、支持专业类标准和专项类标准。

3. 地理空间数据标准的分类

关于地理空间数据标准的分类至今尚无统一的意见，一般可以分为两大类：基础标准、实现标准。

基础标准是指在一定范围内作为其他标准的基础并普遍使用，具有广泛指导意义的标准，主要包括一些总体性、框架性的标准和规范。地理空间数据基础标准可细分为基础通用标准、地理信息术语、时空模型、数据内容、图式表达、要素编目方法六类标准。其中，基础通用标准包括参考模型、应用模式规则、一致性测试；时空模型包括时间模式、基于坐标的空间参照、地理点位置的纬度、经度和高程的标准表示方法、地理格网、线性参照系、空间模式；数据内容包括地理信息分类体系、分类代码、元数据、基础数据、专题数据；等等。

实现标准是指构建 GIS 和开展地理空间数据应用的标准。可以再细分为通用实现标准、网络(Web)服务标准、基于位置服务标准、产品标准和管理标准等。通用实现标准包括质量基本元素、质量评价程序、地理标记语言、数据交换格式、元数据执行规范、地理信息条目注册程序、地理信息目录服务规范等；网络服务标准包括地理要素网络服务规范、地理覆盖网络服务规范、地理信息服务注册规范、地图网络服务接口等；基于位置服务标准包括基于位置的跟踪导航服务等；产品标准包括数据产品规范、数字地形图图式等；管理标准包括从业人员资格认证、从业机构资格认证、数据安全、数据档案管理标准等。

4. 常用地理空间信息标准简介

《地理信息分类与编码规则》(GB/T 25529—2010)是一项通过对多源地理要素及其属性进行统一分类组织和编码，支持跨部门、跨领域、多源、多时相、多尺度地理信息整合与管理的基础性标准，规定了地理信息分类与编码规则，以及地理要素类的高位分类与代码。适用于对多源地理信息进行统一分类组织和编码，可支持建立区域综合性地理信息系统的要素目录，用以实现不同专业地理空间数据的一体化组织、建库、存储，以及保证数据交换的一致性。

《地理信息　数据产品规范》(GB/T 25528—2010)等同采用国际标准 ISO 19131:2007 *Geographic information-Data product specifications*，定义和描述了数据产品规范的通用结构和内容，规定了数据产品规范的要求，详细阐述了数据产品规范范围、数据产品标识、数据内容和结构、参照系、数据质量、数据获取、数据维护、图示表达、数据产品交付等内容、要求，并通过统一建模语言(unified modeling language，UML)模型表示相应的数据定义。该标准为推荐性国家标准，用于指导数据产品规范的编制。

《地理信息　服务》(GB/T 25530—2010)等同采用国际标准 ISO 19119:2005 *Geographic information-Services*，标识和定义了用于地理信息服务接口的体系结构模式，并定义了该体系结构模式与开放式系统环境(open system environment，OSE)模型之间的关系，提供了地理信息服务分类及地理信息服务的一系列实例，描述了如何创建与平台无关的服务规范，以及如何派生出和该规范一致的平台相关的服务规范。该标准是推荐性国家标准，分别从平台无关和平台相关两种角度，为选择与规范地理信息服务提供指南，为开发者提供软件开发框架。

《地理信息　万维网地图服务接口》(GB/T 25597—2010)修改采用国际标准 ISO 19128：2005(E) *Geographic information-Web map server interface*，规定了从服务器获取地图所需要进行的各种操作，包括获取地图的描述信息(GetCapabilities)、获取地图(GetMap)及查询地图上要素信息(GetFeatureInfo)等操作，规范了基于地理信息动态生成具有空间参照的地图的服务行为。该标准是推荐性国家标准，适用于获取图片格式的地图数据，但不适于获取矢量格式的地理要素数据，以及影像和 DEM 等覆盖数据。

《地理信息　注册服务规范》(GB/Z 25599—2010)属国家标准化指导性技术文件，其给出了地理信息注册服务的模型和基于目录服务的参考实现，为实现地理信息注册服务提供了技术依据。地理信息注册服务用于各种地理信息服务资源的注册，再通过资源发布、发现及访问机制，实现地理信息资源的共享，从而使对地理信息有需求的用户可以检索到各种相关服务资源，可以访问和集成这些已注册的各种信息资源，形成面向各种专题的具体应用，促进服务资源的多方使用。

3.5.2　地理空间信息的分类与编码

1. 地理空间信息的分类

信息的分类一般有两种方法：线分类法和面分类法。线分类法是将分类对象根据一定的分类指标形成若干个层次目录，构成一个有层次的、逐级展开的分类体系；面分类法是将分类对象的若干特征视为若干个"面"，每个"面"又分为彼此独立的若干类组，由类组组合形成类。地理信息的分类一般采用线分类法。

作为地学编码基础的分类体系，主要通过分类与分级形成。分类是把研究对象划分为若干个类组，分级则是对同一类组对象再按某一变量进行分级。分类和分级，共同描述了地物之间的分类关系、隶属关系和等级关系。

地理空间信息的分类往往是针对某种地理应用领域展开的，不同地理应用领域的分类体系可能不同，同一地理实体可能会归到不同地理应用领域的不同类别中。因此，不同的地理应用领域对地理空间信息有不同的认知，可能会使用不同的地理空间信息分类方法，会产生不同的分类。例如，地理空间信息可以按成因进行分类，即以地理实体的成因作为主要指标进行分类；也可以按地理组成要素分类，如按地貌、水系、植被、土壤、气候、人文分成六大类；也可以按地理实体的空间分布特点进行分类，如行政区划编码、邮政编码等；也可以按地理实体的数量指标或质量指标进行分类或分级，如对河流的分级描述、土地利用类型的确定等。

不同地理应用领域往往会产生不同的地理空间信息分类体系，由此会造成分类体系之间的不兼容，并导致同一地理实体的编码不同，最终导致数据共享困难。

2. 地理空间信息编码

地理空间信息编码的主要作用是：分类——区分对象的类别；鉴别——作为对象的唯一标识；排序——作为排列和检索的依据。

地理空间信息编码的对象是地理空间数据中的部分属性数据，并且这部分属性数据往往与地理空间数据的符号化表达密切相关。对这部分属性数据进行编码，使这部分属性数据可以方便地与几何数据一起进行管理和使用。

地理空间信息的编码设计是在地理空间信息分类分级的基础上进行的。常用的编码方法有顺序码、数值化字母顺序码、层次码、复合码、简码等。我国地理空间信息编码以层次码为主。

层次码是按照分类对象的从属和层次关系为排列顺序的一种代码，能明确表示出分类对象的类别，代码结构有严格的隶属关系，例如，《中华人民共和国行政区划代码》(GB/T 2260—2007)就是采用了层次码作为代码的结构。

地理空间信息编码要统一安排编码结构和码位，要适合于计算机的处理和操作，通常遵循以下原则：①编码的系统性和科学性，编码系统在逻辑上必须符合所涉及学科的科学分类体系，同时还要能反映出同一类型中的等级特征。②编码的一致性，一致性是指编码对象的专业名词和术语的定义等必须严格保持一致，同一代码所对应的专业名词和术语必须是唯一的。③编码的标准化和通用性，为满足信息传输和共享的需要，编码系统必须尽可能实现标准化，如拟定统一的代码内容、码位长度、码位分配和码位格式等。④编码的简捷性，在满足标准的前提下，每一种编码应该是以最小的数据量载负最大的信息量，以利于计算机的存储和处理。⑤编码的可扩展性，虽然代码的码位一般要求紧凑经济、减少冗余代码，但应考虑到实际使用时往往会出现新的类型需要加入到编码系统中，因此编码的设置应留有扩展的余地，避免因新对象的出现使原编码系统失效，造成编码错乱现象。

从编码的表示形式上看，地理空间信息编码的类型有数字型、字母型、数字和字母混合型三类。①数字型代码，用一个或若干个阿拉伯数字表示对象的代码，特点是结构简单、使用方便、易于排序，但对对象的特征描述不直观。②字母型代码，用一个或若干个字母表示对象的代码，特点是比同样位数的数字型代码容量大，还可提供便于识别的信息，易于记忆，但比同样位数的数字型代码占用更多的计算机空间。③混合型代码，由数字、字母、专用符组成的代码，兼有数字型和字母型的优点，结构严密，直观性好，但组成形式复杂，处理麻烦。

从编码的实际功能上看，地理空间信息编码的类型分为两种：一种是分类码，另一种是标识码。①分类码，是根据地理空间信息分类体系设计出的各专业信息的分类代码，用以标识不同类别的数据。根据分类码可以从数据库中查询出相应类别的全部数据。②标识码(又称识别码)，是在分类码的基础上，对每类数据设计出其全部或主要实体的识别代码，用以对某一类地理实体中的某个具体实体(如某一个居民地、某一条河流、某一条道路等)进行查询检索，弥补分类码不能进行个体分离的缺陷。

3.5.3　地理空间信息的记录格式

不同的地理信息系统软件，地理空间信息的记录格式可能不同，这会导致不同地理信息系统软件平台的数据不能共享。为了解决这个问题，各种地理信息系统平台会提供一种对用户透明的数据交换格式，便于不同信息系统之间的数据交换。

1. 常用信息记录格式

数据总是以一定的媒介(如磁带、磁盘、光盘等)作为存储载体，并以数据文件的方式进行存储。对于不同的信息记录媒介，其数据文件的存储往往会有不同的记录格式和记录标准。同时，不同的信息内容，其数据文件也会有不同的存储格式。数据文件类型很多，常用的有以下几类。

(1) 数字文件。以 0 和 1 这两个二进制(八位字节或字符)位代表的信息项所形成的数字文件，也称二进制文件。这种数据文件可以存储各种复杂的数据，但需要知道其格式才能读取。

(2) 文本文件。用于存储文章、文档、论文、资料等文字材料的数据文件。由于文字处理方式不同，会产生不同格式的数据文件。常用的文本文件格式有 RTF、TXT、DOC、PDF等。

(3) 音频文件。存储音乐、声音等资料的数据文件。音频文件涉及音频数据的编码、压缩、调制、编辑等。常用的音频文件格式有 WAV、PCM、AIF、MID、MP3 等。

(4) 图像文件。存储各种照片、影像等的数据文件。常用数据文件格式有 RDI、DIB、BLT、MMM、TIF、JPG 等。GIS 中的影像数据通常以图像文件格式存储。

(5) 图形文件。存储各种工程设计图、建筑物外形图、地图等图形的数据文件。因为数据内容的差别很大，所以有很多种数据格式，如 DXF 是 AutoCAD 的图形数据格式。GIS 中的矢量地图数据就是一种图形数据。

2. 常用地理空间数据记录格式简介

1) Shapefile

Shapefile 是一种常用的矢量数据文件格式，不含拓扑关系数据，由美国环境系统研究所(Environment Systems Research Institute，ESRI)制定。Shapefile 将几何数据存为以坐标点集组成的数据文件，包括三个文件：主文件(*.shp)描述构成地理要素的坐标值；索引文件(*.shx)记录地理要素距离主文件头的偏移量；dBASE(*.dbf)表记录地理要素的属性值。元数据存储在*.shp 文件中固定长度的文件头中。

2) MIF

MIF 是美国 MapInfo 公司 MapInfo 软件向外交换矢量地图数据的数据文件格式。将地图转成 MIF 文件后，会生成两个文本格式的数据文件(*.mif，*.mid)。其中，*.mif 文件保存地理对象的空间信息，包括点的符号、点位坐标，线的样式、结点数、结点坐标，面的填充模式、子面数、结点数等；*.mid 文件保存每个地理对象的属性信息。

3）KML

KML（keyhole markup language）是由开放地理空间信息联盟（OGC）维护的国际标准，是一种基于可扩展标记语言（extensible markup language，XML）语法、用于描述地理信息（如点、线、图像、多边形和模型等）的编码规范，可以被谷歌地球和谷歌地图识别并显示。KMZ 文件是 KML 文件的压缩包，不仅能包含 KML 信息，而且能包含其关联的数据文件。

4）DXF

DXF 文件是 Autodesk 公司开发的用于 AutoCAD 与其他软件之间进行 CAD 数据交换的数据文件格式。DXF 矢量数据格式分为两类：ASCII 格式和二进制格式。ASCII 格式文件可读性好，但占有空间较大；二进制格式占用空间小、读取速度快。

5）TIFF

标签图像文件格式（tagged image file format，TIFF）是一种主要用来存储包括照片和艺术图在内的图像的文件格式。它最初由 Aldus 公司与微软公司一起为 PostScript 打印开发。

TIFF 是一种流行的高位彩色图像格式，主要用来存储包括照片和艺术图在内的图像数据，也是很多卫星影像数据的存储格式。Adobe 公司的 Photoshop、The GIMP Team 的 GIMP、Ulead PhotoImpact 和 Paint Shop Pro 等图像处理工具，QuarkXPress 和 Adobe InDesign 等桌面印刷工具都支持 TIFF 格式。

6）DEM

USGS-DEM 是美国地质调查局（USGS）的一种数字高程模型数据格式，NSDTF-DEM 是中华人民共和国国家标准《地球空间数据交换格式》规定的数字高程模型交换格式。NSDTF-DEM 文件是文本（ASCII 码）文件格式，后缀是.dem，包含文件头和数据体两部分，数据体从上向下、从左向右存储高程数据。

7）VCT

VCT 是我国的矢量数据交换标准格式，其特点是：采用 ASCII 码文件，地理空间数据按要素分类组织，可以容纳二维或三维坐标，可带属性数据，可带拓扑关系。VCT 矢量数据交换格式文件由六部分组成：第一部分为文件头，包含图幅范围、坐标维数、比例尺等基本信息；第二部分为要素类型参数；第三部分为属性数据结构；第四部分为几何图形数据；第五部分为注记；第六部分为属性数据。

3. 地理空间数据的数据交换

地理空间数据的数据交换是指一个地理信息系统可以使用其他地理信息系统的数据，实现的主要方式有四种。

（1）地理空间数据交换格式。这类格式通常由国际组织、国家、行业或企业制定，通过将地理空间数据库中的数据转换为某种格式的数据交换文件，其他用户就可以根据标准读取这种数据文件。地理空间数据的交换格式主要包括矢量数据交换格式、栅格数据交换格式和数字高程模型交换格式。

（2）地理空间数据互操作协议。制定一套各方都能接受的标准地理空间数据操作函数，通过调用这些函数来操作对方的数据。

（3）地理空间数据共享平台。各种地理信息系统通过一个公共的地理空间数据共享平台存取所有数据，以访问和获取所有可共享的数据。

(4)统一地理空间数据访问接口。在对地理空间数据模型有共同理解的基础上，各地理信息系统开发统一的标准化数据访问接口，通过同样的数据访问接口来存取数据。

其中，通过地理空间数据记录格式的转换进行数据交换的方式，是最基础、最常用的方式。

针对不同数据格式进行地理空间数据转换时，不仅要考虑数据格式问题，更要考虑数据内容和数据模型问题。例如，①由于使用不同的数据模型，如何保证地理实体信息内容在转换后的完整性？②不同格式数据文件的元数据信息(如坐标系统、投影信息、数据密级、高程系统等)如何完整转换？③如何转换地理空间数据中的可视化信息？如符号设置等会涉及符号系统和颜色系统等。④当涉及不同的地理空间信息分类标准时，地理实体的定义、地理空间数据的编码等如何转换？⑤当涉及不同的属性数据定义及值域标准时，如何进行属性数据的转换？

3.5.4　地理空间信息元数据

1. 地理空间信息元数据概述

目前已有海量的地理空间数据，而这些数据往往生产方式不同、执行标准不同、数据信息内容不同、数据产品质量也不同。对于一个地理空间数据的用户，如何知道哪里有自己需要的空间数据？如何判断数据的内容能否满足自己的需要？如何确定数据的质量是否达到应用的指标？当空间数据的使用出现纠纷时，如何界定责任？等等。这些问题都涉及地理空间信息元数据。

1)地理空间信息元数据的定义

元数据(metadata)最简短的定义是关于数据的数据(data about data)。换句话说，元数据是关于数据和相关信息资源的描述性信息。传统的图书馆卡片、出版图书的版权说明、磁盘的标签等的内容都属于元数据的内容。例如，图书馆的图书卡片记录了每本书的编号、题目、作者、关键字和出版日期等元数据信息。

地理空间信息元数据(geospatial metadata)可以定义为：关于地理空间数据和相关信息资源的描述性信息。更具体地说，地理空间信息元数据是关于地理空间数据的空间、属性和时间特征的外部形式(如数据格式、存储位置、获取方法等)和内部形式(如图形表达形式、属性数据标准、数据精度等)，以及数据获取、处理、使用的描述信息。

地理空间信息元数据与其他领域的元数据的区别在于其内容中包含大量与空间位置有关的信息。实际上，地理空间信息元数据的应用早已存在。例如，纸质地图的元数据主要表现为地图类型、地图图例、空间参照系、图廓坐标、地图内容说明、地图比例尺、编制出版单位、地图制作日期等。随着地理信息技术的发展，元数据的重要性越来越突出。

2)地理信息元数据的作用

地理空间信息资源具有海量性、分布性、异构性等特点，为了使地理空间数据生产者能有效地管理数据和提供快捷、安全、有效、全面的服务，以及数据用户能够从海量的数据资源中快速准确地发现、访问、获取、集成和使用所需的地理空间数据，必须使用地理空间信息元数据。

地理空间信息元数据通过对地理空间数据的内容、质量、条件和其他特征进行描述与说明，以便人们有效地定位、评价、比较、获取和使用地理空间数据。地理空间信息元数据的主要作用如下：　①建立地理空间数据档案，对地理空间数据集进行全面描述，帮助数据生产单位有效组织、管理和维护地理空间数据集，实现对数据集的持续维护和更新。②数据生产者可以整合不同种类、来源、标准、格式的地理空间数据，地理空间信息元数据可以标准化地描述这些数据源的信息，为用户提供有关数据存储、数据内容、数据质量等方面的整体描述信息。③地理空间信息元数据具有目录索引的作用，可以用最核心、最少量的信息来有效地、清晰地描述海量地理空间数据，以便用户的检索和使用。④地理空间信息元数据能够描述数据的网络查询方法或途径等与数据传输有关的辅助信息，可以使得分布于不同位置的地理空间数据得到更好的利用。⑤便于用户了解数据，帮助用户确定地理空间数据的可用性，以便用户获得满足应用需要的地理空间数据。⑥通过制定和使用地理空间信息元数据标准，可以实现元数据的数据交换，以有效地促进地理空间数据的管理、使用和共享。

2. 地理空间信息元数据的主要内容

元数据也是一种数据，在形式上与其他数据没有区别，可以以数据存在的任何一种形式存在。为了能够在不同数据管理软件间交换元数据，必须要有元数据标准。元数据标准能够使数据生产者和用户一起处理元数据交换、共享和管理等问题。

地理空间信息元数据的主要内容包括标识信息、数据质量信息、数据组织信息、空间参照系信息、数据内容信息、数据分发信息和元数据参考信息等。

(1)标识信息。标识信息是关于地理空间数据集的基本信息，主要包括引用信息、描述信息、状态信息、空间范围、关键词、访问限制、使用限制等。通过标识信息，数据集生产者可以对数据集的基本信息进行详细的描述，用户可以根据这些内容对数据集有总体的了解。

(2)数据质量信息。数据质量信息是对数据集质量进行总体评价的信息，主要包括属性精度信息、逻辑可靠性报告、数据完整性报告、位置精度信息、数据源继承信息等。通过数据质量信息的内容，用户可以了解数据集的属性精度、逻辑一致性、完备性、位置精度、数据源继承等。数据质量信息是用户确定数据集是否满足需求的主要依据。

(3)数据组织信息。数据组织信息是数据集中组织地理空间数据方式等方面的信息，主要由数据类型、矢量数据组织信息、栅格数据组织信息、影像数据组织信息、DEM 数据组织信息等内容组成。通过数据组织信息，用户可以了解地理空间数据集的数据类型、数据格式等内容，以便进行数据转换、数据处理和数据应用。

(4)空间参照系信息。空间参照系信息是数据集使用的空间参照系的说明，主要是数据集中坐标参考框架及编码方式的描述，反映了现实世界与地理数字世界之间的关系。通过空间参照系信息，用户可以获得数据集的水平坐标系统、垂直坐标系统、地球参考模型等空间基准信息。

(5)数据内容信息。数据内容信息是数据集中地理实体的类型和属性等的描述信息，是数据集内容的细节信息的描述。通过数据内容信息，用户可以了解数据集中地理实体的种类、名称、标识码及相应属性数据的编码、名称、含义、来源等信息。

(6)数据分发信息。数据分发信息是描述数据集发行者和数据发行方法等方面的信息，包括发行部门、数据资源描述、发行部门责任、订购程序、用户订购过程、数据集使用要求等内容。通过发行信息，用户可以了解数据集在何处、怎样获取、获取介质及获取费用等信息。

(7)元数据参考信息。元数据参考信息是描述元数据当前现状及负责单位的信息。元数据参考信息包括元数据日期、联系地址、执行标准、限制条件、安全信息及元数据扩展信息等内容。通过元数据参考信息，用户便可以了解数据集元数据所使用的描述方法。

思 考 题

1. 地理空间数据有哪些种类？请举例说明。

2. 地理空间数据有哪些基本特征？

3. 分别阐述几何数据、属性数据和关系数据的基本概念及其在 GIS 中的作用。

4. 阐述几何数据、属性数据和关系数据之间的相互联系。

5. 举例说明地理空间数据的度量方法。

6. 阐述地理空间数据质量的重要性。

7. 地理空间数据通常有哪些误差？

8. 什么是地理空间数据标准？有什么作用？

9. 地理空间数据标准有哪些类型？

10. 简述地理空间数据分类编码标准的作用。

11. 简述地理空间数据交换格式的作用。

12. 什么是地理空间信息元数据？有什么作用？

第4章 空间数据模型

空间数据模型是对客观现实世界的一种抽象和模拟,在地理信息系统领域也称为地理空间数据模型,是地理信息系统的核心和框架。空间数据模型贯穿了从地理空间概念模型的形成和建立,到逻辑数据结构的定义和表达,再到系统的实现和应用的全过程。

4.1 从现实世界到 GIS

作为处理和应用地理空间信息的技术,GIS 需要把地球装到计算机中(图 4-1)。为此,需要对地球进行数字化描述,即通过空间数据模型来描述现实世界,把现实世界变成数据装到计算机中。

图 4-1 把现实世界装入计算机

4.1.1 现实世界

现实世界是不规则的、复杂的、不断变化的(图 4-2),对现实世界的认知依赖于其观察者。例如,测量员认为道路是需要测量的两条边线,道路维护人员认为道路是需要维护的沥青表面,而驾驶员认为这就是一条马路。

图 4-2 现实世界

GIS 不可能完全描述现实世界,只能用现实世界的数据模型来抽象描述。现实世界的数据模型称为空间数据模型(或地理空间数据模型),把现实世界转换为空间数据模型的过程称为空间数据建模。

4.1.2　空间概念模型

为了构建空间数据模型,需要对现实世界进行简化和抽象,以降低现实世界的复杂程度,即需要建立现实世界的模型,即空间概念模型(图4-3)。

图 4-3　从现实世界到现实世界的模型(空间概念模型)

通过人脑对现实世界的认知,形成关于现实世界的空间概念模型。这种空间概念模型是人们观念中的世界,表现为人对现实世界构成要素的区分,区分的结果称为实体。换句话说,现实世界的模型(空间概念模型)是由实体组成的。

实体是现实世界中客观存在且不可再分为相同类别的事物,如河流、山脉、房屋、道路等。根据实体的空间特征,可以分为离散的实体(如离散的地物)和连续的实体(如连续的现象)(图4-4)。

(a) 离散的实体　　　　　　　　　　　　　(b) 连续的实体

图 4-4　空间实体

在空间概念模型中,每个实体(entity)可以从其类型、属性和关系三方面加以描述。①类型(type),房屋、道路、树木、河流等。②属性(attributes),面积、高度、宽度、质地、归属等。③关系(relationships),与其他实体的关系(如包含、相交等)。

4.1.3　空间数据模型

空间概念模型是人们对现实世界的抽象和简化,但还不能直接用计算机进行处理,只有把空间概念模型转换成空间数据模型后,才能实现计算机处理。

空间数据模型是按照计算机能够识别和处理的符号形式对空间概念模型(现实世界的模型)的记录和表达。简单地说,空间数据模型就是数字化的现实世界模型。

经典 GIS 主要使用三种空间数据模型:用矢量数据模型表达离散分布的空间实体;用栅格数据模型表达连续分布的影像数据;用数字表面模型不规则三角网(triangulated irregular network,TIN)、规则格网 DEM 表达地形起伏。

以 GIS 矢量空间数据模型为例，空间概念模型中的空间实体被描述为空间数据模型中的空间对象。每个对象又从类型(type)、属性(attributes)、关系(relationships)、几何位置(geometry)、数据质量(quality)等方面进行描述(表 4-1)。

表 4-1　空间数据概念模型与空间数据模型的组成与描述对比

项目	空间概念模型	空间数据模型
组成	空间实体	空间对象
描述	类型、属性、关系	类型、属性、关系、几何位置、数据质量……

为了便于地理空间数据的获取、处理和使用，通常把空间对象的空间部分和属性部分分别描述，并通过空间对象的唯一编码关联起来。空间部分描述对象的几何位置和几何类型，属性部分描述对象的属性值、对象关系和数据质量(图 4-5)。

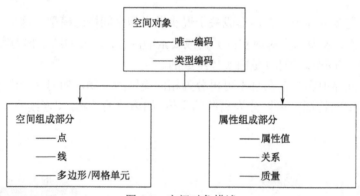

图 4-5　空间对象描述

4.1.4　GIS 数据库

有了空间数据模型，就可以通过各种手段来采集和获取地理空间数据，并用 GIS 数据库来存储和管理。例如，独立的图书馆和教学楼都可以简化(描述)为地理空间数据，并存储在 GIS 数据库中(图 4-6)。

ID	名称	类型	层数	结构	X	Y	…
10	教学楼	建筑物	6	砖混	357.6	226.3	…
11	图书馆	建筑物	4	钢混	486.5	261.8	…

关系编码	原对象 A	相关对象 B	关系描述
R002	10	11	A 位于 B 西侧

图 4-6　GIS 数据库中的地理空间数据记录

通过将现实世界抽象为空间概念模型(现实世界的模型)，再用空间数据模型来具体描述，就可以将现实世界装入计算机中了。将装入计算机中的地理空间数据进行管理、处理和应用，这就是 GIS(图 4-7)。

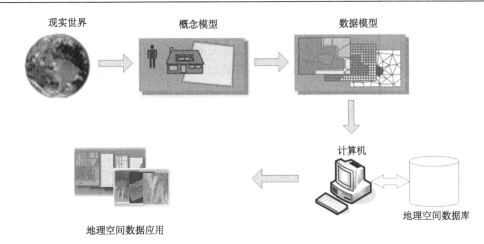

图 4-7　从现实世界到 GIS

4.2　空间数据模型概述

空间数据模型是对现实世界地理空间的抽象和形式化描述，被定义为一组相互关联的地理实体集。

根据认知角度的不同，空间数据模型有不同的分类方法。从人类对客观世界认知的角度，空间数据模型可分为要素模型和场模型；从地理空间数据逻辑组织与表达的角度，空间数据模型分为矢量数据模型和栅格数据模型。

4.2.1　空间数据模型的分类

按照地理实体和现象自身的特点，当前 GIS 从概念上将空间数据模型分为要素（feature）模型、场（filed）模型及网络（network）模型。

(1)要素模型强调个体现象，每个要素是具有共同属性的地理现象，每个特征实例具有一个唯一的标识，与属性、功能和关系封装在一起，可以全面地描述客观地理现象。

(2)场模型强调对具有一定空间内连续分布现象的描述，如温度、人口密度等。

(3)网络模型强调结点和结点间的关系，用于表达和研究具有一定连通关系的网络状地理现象，如交通网、电网等。

4.2.2　经典 GIS 空间数据模型

在 GIS 具体实现中，空间数据模型分为矢量模型、栅格模型和表面模型：①矢量模型，用精确的坐标来表达具有精确定位和明显边界的离散地理要素，将地理对象分为点、线和面。②栅格模型，用二维像元阵列来模拟和表达影像和抽样数据，每个像元的大小相等，位置可通过行列号确定，每个像元都赋予确定的值。③表面模型，描述某种属性(如高程、温度、降水量、气压梯度等)在二维区域的连续分布状态，主要用于表达地形。

4.2.3　空间数据模型的拓展

随着技术的发展和应用的牵引，空间数据模型在时间和空间上进行拓展，形成了时空数据模型和三维空间数据模型。

1. 时空数据模型

传统空间数据模型描述的空间维度和属性维度是静态的, 主要表现地理实体在某个时刻的快照。时空数据模型的核心问题是研究如何有效地描述、表达和管理现实世界中实体及其相互关系随时间发生的变化。当前主要的时空数据模型包括: 空间时间立方体 (space-time cube) 模型、序列快照 (sequent snapshots) 模型、基态修正 (base state with amendments) 模型、空间时间组合体 (space-time composite) 模型等。

2. 三维空间数据模型

地理空间在本质上是三维的。受技术水平限制和地图使用习惯, GIS 通常将真三维的地理实体简化为二维几何图形。三维地理对象具有更丰富的内部信息和更复杂的空间拓扑关系。因此, 建立真三维空间数据模型较为困难。目前, 常见的是基于八叉树索引结构的三维数据模型, 它是二维栅格数据模型在三维空间的扩充。

4.2.4　空间数据模型的相互关系

不同分类体系下的空间数据模型在模型概念、表达内容和描述方式等方面既相互渗透又有区别。

(1) 从空间认知的角度看, 人类对现实世界各种现象的理解自然区分为离散的要素和连续的场, 因此, 要素模型和场模型属于空间数据概念模型, 在 GIS 中分别由矢量数据模型和栅格数据模型具体实现。

(2) 计算机中有矢量和栅格两种最基本的数据结构。GIS 利用它们构建矢量空间数据模型和栅格空间数据模型, 这两种模型是 GIS 具体技术实现所采用的最基本的通用数据模型。

(3) 矢量数据模型中的点线拓扑关系构成了网络。从具体实现的角度, 网络模型是在矢量模型的基础上构建, 并重点关注点与点之间的联通性, 通过对交通网或供排水网络的模拟, 结合数学中的图论, 对网络问题进行求解, 如最短路径问题和资源分配问题等, 故网络模型本质上属于矢量数据模型。

(4) 表面模型用于模拟连续分布现象的覆盖表面, 如地形、温度、磁场等。以地形为例, 目前 GIS 对地形的模拟有三种基本模型: 等高线、规则格网 DEM 和不规则三角网 TIN。其中等高线属于矢量模型; 规则格网 DEM 采用了典型的栅格数据结构; 不规则三角网 TIN 是由带有高程信息的离散点互相连接成三角形而构建的网络, 本身也是矢量模型。

(5) 时空数据模型是现有空间数据模型在时间维上的扩展。三维空间数据模型是对现有二维空间数据模型在空间维上的扩展。表面模型形成空间曲面, 只考察二维空间坐标点上对应的第三维信息(如高程、浓度), 三维模型形成的是空间体, 其内部每一个三维空间坐标点上都有相应的属性。现实世界中的万事万物都在时空中变化, 故具有时态的三维空间数据模型可以更准确的描述现实。

(6) 对现实世界可以采取多种方式建模, 各种模型也可以混合使用和互相转换。模型不存在单纯的优劣之分, GIS 具体选用什么模型来建模世界和处理信息, 需要根据所研究问题的实际需要而定。

4.3 矢量空间数据模型

4.3.1 基本概念

矢量数据模型采用离散化的方式描述地理空间中具有准确定位和明显边界范围的地理要素，是目前 GIS 领域应用最广泛、与传统地图表达最为接近的空间数据模型。在计算机中，矢量数据模型由矢量数据结构来具体实现。

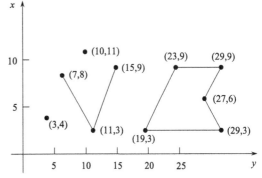

矢量空间数据模型采用二维空间坐标系中的点 (point)、线 (line) 和面 (area/polygon) 来刻画所关注的地理要素的空间位置、轮廓及其几何关系 (图 4-8)。在不同尺度下，同一个地理要素的形态可能会发生变化。

图 4-8 矢量空间数据模型的表示

点：零维几何形状。用于描述面积和长度可以忽略不计的地理要素，如野外的控制点、大海中的灯塔等。

线：一维几何形状。用于描述形状狭长的地理要素，如河流、道路等。

面：二维几何形状。用于描述具有相同属性的位置所组成的一个连续区域，如湖泊、居民地等。

矢量数据模型可以通过点、线、面及它们的组合来表示现实世界中各种复杂的实体。矢量数据冗余度低，结构紧凑，并具有空间实体的拓扑信息，便于深层次分析。

图 4-9 显示了矢量数据模型的数据组织方式 (数据结构)。其中，每一个空间对象具有一个标识码 (ID)，标识码是唯一的，用于唯一标识空间对象，并建立该空间对象几何信息与属性信息的关联。

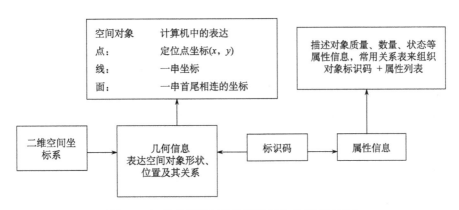

图 4-9 矢量数据模型的数据组织方式 (数据结构)

4.3.2 简单矢量数据结构

矢量数据的简单数据结构没有拓扑关系，主要用于矢量数据的显示、输出，以及一般的查询和检索。可分别按点、线、面三种基本形式来描述。

1. 点的矢量数据结构

点的矢量数据结构可表示为

标识码	X, Y 坐标

标识码：按一定的原则编码，简单情况下可顺序编号。标识码具有唯一性，是联系矢量数据和与其对应的属性数据的关键字。属性数据单独存放在数据库中。

在点的矢量数据结构中也可包含属性码，这时其数据结构为

标识码	属性码	X, Y 坐标

属性码：通常把与实体有关的基本属性(如等级、类型、大小等)作为属性码。属性码可以有一个或多个。

X, Y 坐标：是点实体的定位点，如果是有向点，则可以有两个坐标对。

2. 线(链)的矢量数据结构

线(链)的矢量数据结构可表示为

标识码	坐标对数 n	X, Y 坐标串

标识码的含义与点的矢量数据结构相同。同样，在线的矢量数据结构中也可含有属性码，如表示线的类型、等级、是否要加密、光滑程度，等等。

坐标对数 n：构成该线(链)的坐标对的个数。

X, Y 坐标串：这是构成线(链)的矢量坐标，共有 n 对。也可把所有线(链)的 X, Y 坐标串单独存放，这时只要给出指向该链坐标串的首地址指针即可。

3. 面(多边形)的矢量数据结构

面的矢量数据结构可以像线的数据结构一样表示，只是坐标串的首尾坐标相同。这里介绍链索引编码的面(多边形)的矢量数据结构，可表示为

标识码	链数 n	链标识码集

标识码的含义同点和线的矢量数据结构，在面的矢量数据结构中也可含有属性码。

链数 n：指构成该面(多边形)的链的数目。

链标识码集：指所有构成该面(多边形)的链的标识码的集合，共有 n 个。

这样，一个面(多边形)就可由多条链构成，每条链的坐标可由线(链)的矢量数据结构获取。这种方法可保证多边形公共边的唯一性，但多边形的分解和合并不易进行，邻域处理比较复杂，需追踪出公共边；在处理"洞"或"岛"之类的多边形嵌套问题时较麻烦，需计算多边形的包含等。

4.3.3 拓扑数据结构

拓扑关系是一种对空间结构关系进行明确定义的数学方法。具有拓扑数据结构的矢量数据模型是 GIS 的分析和应用功能所必需的。拓扑数据结构的表示方式没有形成统一的标准，所以没有固定格式，但基本原理是相同的。

1. 拓扑元素

矢量数据可抽象为点(结点)、线(链、弧段、边)、面(多边形)三种要素，称为拓扑元素。点(结点)——孤立点、线的端点、面的首尾点、链的连接点等；线(链、弧段、边)——两结点间的有向弧段；面(多边形)——若干条链构成的闭合多边形。

2. 基本的拓扑关系

最基本的拓扑关系是关联和邻接。关联——不同拓扑元素之间的关系，如结点与链，链与多边形等。邻接——相同拓扑元素之间的关系，如结点与结点，链与链，面与面等。邻接关系是借助于不同类型的拓扑元素描述的，如面通过链而邻接。

在 GIS 的分析和应用功能中，还可能用到其他拓扑关系，如包含关系——面与其他拓扑元素之间的关系，如果点、线、面在该面内，则称为被该面包含，如某省包含的湖泊、河流等。几何关系——拓扑元素之间的距离关系，如拓扑元素之间距离不超过某一半径的关系。层次关系——相同拓扑元素之间的等级关系，如国家由省(自治区、直辖市)组成，省(自治区、直辖市)由县组成等。

3. 拓扑关系的表示

目前，GIS 矢量空间数据模型主要表示最基本的拓扑关系，即点拓扑、线拓扑和面拓扑。点拓扑：用于表达结点与通过该结点的线的关联关系。线拓扑：用于表达线与结点的关联关系和两个面之间通过公共边的邻接关系。面拓扑：用于表达面与面边界线的构成关系，以及面与面之间的包含关系。

不同 GIS 平台，表达拓扑关系的方法不尽相同。图 4-10 是其中的一种表示方式，通过结点、链和面之间的拓扑关系，来描述点、线、面要素的拓扑关系。

图 4-10　矢量空间数据模型基本拓扑关系的表示

下面举例说明示矢量数据拓扑关系的表示方法。在图 4-11 中，有面 A、B、C、D、E、F，有链 L_1、L_2、L_3、L_4、L_5、L_6、L_7、L_8、L_9、L_{10}、L_{11}、L_{12}、L_{13}，有结点 P_1、P_2、P_3、P_4、

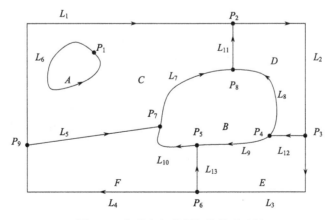

图 4-11　矢量空间数据拓扑关系示例

P_5、P_6、P_7、P_8、P_9。以图 4-10 的方式，将图 4-11 的拓扑关系表示为面-链关系（"－"号表示边的方向与构成面的方向相反）、链-结点关系、结点-链关系和链-面关系（O 为制图区域外部的多边形，常称为包络多边形）（表 4-2～表 4-5）。

表 4-2　面-链关系表

A	L_6
B	L_7、$-L_8$、L_9、L_{10}
C	L_1、$-L_{11}$、$-L_7$、$-L_5$
D	L_{11}、L_2、L_{12}、L_8
E	L_{13}、$-L_9$、$-L_{12}$、L_3
F	L_4、L_5、$-L_{10}$、$-L_{13}$

表 4-3　链-结点关系表

L_1	P_9、P_2
L_2	P_2、P_3
L_3	P_3、P_6
L_4	P_6、P_9
⋮	⋮

表 4-4　结点-链关系表

P_1	L_6
P_2	L_1、L_{11}、L_2
P_3	L_2、L_{12}、L_3
P_4	L_{12}、L_8、L_9
⋮	⋮

表 4-5　链-面关系表

L_1	O	C
L_2	O	D
L_3	O	E
L_4	O	F
L_5	C	F
⋮	⋮	⋮

4.3.4　要素对象模型

在具体实现和操作中，GIS 通常采用面向对象的方法将矢量空间数据模型实现为要素对象模型（feature object model），并定义空间关系算子或函数来进行要素之间的基于位置的关系运算。

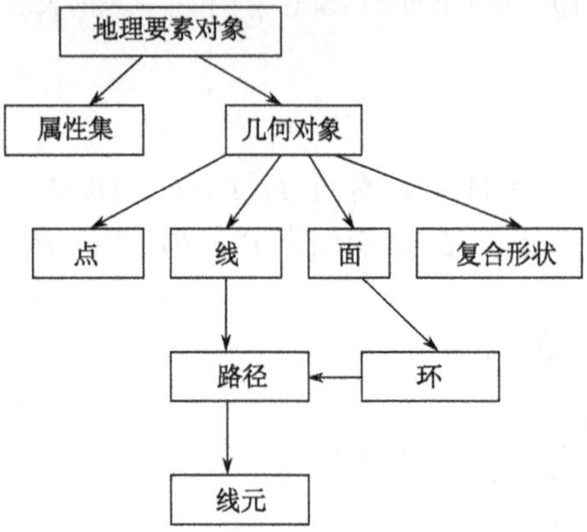

要素对象对应于现实世界中的一个离散的地理对象。刻画一个要素对象需要属性信息和几何信息。属性信息用来说明地理要素的质量或数量特征，可以采用二维关系表的形式统一表达属性信息的名称、类型、取值范围等，形成一个属性集合对象。地理要素的定位和形状信息由几何对象来表示。几何对象需要有几个层次由简单到复杂、由局部到整体的构造方法。如图 4-12 所示。

图 4-12　要素对象模型的构成

（1）线元：由定义在两个点之间的图形函数表示。常见的有直线段、圆弧、椭圆弧和贝塞尔曲线等（图 4-13）。

（2）路径：是由首尾相接且不自相交的任意数量的基本图元连接而成（图 4-14）。路径构成了简单的线对象。

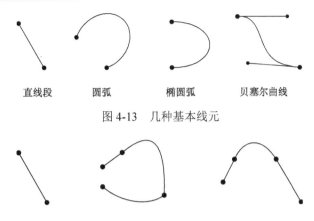

直线段　圆弧　椭圆弧　贝塞尔曲线

图 4-13　几种基本线元

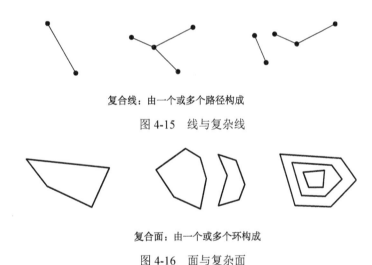

路径由一个或多个线元首尾连接组合而成

图 4-14　线元连接成路径

（3）环：是闭合的路径。用来构成面对象。

（4）复合形：是多个同类型的点、线、面构成的复杂点、复杂线和复杂面。如图 4-15 和图 4-16 所示。

复合线：由一个或多个路径构成

图 4-15　线与复杂线

复合面：由一个或多个环构成

图 4-16　面与复杂面

这样，一个要素对象的几何信息由一个几何对象表示。几何对象的类型可以是点、线、面或复合型。其中线由路径构成，面由环构成，路径和环由最基本的线元构成。在实际应用中，根据不同的需求，几何对象的构成可以有不同的形式。

4.4　栅格空间数据模型

4.4.1　基本概念

栅格空间数据模型（简称栅格数据模型）——是将连续区域按照一定的规则进行二维划分，形成覆盖该区域的多个小单元结构，每一个小单元有各自的大小、位置和明确的属性，用于单元栅格实现对连续区域的离散化表示。

区域划分可以是规则的和不规则的，为了处理和采样方便，通常将要研究的区域采用规则格网划分，即每个小单元是大小固定的矩形，且具有确定的属性值。

栅格空间数据模型多用来表达影像和抽样数据，所以通常将划分的小单元栅格称为"像元"。换句话说，栅格数据模型就是像元阵列，用每个像元的行列号确定位置，用每个像元的值表示实体的类型、等级等属性。

点实体——表示为一个像元，如图 4-17(a)所示。

线实体——表示为在一定方向上连接成串的相邻像元的集合，如图 4-17(b)所示。

面实体——表示为聚集在一起的相邻像元的集合，如图 4-17(c)所示。

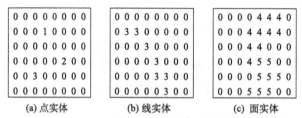

(a) 点实体　　　　　(b) 线实体　　　　　(c) 面实体

图 4-17　栅格空间数据模型中的实体

栅格数据表示的是二维表面上的地理数据的离散化数值。在栅格数据中，地表被分割为相互邻接、规则排列的矩形方块(有时也可以是三角形、六边形等)，每个地块与一个像元相对应。因此，栅格数据的比例尺就是栅格(像元)的大小与地表相应单元的大小之比，当像元所表示的面积较大时，对长度、面积等的量测有较大影响。每个像元的属性是地表相应区域内地理数据的近似值，因而有可能产生属性方面的偏差。例如，Landsat MSS 卫星影像的单个像元对应着地表 79km×79km 的矩形区域，影像记录的光谱数据是每个像元所对应的地表区域内所有地物光谱辐射的总和。

栅格数据记录的是属性数据本身，而位置数据可以由属性数据对应的行列号转换为相应的坐标。栅格数据的阵列方式很容易为计算机存储和操作，不仅很直观，而且易于维护和修改。栅格数据的数据结构简单，定位存取性能好，因而在 GIS 中可与影像数据和 DEM 数据联合进行空间分析。

栅格数据的获取方式通常有以下几种。

1. 遥感数据

通过遥感手段获得的数字图像就是一种栅格数据。它是遥感传感器在某个特定的时间、对一个区域地面景象的辐射和反射能量的扫描抽样，并按不同的光谱段分光并量化后，以数字形式记录下来的像素值序列。

2. 图片扫描

通过扫描仪对地图或其他图件的扫描，可把资料转换为栅格形式的数据。

3. 矢量数据转换

通过运用矢量数据栅格化技术，把矢量数据转换成栅格数据。这种情况通常是为了有利于 GIS 中的某些操作，如叠加分析等，或者是为了有利于输出。

4. 手工方法获取

在专题图上均匀划分网格，逐个网格地确定其属性代码的值，最后形成栅格数据文件。为了保证数据的质量，在确定栅格数据中某一像元点的代码时，通常采用的方法有：①中心归属法——每个栅格单元的值由栅格的中心点所在的面域的属性来确定。②长度占优法——每个栅格单元的值由栅格中线段最长的实体的属性来确定。③面积占优法——每个栅格单元的值由栅格中面积最大的实体的属性来确定。④重要性法——根据栅格内不同地物的重要性，选取最重要的地物的类型作为栅格单元的属性值，这种方法适用于具有特殊意义而面积较小的实体要素。

4.4.2　栅格数据结构

栅格数据结构是栅格空间数据模型在计算机中的数据组织方式，是一种以规则的像元阵列来表示空间地物或现象的分布的数据结构，其阵列中的每个数据表示地物或现象的属性特征。

常见的栅格数据编码方式包括直接栅格编码、游程长度编码和四叉树编码等。

1. 直接栅格编码

将栅格数据看作一个数据矩阵，逐行(或逐列)记录代码，可以每行都从左到右记录，也可以奇数行从左到右，偶数行从右到左。如图 4-18 的栅格数据可存储记录为：AAAAABBBAABBAABB。

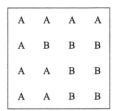

图 4-18　直接栅格编码示例

这种记录栅格数据的文件常称为栅格文件，且常在文件头中存有该栅格数据的长和宽，即行数和列数。这样，具体的像元值就可连续存储了。其特点是处理方便，但没有压缩。

2. 游程长度(行程)编码

地理数据往往有较强的相关性，也就是说相邻像元的值往往是相同的。

游程长度编码的基本思想是：按行扫描，将相邻等值的像元合并，并记录代码的重复个数。

对于图 4-18，其编码为 A4 A1 B3 A2 B2 A2 B2。若在行与行之间不间断地连续编码，则为 A5 B3 A2 B2 A2 B2。

对于游程长度编码，区域越大，数据的相关性越强，则压缩越大。其特点是，压缩效率较高，叠加、合并等运算简单，编码和解码运算快。

3. 四叉树编码

四叉树编码是最有效的栅格数据压缩编码方法之一，在 GIS 中有广泛的应用。其基本思路为：将 $2^n \times 2^n$ 像元组成的图像(不足的用背景补上)所构成的二维平面按四个象限进行递归分割，直到子象限的数值单调为止，最后得到一棵四分叉的倒向树，该树最高为 n 级。对于图 4-18 所构成的图像，可用四叉树编码法得到如图 4-19 所示的四叉树。

常规四叉树除了要记录叶结点外，还要记录中间结点，结点之间的联系靠指针。因此，为了记录常规四叉树，通常每个结点需要 6 个变量，即父结点指针、四个子结点的指针和本结点的属性值。

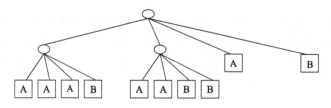

图 4-19　四叉树编码示例

　　结点所代表的图像块的大小可由结点所在的层次决定，层次数由从父结点移到根结点的次数来确定。结点所代表的图像块的位置需要从根结点开始逐步推算下来。因而常规四叉树是比较复杂的。为了解决四叉树的推算问题，提出了一些不同的编码方式。下面介绍最常用的线性四叉树编码。

　　线性四叉树编码的基本思想是：不需记录中间结点和使用指针，仅记录叶结点，并用地址码表示叶结点的位置。

　　线性四叉树有四进制和十进制两种，下面介绍的是通常使用的十进制四叉树编码。十进制四叉树的地址码又称 Morton 码。

　　为了得到线性四叉树的地址码，首先将二维栅格数据的行列号转化为二进制数，然后交叉放入 Morton 码中，即为线性四叉树的地址码。

　　例如，对于第 5 行、第 7 列的 Morton 码如图 4-20 所示。

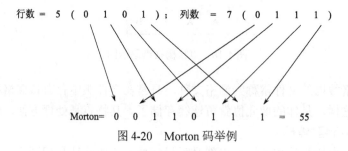

图 4-20　Morton 码举例

　　这样，在一个 $2^n \times 2^n$ 的图像中，每个像元点都给出一个 Morton 码，当 $n=3$ 时，像元点的 Morton 码如图 4-21 所示。

行＼列	0	1	2	3	4	5	6	7
0	0	1	4	5	16	17	20	21
1	2	3	6	7	18	19	22	23
2	8	9	12	13	24	25	28	29
3	10	11	14	15	26	27	30	31
4	32	33	36	37	48	49	52	53
5	34	35	38	39	50	51	54	55
6	40	41	44	45	56	57	60	61
7	42	43	46	47	58	59	62	63

图 4-21　像元点的 Morton 码

这样就可将用行列表示的二维图像，用 Morton 码写成一维数据，通过 Morton 码就可知道像元的位置。

把一幅 $2^n \times 2^n$ 的图像压缩成线性四叉树的过程为：①按 Morton 码把图像读入一维数组；②相邻的四个像元比较，一致的合并，只记录第一个像元的 Morton 码；③比较所形成的大块，相同的再合并，直到不能合并为止。

对用上述线性四叉树的编码方法所形成的数据还可进一步用游程长度编码压缩，压缩时只记录第一个像元的 Morton 码。

以图 4-18 所示的栅格数据为例，计算出每个像元的 Morton 码，并将所得 Morton 码记录在对应像元的位置，结果如图 4-22 所示。

A_0	A_1	A_4	A_5
A_2	B_3	B_6	B_7
A_8	A_9	B_{12}	B_{13}
A_{10}	A_{11}	B_{14}	B_{15}

图 4-22 用 Morton 码记录的数据举例

该图中像元值的右下角标为 Morton 码，压缩处理过程如下。

(1) 按 Morton 码读入一维数组。

Morton 码：0 1 2 3 4 5 6 7 8 9 10 11 12 13 14 15
像 元 值：A A A B A B B B A A A B B B B

(2) 四相邻像元合并，只记录第一个像元的 Morton 码。

0 1 2 3 4 5 6 7 8 12
A A A B A A B B A B

(3) 由于不能进一步合并，则用游程长度编码压缩。

0 3 4 6 8 12
A B A B A B

线性四叉树编码的优点是：压缩效率高，压缩和解压缩比较方便，阵列各部分的分辨率可不同，既可精确地表示图形结构，又可减少存储量，易于进行大部分图形操作和运算。缺点是：不利于形状分析和模式识别，即具有变换不定性，如同一形状和大小的多边形可得出完全不同的四叉树结构。

4.5 表 面 模 型

地形是 GIS 研究中一类重要的地理要素。起伏的地形表面可视为高程值 Z 随平面坐标 x, y 变化而形成的空间曲面。如果将上述高程替换为人口密度、降水量或大气压梯度等，仍然可以得到相应的空间曲面，这些反映不同主题的曲面具有一致的表示形式，GIS 将它们归纳为表面模型 (surface model)。

表面可以抽象地表述为用于描述某种属性在二维区域的连续分布状态。GIS 研究最多的是地形，本章以地形为例介绍用于地形建模的表面模型，其结构和组织方法对研究其他表面具有通用性。

对地形的建模通常有三种方法：等高线法、规则格网 DEM 和不规则三角网 (TIN) (图 4-23)。其中等高线是传统地图制图中对地形高低起伏的一种抽象表示，它将具有相同高程值的高程点连接成等高线，用等高线的密疏表示地形起伏的陡缓。该方法适用于平面制图，不适合 GIS 对表面进行真实感的再现及基于地形的分析。GIS 中常用的表面模型是规则格网 DEM 和不规则三角网，它们属于对地形的数字方式表达，通常也称为数字高程模型 (digital elevation model，DEM）。

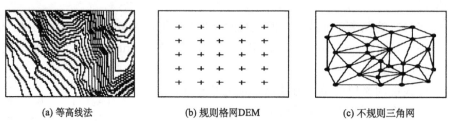

(a) 等高线法　　　　　(b) 规则格网DEM　　　　　(c) 不规则三角网

图 4-23　GIS 表达地形的三种方式

4.5.1　规则格网 DEM

　　采用规则格网将区域空间切分为规则的格网单元，每个格网单元赋予一个高程值，这样就形成了一个具有典型栅格模型结构的二维高程矩阵，可以按照栅格模型的方式进行编码。

　　规则格网 DEM 一般通过对已采样的地形特征点进行内插计算得到。如图 4-24 所示，规则格网 DEM 实质上是对离散的高程点进行规则重采样的结果，由于地形特征点难以正好落在格网单元中，格网单元的高程值通常采用周围临近的地形特征点的高程值通过距离加权等内插算法计算得到。规则格网 DEM 的精度取决于格网大小和采样密度。

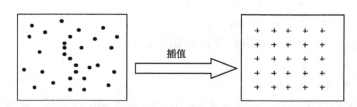

图 4-24　离散点集插值生成 DEM

　　规则格网 DEM 的优点是结构简单，易于用计算机进行存储和处理，便于进行坡度坡向计算、地性线提取和通视判断等地形分析。缺点是不能准确表示地形的细部结构，数据冗余大。

4.5.2　不规则三角网

　　不规则三角网（triangulated irregular network，TIN）采用一系列相互连接且互不重叠的三角形来拟合起伏的地形表面。TIN 是通过对离散的地形特征点集按照一定的规则构建三角形而得到的（图 4-25），通常采用 Delaunay 剖分方法。

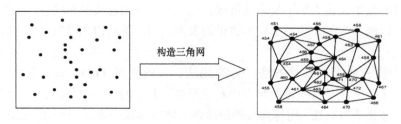

图 4-25　离散点集构网生成 TIN

与规则格网 DEM 相比，TIN 具有很多优点：首先，TIN 中包含的每一个三角形的顶点都是地形特征点，保证了地形细节结构的精确体现；其次，TIN 对地形的采样是不规则的，在地形变化显著的地方采样密集，在平坦地区采样稀疏，避免了数据冗余；最后，TIN 是矢量模型，可以在其中增加类似河流或湖泊这样的表面元素，从而更加接近地形表面。

GIS 通常采用 TIN 来表达大比例尺高精度的地形表面。

4.6　时空数据模型

在我们的感官认知中，现实世界是三维空间+一维时间的四维时空世界。传统 GIS 的矢量、栅格数据模型主要以静态、平面表达为主，表面模型虽然能够支持 3D 的空间形态和视觉效果，但也仅仅刻画了实体的表面信息，被表面包围的内部空间里更为丰富详细的信息并没有得以体现，还达不到对地理实体进行真三维建模的程度。同时，不含时间维的静态空间数据模型不能表达客观世界的动态变化。因此，能够更加丰富全面地描述现实世界的、从二维到三维(空间)、从静态到动态(时间)、从宏观到微观的时空数据模型是 GIS 空间数据模型发展的趋势。

4.6.1　三维空间数据模型

GIS 三维空间数据模型大体可分为表面三维模型、体三维模型和混合三维模型三类。

1. 表面三维模型

表面三维空间数据模型(facial model)侧重于三维空间实体的表面表示，如地形表面，有代表性的表面模型主要有规则格网(Grid)、不规则三角网(TIN)和三维边界模型等。

(1)规则格网和不规则三角网主要对 Z 值(高程、浓度等)在二维空间的连续分布所形成的表面进行建模。其中规则格网对 Z 值进行等间隔规则重采样和内插运算，用 Z 值的二维数字阵列来表达起伏表面；TIN 是基于相邻的离散采样点构建三角形面片，由形状大小各不相同的三角形面片相互连接形成的不规则三角网来表达表面形态。这两种模型适合于非封闭的不规则三维表面表达。

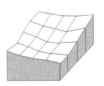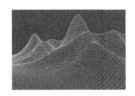

图 4-26　规则格网和不规则三角网表达的三维空间表面

(2)三维边界模型。将地理实体视为多面体，通过指定顶点位置、构成边的顶点及构成面的边来表示三维实体，详细记录构成实体形体的所有几何元素的几何信息及其相互连接关系，以便直接存取构成形体的各个面、面的边界及各个顶点的定义参数，有利于以面、边、点为基础的各种几何运算和操作(图 4-27)。三维边界模型在描述结构简单规则的 3D 实体时十分有效，但对于不规则 3D 实体的表达则不方便，且效率不高。

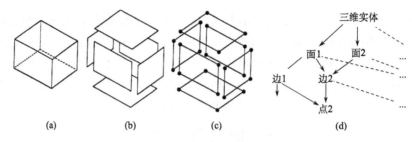

图 4-27 三维边界模型示意图

此外，基于表面的模型还包括线框模型、断面模型和多层 DEM 模型等。

基于表面的三维空间数据模型可以方便快速地表达地理实体或现象的外观，却缺失了对表面所包围的内部属性分布、结构形式等丰富信息的刻画，难以进行三维空间查询与分析，不是严格意义上的"真"三维。

2. 体三维模型

基于体的三维空间数据模型（volumetric model）采用三维空间的体元分割和真三维的实体表达，体元的属性可独立描述和存储，因而可以进行三维空间操作与分析。用于三维空间分割的体元可以采用四面体、六面体、棱柱或其他多面体，体元可以是规则的，也可以是不规则的。常见的体元模型有很多种，有代表性的包括构造实体几何模型、四面体格网模型、八叉树模型等。

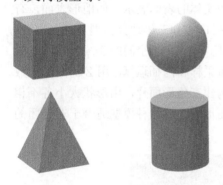

图 4-28 基本三维几何体素示意图

1）构造实体几何模型

用预先定义好的具有一定形状的基本体素（构成三维体的基本元素）的组合来表示对象，如立方体、圆柱体、球体等。体素之间可以进行几何变换和正则布尔操作（交、并、差），并通过相互变换组合形成复杂的实体（图 4-28）。构造实体几何（constructive solid geometry，CSG）模型适用于结构相对简单规则的地理实体，对于复杂不规则的地理实体的表达效果较差。

2）四面体格网模型

四面体格网模型（tetrahedral network，TEN）以四面体为体元（描述空间实体的基本几何元素），将任意一个三维空间实体分割为相互邻接且不重叠的不规则四面体。四面体格网由点、线、面和体四类基本元素组合而成，每个四面体包含四个三角形、每个三角形包含三条边，每条边与两个点相关联。四面体格网模型实质是二维 TIN 模型在三维空间上的扩展（图 4-29）。

3）八叉树模型

八叉树（octree）模型是将三维空间进行上下、左右、前后均匀的剖分，形成八个子空间，建立第一层级的八个叶结点；然后对每一个子空间再进行同样的剖分，建立下一个层级的八个叶结点，如此递归进行，直到子结点空间中只包含单一体素属性，或者其大小已是预先定义的体素大小。八叉树模型是二维平面四叉树在三维空间的扩展（图 4-30）。

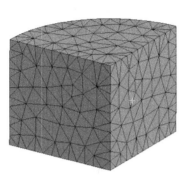

图 4-29　四面体格网模型描述实体对象示意图

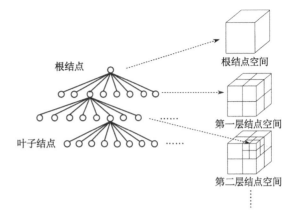

图 4-30　八叉树模型结构示意图

此外，基于体的模型还包括块模型（规则、不规则）、金字塔模型、3D Voronoi 图模型、三棱柱模型、实体模型等。

3. 混合三维模型

表面三维模型侧重于三维空间实体的表面表示，如地形表面、地质层面等。通过表面形成的外围轮廓，可以快速方便地进行三维可视化呈现，但由于缺少内部的细节信息，对三维实体的表达并不完整，难以进行深入的空间操作与分析。

体三维模型侧重于描述地理实体的边界及内部属性和结构，如地层、建筑物等，易于支持三维空间操作和分析，但数据结构复杂、数据量大、计算速度面临很大压力。

任何一种三维空间数据模型都有其适用性，难以解决所有的问题，混合三维模型的目标就是集成采用两种以上模型的建模方法来对地理现象或实体进行三维建模，相互取其优点避其短处，以期在具体应用中获得更好的三维建模效果和计算优势。

混合三维模型的种类很多，通常的思路是用面向面的模型来表达地理实体的外围轮廓和表面特征，用面向体的模型来表达地理实体内部数据及结构。例如，TIN 与构造实体几何模型的混合模型，用 TIN 表达地形表面，用构造实体几何模型表达建筑物，用于城市三维建模；TIN 与八叉树的混合模型，用 TIN 的方式构建地理实体的外围轮廓，用八叉树结构表达地理实体内部属性及结构，适用于对复杂不规则三维实体的建模等。也有混合采用两种面向体的模型来表达三维实体结构，例如，八叉树与四面体的混合模型，采用层级嵌套的方式，用八叉树结构表达实体总体结构和进行快速三维空间索引，用四面体结构表达某一结点体元的细节特征。

总体而言，GIS 三维空间数据模型的种类很多，每一种模型都有其显著的特征和不足，仅凭任何一种模型都难以解决 GIS 三维建模的全部问题。

4.6.2　时空数据模型

我们常提到的"GIS 空间数据""GIS 空间数据模型"等词汇，虽然没有直接体现时间的字样，但其实内部已经包含了时间特征，只是在具体内容上偏于静态和切片化。随着 IT 新技术的融入和 GIS 技术的发展，GIS 对历史的、动态的和实时的地理信息更加关注，"时空数据"和"时空数据模型"的提法逐渐增多。

1. 基本时空数据模型

时空数据模型的研究从 20 世纪 60 年代开始。1992 年出版的 *Time in Geographic Information Systems* 一书中总结了序列快照模型、时空复合模型、基态修正模型和时空立方体模型四种基本的时空数据模型，此后，时空数据模型的研究成为 GIS 的一个重要方向。

1) 序列快照模型

序列快照(sequent snapshots)模型，也称时间切片模型(time-slice snapshots)。它的基本思想是将某一时间段内地理实体或地理现象的变化过程，用一系列离散的时间间隔快照记录下来，形成反映不同时刻整体空间特征的状态序列(快照表)。

快照间的时间间隔不一定相同，可根据实际需要进行时间采样和快照记录(图 4-31)。序列快照模型依托形成的状态序列快照表，可以方便地检索出任意有记录时刻的地理对象或地理现象的整体状态，但对全局状态的快照记录会产生大量的冗余数据，且可能会漏掉在时间采样间隔中发生的变化。

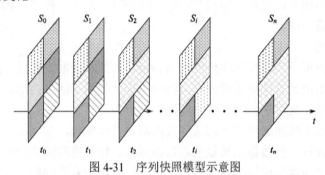

图 4-31　序列快照模型示意图

2) 时空复合模型

时空复合(space-time composite)模型将空间分隔成具有相同时空过程的最大的公共时空单元，分别独立记录各个时空单元上的变化信息。在存储上，每个时空单元可被看成是静态的空间单元，并将该时空单元中的时空过程作为属性关系表来存储(图 4-32)。与序列快照模型相比，时空复合模型避免了对全局视图的完整记录，减少了数据冗余。

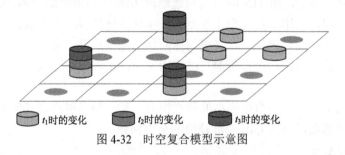

t_1时的变化　　　t_2时的变化　　　t_3时的变化

图 4-32　时空复合模型示意图

3) 基态修正模型

基态修正(base state with amendments)模型首先确定和记录对象的初始状态(基态)S_0，然后按照一定的时间间隔采用增量记录的方式，只记录相对于上一个时刻的对象变化ΔS_i，通过从基态对每次变化内容的叠加，就可以得到某一时刻对象的状态。

$$S = S_0 + \Delta S_1 + \Delta S_2 + \cdots + \Delta S_i + \cdots + \Delta S_n$$

$$S = S_0 + \sum_{i=1}^{n} \Delta S_i \tag{4-1}$$

基态修正模型也称为底图叠加(base map with overlap)模型,是连续快照模型的改进,避免了序列快照模型将每个未发生变化的部分进行重复记录(图 4-33)。

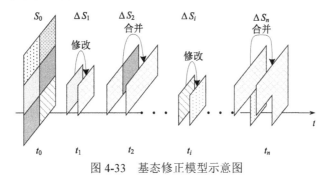

图 4-33　基态修正模型示意图

4) 时空立方体模型

时空立方体(space-time cube)模型用一个时间维和两个空间维构成的三维立方体来表征空间实体的时空变化过程(图 4-34)。

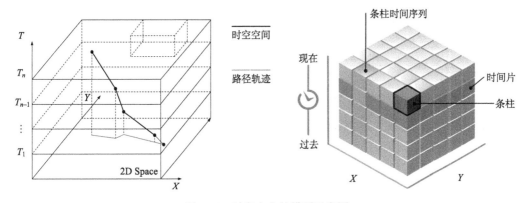

图 4-34　时空立方体模型示意图

时空立方体模型充分利用人们对带有时间语义的空间对象的理解,将一个空间实体的时间演变过程描述为空间坐标沿时间轴的演化过程。其中空间实体随着时间推移在时空立方体中产生的轨迹称为时空路径(spatial-time-path)。时空路径的轨迹反映了空间实体的时空演化进程。时空立方体模型对空间实体的描述简洁、直观、易懂,将时间信息标记到空间坐标系的每个点上,适合运动目标的管理。时空立方体也常用于时空大数据挖掘分析的专题展示。

2. 时空数据模型的发展

按照时间在数据模型中所起的作用,时空数据模型的发展可分为三个时期(阶段)。①侧重记录实体时态变化的时态快照时期。此时期提出的模型包括时空立方体模型、序列快照模型,以及在此基础上为减少数据冗余,只记录变化部分的基态修正模型、离散格网单元列表模型、时空复合模型等。②侧重表达实体变化前后关系的对象变化时期。此时期提出的模型包括面向对象的时空数据模型、基于图论的时空数据模型、面向过程的时空数据模型等。

③侧重描述实体变化语义关系的事件与活动时期。此时期提出的模型包括基于事件的模型、时空三域模型（时间、空间、属性）、基于本体的时空数据模型等。

随着研究的深入和满足多样化的应用需求，学者们对以上基本时空数据模型进行了综合集成与扩展。

基于"版本-增量"的时空数据模型集成了序列快照模型、基态修正模型和时空复合模型的特点；基于事件的时空过程模型采用"事件"来描述地理对象自身的变化和地理过程的时空演化；面向对象的时空数据模型是采用面向对象的方法将地理现象或地理要素抽象为时空对象，每个时空对象都有生命周期，时空对象在生命周期内进行动态演化，具有继承、聚合、多态等关系和特征。

实时 GIS 时空数据模型将时空过程、地理对象、事件、事件类型、状态和观测等要素有机地结合在一起，通过对地理对象的空间状态、专题属性状态和模拟状态的序列快照记录来实现对地理对象时变特征的支持，通过"观测"（对象）记录传感器与地理对象的对应关系，从传感网中快速获取传感器观测值，为地理对象生成对象状态提供实时动态数据，实现了 GIS 对多源传感器观测数据的实时接入、存储与可视化。

为满足 GIS 对时空对象更加全面的描述，以及对复杂地理现象和时空过程的模拟与分析，时空数据模型的研究与应用不断向着更加通用、全面的方向发展。新一代的时空数据模型，需要支持对人类社会、自然空间、虚拟空间和机器物理空间的统一表达与协同计算，实现物与物、物与人的时空互联与虚实交融，支持时空对象的全生命周期管理，支持全域空间多时空参照、不同粒度多形态表达、时空属性多语义关联、全动态属性描述和具有自主认知与行为能力的时空对象智能化模拟等。

4.7　基本空间关系

空间数据模型是对现实世界的抽象和描述，不仅描述了地理实体或现象的类型、位置、时间、属性等特征，而且还描述了实体之间的相互关系。空间关系是实体间基于空间位置的关联关系，是 GIS 实施空间计算的基础。基本的空间关系是距离关系、拓扑关系和方位关系。

4.7.1　空间距离

基本空间对象距离关系包含点/点、点/线、点/面、线/线、线/面、面/面之间的距离。在基本目标之间关系的基础上，可构造出点群、线群、面群之间的距离关系。例如，在已知点/线拓扑关系与点/点距离关系的基础上，可求出点/点间的最短路径、最优路径、服务范围等；已知点、线、面距离关系，可进行距离量算、邻近分析、聚类分析、缓冲区分析、泰森多边形分析等。

1. 空间物体间的距离

地理空间中两点间的距离度量可以沿着实际的地球表面进行，也可以沿着地球椭球体的距离量算。距离可以表现为以下几种形式（以地球上两个城市之间的距离为例）（图 4-35）：①大地测量距离，沿着地球大圆经过两个城市中心的距离。②曼哈顿距离，纬度差加上经度差。③旅行时间距离，从一个城市到另一个城市的最短时间。④辞典距离，在一个固定的地名册中城市位置之间的绝对差值。

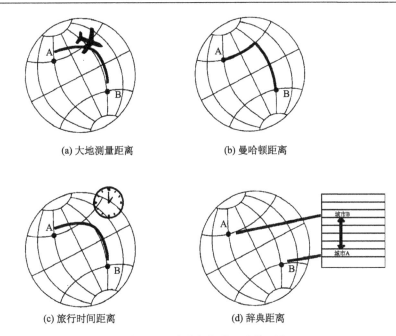

(a) 大地测量距离   (b) 曼哈顿距离

(c) 旅行时间距离   (d) 辞典距离

图 4-35　地球上各种形式的距离

2. 空间距离的计算

1) 点/点距离计算

(1) 平面距离与角度。假设在平面上有两点 $P_1(x_1,y_1)$ 与 $P_2(x_2,y_2)$，则两点之间的平面距离为

$$|P_1P_2|=\sqrt{(x_1-x_2)^2+(y_1-y_2)^2} \tag{4-2}$$

矢量 P_2 到 P_1 之间的夹角为

$$\sin\theta=(x_2-x_1)/|P_1P_2|,\ \cos\theta=(y_2-y_1)/|P_1P_2| \tag{4-3}$$

(2) 空间直线距离。设空间两点为 $P_1(x_1,y_1,z_1)$ 与 $P_2(x_2,y_2,z_2)$，则两点之间的空间直线距离为

$$|P_1P_2|=\sqrt{(x_1-x_2)^2+(y_1-y_2)^2+(z_1-z_2)^2} \tag{4-4}$$

(3) 球面距离。在航空与航海等情况中，作业范围较大，大圆线则是球面上两点之间的最短距离。给定球面两点 $A(\psi_1,\lambda_1)$ 和 $B(\psi_2,\lambda_2)$，如图 4-36 所示，圆弧长为 $\cos(S)=\sin\psi_1\times\sin\psi_2+\cos\psi_1\times\cos\psi_2\times\cos(\lambda_2-\lambda_1)$，$S=\arccos[\sin\psi_1\times\sin\psi_2+\cos\psi_1\times\cos\psi_2\times\cos(\lambda_2-\lambda_1)]$。两点之间的球面距离为

$$L=R\times S\times\pi/1800 \tag{4-5}$$

2) 点/线距离计算

(1) 点/线最短距离。如图 4-37 所示，设线段 P_1P_2 位于横坐标轴，端点为 P_1 和 P_2，计算点 p 到线段 P_1P_2 的距离。通过两端点 P_1 和 P_2，与线段 P_1P_2 垂直的直线将平面区域划分为 A_1、A_2、A_3。则点 p 到线段 P_1P_2 的最短距离的计算方法为

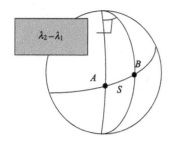

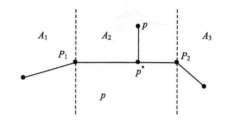

图 4-36　球面距离计算　　　　　图 4-37　点/线最短距离计算

$$d_{\min}=\begin{cases}d(p,P_1) & p\in A_1\\ d(p,p^*) & p\in A_2\\ d(p,P_2) & p\in A_3\end{cases} \tag{4-6}$$

（2）点/线垂直距离。设有 A、B 两点组成的直线 L 为 $ax+by+c=0$，则点 $P(X,Y)$ 到直线 L 的距离计算式为

$$\text{distance}(P,L)=|aX+bY+c|/\sqrt{a^2+b^2} \tag{4-7}$$

（3）点/线平均距离。点/线平均距离 $d(p,L)$ 等于点 p 与直线段两个端点 p_a 和 p_b 的距离值的平均值。即

$$d(p,L)=(d(p,p_a)+d(p,p_b))/2 \tag{4-8}$$

（4）点/线最大距离。点/线最大距离 $d_{\max}(p,L)$ 等于点 p 与直线段两个端点 p_a 和 p_b 的距离中的最大者。即

$$d_{\max}(p,L)=\max(d(p,p_a),d(p,p_b)) \tag{4-9}$$

3）点/面距离计算

（1）点/面最短距离。点 p 到面 A_n 的最短距离肯定在面的边界上，因此点面最短距离为

$$d_{\min}(p,A_n)=\min\{d_{\min}(p,l_i),i=1,\cdots,n\} \tag{4-10}$$

其中，l_i 为组成面的边界线段。

（2）点/面最大距离。点/面最大距离为

$$d_{\max}(p,A_n)=\max\{d_{\max}(p,l_i),i=1,\cdots,n\} \tag{4-11}$$

（3）点/面平均距离。点到面的平均距离计算比较复杂，Okabe 和 Miller(1996)将多边形划分为三角形，按照式(4-12)计算点到面的平均距离。

$$d_{\text{avg}}(p,A_n)=\sum_{i=1}^{n-2}\frac{|T_i|}{|A_i|}d_{\text{avg}}(p,T_i) \tag{4-12}$$

其中，$|T_i|$ 为三角形的面积；$d_{\text{avg}}(p,T_i)$ 为点 p 到 T_i 的平均距离。

　　该方法的时间复杂度非常高，首先必须将多边形剖分为三角形，按照积分的方法计算点到每个三角形的平均距离，然后才能得出点到面的平均距离。为了高效求取点到平面的平均距离，必须在面目标内寻找一点，转换为点/点距离的计算。传统方法将点/面距离近似表示为点到质心的距离。但对于凹多边形，可在多边形内求取一内点，将点到面的距离近似表示为点到该内点的距离。

4) 线/线距离计算

(1) 线/线最短、最大距离。相交线之间的最短距离为零，否则，设有两线段 l_1 和 l_2，端点分别为 (p_{1s}, p_{1e}) 与 (p_{2s}, p_{2e})，则线/线之间的最短距离和最大距离为 (Okabe and Miller, 1996)

$$d_{\min}(l_1, l_2) = \min\{d_{\min}(p_{1s}, l_2), d_{\min}(p_{1e}, l_2), d_{\min}(p_{2s}, l_1), d_{\min}(p_{2e}, l_1)\} \qquad (4\text{-}13)$$

$$d_{\max}(l_1, l_2) = \max\{d_{\max}(p_{1s}, l_2), d_{\max}(p_{1e}, l_2), d_{\max}(p_{2s}, l_1), d_{\max}(p_{2e}, l_1)\} \qquad (4\text{-}14)$$

(2) 线/线平均距离。假设线段 l_1 位于 X 轴，$\{(x,0)|a \leqslant x \leqslant b\}$。$l_2$ 位于直线 $Y = kX$ 上，$\{(X,Y)|c \leqslant X \leqslant d, kc \leqslant Y \leqslant kd\}$。对于 l_2 上的任意一点 $P(X, Y)$，P 到 l_1 的平均距离为

$$d_{\mathrm{avg}}(p, l_1) = \frac{1}{b-a} \int_a^b f(x)\mathrm{d}x \qquad (4\text{-}15)$$

其中，$f(x) = \sqrt{(X-x)^2 + (kX)^2}$。在 l_2 上，每间隔 $\mathrm{d}X$ 取点，则取样点总数 $n = (d-c)/\mathrm{d}X$。从而线段 l_2 到 l_1 的平均距离为

$$d_{\mathrm{avg}}(l_2, l_1) = [d_{\mathrm{avg}}(p_1, l_1) + d_{\mathrm{avg}}(p_2, l_1) + \cdots + d_{\mathrm{avg}}(p_n, l_1)]/n$$

$$= \frac{1}{d-c} \int_c^d d(p, l_1)\mathrm{d}X \qquad (4\text{-}16)$$

5) 线/面距离计算

(1) 线/面最短、最大距离。面由一系列有序线段构成，线/面最短、最大距离计算可转化为线/线最短与最大距离计算。求取线到组成面的每一条线段的最短与最大距离，其中的最小与最大值即为线/面之间的最短与最大距离。

(2) 线/面平均距离计算。先求出面的内点，从而将线/面平均距离，近似转化为点/线平均距离计算。

4.7.2　空间拓扑

拓扑学是几何学的一个分支，它研究在拓扑变换下能够保持不变的几何属性——拓扑属性。假设欧氏平面是一张高质量无边界的橡皮，该橡皮能够伸长和缩短到任何理想的程度。想象一下基于这张橡皮所绘制的图形，允许这张图伸长但是不能撕破或者重叠，这样原来图形的一些属性将保留，而有些属性将会失去。

例如，在橡皮表面有一个多边形，多边形内部有一个点。无论对橡皮进行压缩或拉伸，点依然存在于多边形内部，点和多边形之间的空间位置关系不改变，而多边形的面积则会发生变化。前者是空间的拓扑属性，后者则不是拓扑属性。表 4-6 列出了欧氏平面上实体对象的拓扑和非拓扑属性。

表 4-6　欧氏平面上实体对象的拓扑和非拓扑属性

拓扑属性	非拓扑属性
一个点在一个弧段的端点	两点之间的距离
一个弧段是一个简单弧段(弧段自身不相交)	一个点指向另一个点的方向
一个点在一个区域的边界上	弧段的长度
一个点在一个区域的内部	一个区域的周长
一个点在一个区域的外部	一个区域的面积

拓扑属性	非拓扑属性
一个点在一个环的内部	
一个面是一个简单面(面上没有"岛")	
一个面的连续性(给定面上任意两点,从一点可以完全在面的内部沿任意路径走向另一点)	

从表 4-6 中可以看出,拓扑属性描述了两个对象之间的关系,因此又称为拓扑关系。由于拓扑学是研究图形在拓扑变化下不变的性质,拓扑学已成为地理信息系统及空间关系的理论基础,为空间点、线、面之间的包含、覆盖、相离和相接等空间关系的描述提供直接的理论依据。

1.4 交模型

4 交模型通过边界和内部两个点集的交进行拓扑关系定义,通过点集交的"空"与"非空"来进行拓扑关系判别。

设有空间实体(点、线或面)A、B,$B(A)$、$B(B)$ 表示 A、B 的边界,$I(A)$、$I(B)$ 表示 A、B 的内部,二者之间的关系可表示为

$$\begin{pmatrix} B(A) \cap B(B) & B(A) \cap I(B) \\ I(A) \cap B(B) & I(A) \cap I(B) \end{pmatrix} \tag{4-17}$$

式(4-17)中的元素或者为"空",或为"非空",总共可产生 16 种情形。排除现实世界中不具有物理意义的关系,可得出 9 种面/面空间关系、13 种面/线关系、3 种面/点关系、16 种线/线关系、3 种点/线关系。其中 9 种面/面关系如表 4-7 所示。

表 4-7　4 交模型中两个区域间的拓扑关系

$\begin{pmatrix} B(A) \cap B(B) & B(A) \cap I(B) \\ I(A) \cap B(B) & I(A) \cap I(B) \end{pmatrix}$	解释图	$\begin{pmatrix} B(A) \cap B(B) & B(A) \cap I(B) \\ I(A) \cap B(B) & I(A) \cap I(B) \end{pmatrix}$	解释图
$\begin{pmatrix} 0 & 0 \\ 0 & 0 \end{pmatrix}$ A 和 B 不相交		$\begin{pmatrix} 1 & 0 \\ 0 & 0 \end{pmatrix}$ A 和 B 相切	
$\begin{pmatrix} 1 & 0 \\ 0 & 1 \end{pmatrix}$ A 和 B 相等		$\begin{pmatrix} 1 & 1 \\ 0 & 1 \end{pmatrix}$ B 覆盖 A	
$\begin{pmatrix} 0 & 1 \\ 0 & 1 \end{pmatrix}$ B 包含 A		$\begin{pmatrix} 0 & 0 \\ 1 & 1 \end{pmatrix}$ A 包含 B	
$\begin{pmatrix} 1 & 0 \\ 1 & 1 \end{pmatrix}$ A 覆盖 B		$\begin{pmatrix} 0 & 1 \\ 1 & 1 \end{pmatrix}$ AB 相交,边界不相交	
$\begin{pmatrix} 1 & 1 \\ 1 & 1 \end{pmatrix}$ AB 相交,边界也相交			

但是，许多通过人眼都可明显区分开的一些情形，利用该方法却无法做到。如图 4-38 所示，二者的 4 交模型取值完全相同，都为 {1, 1, 1, 1}。实际上，二者之间的拓扑关系并不等价。

图 4-38　4 交模型取值等价图示

2. 9 交模型

针对 4 交模型的不足，引进点集的余，构造出一个由边界、内部、余的点集组成的 9 交空间关系模型。如现实世界中有两个简单实体 A、B，用 $B(A)$、$B(B)$ 表示 A、B 的边界，$I(A)$、$I(B)$ 表示 A、B 的内部，$E(A)$、$E(B)$ 表示 A、B 的余，则 9 交模型可表示为

$$\begin{bmatrix} B(A)\bigcap B(B) & B(A)\bigcap I(B) & B(A)\bigcap E(B) \\ I(A)\bigcap B(B) & I(A)\bigcap I(B) & I(A)\bigcap E(B) \\ E(A)\bigcap B(B) & E(A)\bigcap I(B) & E(A)\bigcap E(B) \end{bmatrix} \tag{4-18}$$

对于该元组的每一元素，都有"空"与"非空"两种取值，9 个元素总共可产生 $2^9=512$ 种情形。而对于两个空间多边形目标，只有 8 种空间关系可以实现，它们分别是：相交和不相交 (disjoint)、相切 (touch)、包含 (contain)、内部 (inside)、相等 (equal)、覆盖和被覆盖 (overlap)。其实际图形表示如表 4-8 所示。

表 4-8　9 交模型中两个区域间的拓扑关系

$\begin{bmatrix} B(A)\bigcap B(B) & B(A)\bigcap I(B) & B(A)\bigcap E(B) \\ I(A)\bigcap B(B) & I(A)\bigcap I(B) & I(A)\bigcap E(B) \\ E(A)\bigcap B(B) & E(A)\bigcap I(B) & E(A)\bigcap E(B) \end{bmatrix}$	解释图	$\begin{bmatrix} B(A)\bigcap B(B) & B(A)\bigcap I(B) & B(A)\bigcap E(B) \\ I(A)\bigcap B(B) & I(A)\bigcap I(B) & I(A)\bigcap E(B) \\ E(A)\bigcap B(B) & E(A)\bigcap I(B) & E(A)\bigcap E(B) \end{bmatrix}$	解释图
$\begin{pmatrix} 0 & 0 & 1 \\ 0 & 0 & 1 \\ 1 & 1 & 1 \end{pmatrix}$ A 和 B 不相交		$\begin{pmatrix} 1 & 0 & 1 \\ 0 & 0 & 1 \\ 1 & 1 & 1 \end{pmatrix}$ A 和 B 相切	
$\begin{pmatrix} 1 & 0 & 0 \\ 0 & 1 & 0 \\ 0 & 0 & 1 \end{pmatrix}$ A 和 B 相等		$\begin{pmatrix} 0 & 1 & 0 \\ 0 & 1 & 0 \\ 1 & 1 & 1 \end{pmatrix}$ B 包含 A	
$\begin{pmatrix} 1 & 1 & 0 \\ 0 & 1 & 0 \\ 1 & 1 & 1 \end{pmatrix}$ B 覆盖 A		$\begin{pmatrix} 0 & 0 & 1 \\ 1 & 1 & 1 \\ 0 & 0 & 1 \end{pmatrix}$ A 包含 B	
$\begin{pmatrix} 1 & 0 & 1 \\ 1 & 1 & 1 \\ 0 & 0 & 1 \end{pmatrix}$ A 覆盖 B		$\begin{pmatrix} 1 & 1 & 1 \\ 1 & 1 & 1 \\ 1 & 1 & 1 \end{pmatrix}$ AB 相交，边界也相交	

与 4 交模型相比，9 交模型改进了 4 交模型的部分不足，增强了面/线、线/线空间关系的唯一性。但它仅仅用"空"与"非空"来区分两个目标的边界、内部、余，对面/面、点/点、点/线、点/面的空间关系描述并无太大改进。因此，该方法仍有一定的局限性。

3. DE-9 交模型

在 GIS 中，基本实体可以划分为点、线、面三种基本类型。点状目标具有固定的位置和方向，将其定义为零维目标；线状目标都有一条有形或无形的定位线，将其定义为一维目标；面状目标都有一个有形或无形的轮廓线，将其定义为二维目标。

运用维数扩展法(dimension extended，DE)，将 9 交模型进行扩展，利用点、线、面的边界、内部、余之间的交集的维数来作为空间关系描述的框架。对于几何实体的边界，它是比其更低一维的几何实体的集合。为此，点的边界为空集；线的边界为线的两个端点，当线为闭曲线时，线的边界为空；面的边界由构成面的所有线构成。若设 P 为一个点集，定义点集的求维函数 DIM 为

$$\mathrm{DIM}(P)=\begin{cases} -1 & P \text{ 等于空} \\ 0 & P \text{ 不包含线、面，但至少包含一个点} \\ 1 & P \text{ 不包含面，但至少包含一条线} \\ 2 & P \text{ 至少包含一个面} \end{cases}$$

利用维数扩展法，9 交模型扩展为式(4-19)。

$$\begin{bmatrix} \mathrm{DIM}(I(A)\bigcap I(B)) & \mathrm{DIM}(I(A)\bigcap B(B)) & \mathrm{DIM}(I(A)\bigcap E(B)) \\ \mathrm{DIM}(B(A)\bigcap I(B)) & \mathrm{DIM}(B(A)\bigcap B(B)) & \mathrm{DIM}(B(A)\bigcap E(B)) \\ \mathrm{DIM}(E(A)\bigcap I(B)) & \mathrm{DIM}(E(A)\bigcap B(B)) & \mathrm{DIM}(E(A)\bigcap E(B)) \end{bmatrix} \tag{4-19}$$

对于图 4-38(a)，两简单面状目标 A、B 之间的空间关系利用式(4-19)可表示为表 4-9。

表 4-9　基于 DE-9 交模型的拓扑空间关系表示

项目	内部	边界	余
内部	2	1	2
边界	1	0	1
余	2	1	2

根据 DE-9 交模型，对于点集拓扑空间 X，当需要进行关系判别时，可对矩阵的 9 元取值进行分析、比较。令 C 为各单元交的点集，其取值 P 可能为 $\{T, F, *, 0, 1, 2\}$。各个取值的具体含义为：①$P = T => \mathrm{DIM}(C) \in \{0,1,2\}$，即交集 C 包含有点、线或面；②$P = F => \mathrm{DIM}(C) = -1$，即交集 C 为空；③$P = * => \mathrm{DIM}(C) \in \{-1,0,1,2\}$，即两目标交集既有点、线、面，又含有某些部分的交集为空的情形，该情况在关系判别时，一般不予考虑；④$P = 0 => \mathrm{DIM}(C) = 0$；⑤$P = 1 => \mathrm{DIM}(C) = 1$；⑥$P = 2 => \mathrm{DIM}(C) = 2$。

各元素可取值 $\{T, F, *, 0, 1, 2\}$，会产生的情形为 $6^9 = 10077696$ 种关系。通过对空间关系进行归纳和分类，得出五种基本的空间关系：相离关系(disjoint)、相接关系(touch)、相交关系(cross)、包含于关系(in)、交叠关系(overlap)，并将这五种关系定义为空间关系的最小集，特征为：①相互之间不能进行转化；②能覆盖所有的空间关系模式；③能应用于同维与不同维的几何目标；④每一种关系对应于唯一的 DE-9 交模型矩阵；⑤任何其他的 DE-9 交模型关系可以通过用这五种基本关系进行表达。

另外，为了用户的使用方便，还定义几个基本的空间拓扑关系，即相等(equal)、包含(contain)、覆盖(cover)和被覆盖(coveredby)。

4 交模型和 9 交模型作为对拓扑关系的一种常见描述方式，本身会产生一些无意义的关系类型和表达缺陷，相关研究对它们也做出了改进。

4.7.3　空间方位

方位关系属于空间关系中的一种，用来描述具有一定位置和形态目标之间的方位关系，是有效表达地理空间现象的重要组成部分。从简单地理查询到复杂空间分析，从旅行路线到野外记录，从认知模型到图像特征提取，从机器人导航到用户接口，都有方位空间关系的具体应用。

1. 空间方位关系的特点

由于目标形态千变万化，使方位关系的类型划分、描述与判断具有一定的难度。方位关系的基本特点有：①模糊性，如图 4-39 所示，目标 B 具有不同的形态，但方位关系相同，即目标 B 都在目标 A 的南方位；②对称性，如图 4-39(b) 所示，目标 B 在 A 的南方位，则 A 在目标 B 的北方位；③相对性，相对不同的空间目标，可能具有不同的方位关系，如图 4-39(c) 中 B 在 A 的南方位，而相对于 C，则在其西方位。

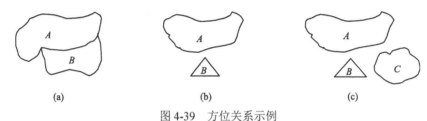

图 4-39　方位关系示例

2. 空间方位关系的描述

1) 点目标之间的方位关系

在空间目标的最小外切矩形 (minimum bounding rectangle，MBR) 基础上，把目标之间的方位关系划分为东 (east,E)、南 (south,S)、西 (west,W)、北 (north,N)、东南 (south_east,SE)、东北 (north_east,NE)、西南 (south_west,SW)、西北 (north_west,NW)、相同 (same) 九邻域。具体划分方法如图 4-40 所示。

对于点目标之间的方位关系，图 4-40 的表示方法可以完备表示，但对于线、面目标之间的方位关系，并不完备。如图 4-41 所示，目标 A、B 之间的关系采用图 4-40 的方法可表示为 $R(\text{MBR}(B)，\text{MBR}(A))=\{N，NE，E，Same\}$，实际上目标 B 与 A 并不存在 Same 关系。为此，线、面目标之间的方位描述与判断方法必须加以改进。

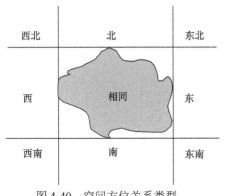

图 4-40　空间方位关系类型

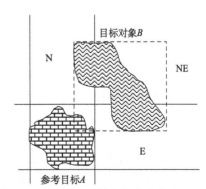

图 4-41　基于 DRM 的方位关系表示

2) 线、面目标之间的方位关系

针对基于 MBR 判断模型的不足，Goyal 和 Egenhofer(1997)提出使用面积加权方位关系矩阵(direction-relation matrix, DRM)来表示线、面目标之间的方位关系，如图 4-41 所示。

$$DRM = \begin{bmatrix} a_{11} & a_{12} & a_{13} \\ a_{21} & a_{22} & a_{23} \\ a_{31} & a_{32} & a_{33} \end{bmatrix} \tag{4-20}$$

$$a_{ij} = A_{ij}/A \tag{4-21}$$

$$\sum_{i=1}^{3} \sum_{j=1}^{3} a_{ij} = 1 \tag{4-22}$$

其中，a_{11} 为 NW，a_{12} 为 N，a_{13} 为 NE，a_{21} 为 W，a_{22} 为 Same，a_{23} 为 E，a_{31} 为 SW，a_{32} 为 S，a_{33} 为 SE；A 为目标的总面积；A_{ij} 为目标在图 4-41 所示各剖分邻域中的面积。

基于 Goyal 与 Egenhofer 的思想，面目标之间的关系可以用面积加权来描述。由此，可以作进一步扩展，将面积加权扩展到长度加权，从而，可将 DRM 由描述与面目标有关的方位关系扩展到描述与线目标有关的方位关系，即将式(4-21)和式(4-22)中的各元素取值为

$$a_{ij} = l_{ij}/L \tag{4-23}$$

$$\sum_{i=1}^{3} \sum_{j=1}^{3} a_{ij} = 1 \tag{4-24}$$

其中，L 为线目标的总长度；l_{ij} 为目标在图 4-41 所示各剖分邻域中的长度。

当 DRM 矩阵各元素取值为空或非空时，DRM 表示方式与 MBR 方式完全一致。矩阵中各元素的大小表示目标具有该方位关系的比重，值越大，表示该方位关系越占主要，最大值表示该方位是目标对象相对于参考目标的主要方位关系。

例如，图 4-41 所示的面目标采用面积加权的 DRM 模型可表示为

$$DRM = \begin{bmatrix} 0 & 0.2 & 0.55 \\ 0 & 0 & 0.25 \\ 0 & 0 & 0 \end{bmatrix} \tag{4-25}$$

即目标 B 与目标 A 具有东(E)、东北(NE)、北(N)方位关系，主要方位关系是东北(NE)。

方位关系的判断涉及点/点、点/线、点/面、线/线、线/面及面/面。对点/点之间方位关系，主要是基于坐标关系的判断。对于线、面空间目标之间方位关系，纯粹利用坐标比较已不可行，可以采用长度与面积的加权模型判断目标之间的空间方位关系。

思 考 题

1. 简述现实世界、GIS 和地理空间数据模型三者之间的关系。
2. 试阐述从现实世界到 GIS 的建模过程。
3. 比较矢量数据模型与栅格数据模型的异同点。
4. 表面模型的适用范围是什么？在表达现实世界三维物体时，表面模型存在什么优缺点？
5. 常见传统地理空间数据模型向时间维、空间维扩展时面临什么问题？
6. 基本的空间关系有哪些？在日常生活中哪些空间问题会涉及它们？

7. 思考并举例说明如何计算两个面状地理对象、或一个线状和一个面状地理对象间的空间距离？

8. 结合实例思考"绝对方位"和"相对方位"的区别和联系。

9. 识别现实世界中地理对象间的拓扑关系，谈一谈空间关系的实际作用。

10. 分析评价已有地理空间数据模型的特点及不足，试构想一种你认为理想的时空数据模型，并实例化说明利用它如何描述现实世界及这样做的好处。

第5章　地理空间数据获取

地理空间数据获取的概念是随着 GIS 而发展起来的，最早是指为建立 GIS 地理空间数据库而使用的地图数据采集方法。随着 GIS 技术的发展，地理空间数据获取的方式更加多样化，数据类型更加丰富，数据规模更加庞大。

5.1　地理空间数据获取概述

5.1.1　地理空间数据获取的概念

地理空间数据获取是为构建地理空间数据库或形成地理空间数据集，而采集、接收、转换、处理与空间位置有关的各种数据的方法和工作。

1. 地理空间数据获取的基础性

GIS 是对地理空间数据进行输入、处理、管理、查询、分析、可视化和输出等一系列加工处理的技术系统。GIS 处理和加工的对象是地理空间数据，因此，地理空间数据获取是构建地理信息系统的基础工作。

地理空间数据是将现实世界装入计算机的"媒介"。在比特世界里，GIS 依托计算机软硬件支撑，对现实世界建模，通过对地理空间信息的组织、关联、分析和表达，寻求对现实世界空间相关问题的解答。

随着 GIS 对地理空间数据处理能力的增强和 GIS 应用的深化，要求地理空间数据对现实世界的记录更加全面、精准和翔实。

2. 地理空间数据获取的持续性

地理空间数据具有空间、时间、属性、关系等基本特征，并通过这些特征信息来抽象和描述现实世界。现实世界是不断变化的，因此，随着时间的变化，地理空间数据中的空间位置、属性特征、关系信息等都会发生变化。

所以，地理空间数据获取不是一劳永逸的，需要根据实际情况，实时或以一定的时间频度进行数据更新。只有进行持续的地理空间数据获取，才能保持 GIS 与现实世界的一致与有效联动，才能实现地理空间数据库的不断更新，才能发挥 GIS 的应用效能。

3. 地理空间数据获取的泛在性

地理空间数据获取的内容，最早是指地图数据。为建立 GIS 地理数据库，需要将纸质地图数字化，即将纸质地图数字化为由点、线、面及其属性构成的矢量地图数据和以规则格网方式描述的 DEM 数据。

随着地理信息技术的发展，地理空间数据种类越来越多，地理空间数据获取的内容也随之扩展，遥感影像数据、野外测量数据、导航定位数据，以及各种多媒体专题数据等成为地理空间数据获取的主要内容。

近年来，基于互联网和物联网的空间数据获取手段不断发展，地理空间数据获取的内容也随之进行了扩展，如兴趣点(POI)数据、建筑信息模型(building information modeling, BIM)

数据、移动目标轨迹数据、传感器实时数据等。

目前，GIS 地理空间数据获取呈现出一些新的特征和趋势，例如，从微观到宏观的全尺度特征，从静态切片到全生命周期的全动态特征，综合了位置、形态、关系、语义、行为和认知等的全属性特征，全面关注时间、地点、人、事物、场景、事件、现象和过程的全内容特征等。空间数据获取越来越明显的体现出了其泛在性。

从空间分布来看，空间数据广泛存在于陆、海、空、天等各个角落，包括水下、地下和室内；从尺度和粒度来看，空间数据尺度从宏观跨越到微观，大到星系，小到设备上精密的零部件；从时间跨度来看，空间数据既包括历史数据，又包括当前数据和实时数据；从数据内容来看，扩展到了与空间位置直接或间接相关的各种数据，并更加关注数据之间的时空关联，更加重视实时数据和流式数据的获取；从数据来源来看，手机信令数据、社交媒体数据、公交打卡数据、导航轨迹数据等社交消费类数据，已成为 GIS 的重要数据来源。

在大数据思维的启发和大数据技术的引领下，地理空间数据获取进入了"专业"与"非专业"相结合、实际量测与互联网数据获取相结合、"小数据"与"大数据"相结合的"泛在"获取阶段。空间数据获取的方法和手段更加灵活多样，所获取的空间数据规模更加庞大、种类更加丰富。

5.1.2　地理空间数据获取的分类

目前地理空间数据获取还没有统一的分类标准，为便于理解和把握，可从地理空间数据的获取手段、获取途径等角度，大致进行地理空间数据获取的分类。

1. 按数据获取手段分类

地理空间数据种类繁多，数据获取手段多种多样。综合考虑地理空间数据获取的类型，可以把地理空间数据获取分为地图数据获取、遥感影像数据获取、野外测量数据获取、导航定位数据获取、地理空间数据接入、属性数据获取、物联网空间数据获取、互联网空间数据获取、志愿者地理信息获取等类型。

(1)地图数据获取。是指基于纸质地图进行矢量地图数据采集，并形成矢量地图数据和数字高程模型数据的过程。

(2)遥感影像数据获取。是指接收航天、航空等各种遥感探测手段获得的影像数据，并处理为地理空间数据库中标准遥感影像数据的过程。

(3)野外测量数据获取。是指以直接或间接的手段，将野外测量设备采集的测量数据处理并转入地理空间数据库的过程。

(4)导航定位数据获取。是指通过卫星导航、移动通信基站或 WiFi 场强指纹等途径获取定位信息，并转换为地理空间数据的过程。

(5)地理空间数据接入。是指通过连接已有的信息系统或传感器，直接获取其地理空间数据的过程。

(6)属性数据获取。是指通过读取专题数据库或数据文件、使用设备(如照相机、摄像机等)直接采集、人机交互输入等手段，获得地理空间实体属性特征数据的过程。

(7)物联网空间数据获取。是指通过连接二维码识读设备、射频识别装置、红外感应器、激光扫描器等信息传感设备，获取设备空间位置及其所采集信息的过程。

(8)互联网空间数据获取。是指通过购买、免费下载、数据获取软件、网络爬虫、数据挖掘等手段，获得互联网上的各类地理空间数据的过程。

(9) 志愿者地理信息获取。是指通过用户自发贡献地理空间数据(如矢量地图数据，实体空间位置，具有位置信息的文字、图片、音频和视频记录，运动轨迹数据等)的形式，形成地理空间数据库或地理空间数据集的数据获取过程。

随着信息技术的发展和 GIS 应用的深入，一些新的数据类型，如街景数据、三维激光点云数据、倾斜摄影测量数据、位姿传感器数据、建筑信息模型(BIM)数据、带有空间位置的实时流式数据等，已经成为 GIS 功能扩展的重要数据支撑。随着 GIS 应用需求的增长和技术的进步，还会有越来越多的数据类型扩充进 GIS 中。

2. 按数据获取途径分类

按照数据获取途径，地理空间数据获取可以分为：申请或购买、实测、数据接入、互联网数据获取等。

(1) 申请或购买。向政府或公益组织等开设的专业机构申请使用符合规定的地理空间数据(免费或支付一定费用)，或向地理空间数据提供商直接订购所需的地理空间数据。

(2) 实测。利用各类仪器、传感器等对现实世界中感兴趣的事物或现象进行实际测量和采集，记录空间位置相关信息，经过加工处理，形成地理空间数据集。

(3) 数据接入。通过直接接收地理空间数据源的信息，实时或近实时地获取地理空间数据的技术方法，包括测量数据接入、传感器数据接入、卫星定位数据接入、已有数据库数据接入等。

(4) 互联网数据获取。利用互联网数据源提供的数据服务接口、API 或网络爬虫技术等，从互联网上在线下载或抽取地理空间数据。

5.2 基本地理空间数据获取

矢量数据、影像数据、地形数据、属性数据和关系数据是 GIS 的基本数据类型，每种类型的数据都可以有多种数据来源和获取方法。本节分别介绍这些基本类型数据的获取方法。

5.2.1 矢量数据获取

矢量数据获取(vector data acquisition)是指通过实地测量、地图矢量采集、摄影测量与遥感等手段获得具有精确坐标值的点、线、面、体等表征地理要素的矢量数据的过程。

矢量数据具有"对象化"的特征，拥有明确的定位点(点)、中心骨架线(线)、外围轮廓(面)和所占据的空间范围(体)，能够清晰准确地定义地理对象和对象之间的联系，便于进行空间关系运算和执行各类空间查询与分析，是 GIS 最常用的重要基础空间数据。

矢量数据主要包括几何和属性两个部分，几何部分用于说明地理实体的地理位置和几何形态，回答"在哪儿"的问题，属性数据说明地理实体的性质和状态，回答"是什么"和"怎么样"的问题。因此，在矢量数据获取过程中，需要同步获取几何和属性两个方面的内容。

矢量数据具有不同的数据记录格式和标准，如 Shapefile、KML 等，所以，GIS 需要支持不同的数据格式。同时，需要记录数据的地理坐标系和投影类型，便于不同地理坐标系下的矢量数据的坐标归一化处理。

常用的矢量数据获取方法包括：①实测，使用经纬仪、全站仪、GPS 接收机等测绘仪器对地理要素进行实地测量，测定地理要素的定位信息、几何形态特征等。②地图数字化采集，利用纸质地图数字化采集技术，通过手工采集或自动跟踪等方式，将纸质原图上的地理要素特征点坐标采集下来，并以一定的矢量数据格式进行记录。③摄影测量与遥感，将经过纠正的遥感影像数据，通过地理要素自动提取或手工采集，得到矢量数据。根据摄影测量原理，基于单幅影像可以获得二维矢量数据(仅有平面位置、没有高程)，基于立体像对可以获得三维矢量数据。基于影像的矢量数据获取方法由于具有速度快、现实性强、分辨率高和生产效率高等特点，已经成为矢量数据获取的重要方法。

基于纸质地图获取矢量地图数据和数字高程模型数据的方法，也称为地图数据采集或地图数字化，是 GIS 发展初期广泛采用的地理空间数据获取手段。下面介绍两种常见的基于纸质地图获取矢量地理空间数据的方法。

1. 手扶跟踪数字化方法

手扶跟踪数字化方法将纸质地图固定在手扶跟踪数字化仪(图 5-1)上，手工操作数字化仪器，在纸质地图上逐点采集地图图廓点及地图各要素的平面直角坐标，形成点、线、面形式的矢量坐标数据，并按图式符号的性质赋予相应的属性编码，经过几何纠正等处理形成矢量地图数据。对矢量等高线数据进行插值计算即可获得数字高程模型数据(DEM)。

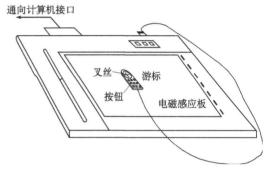

图 5-1　手扶跟踪数字化仪

这种方法虽然具有简便易行、对作业条件要求不高的优点，但是作业劳动强度极大、效率低、所采集的数据精度难以保证，特别是遇到线划稠密地区，几乎无法进行作业。目前该方法基本已不再使用。

2. 地图扫描数字化方法

地图扫描数字化方法是将纸质地图扫描成数字图像，并实施纠正、配准等处理，作业员在计算机屏幕上基于数字地图图像进行地理要素的采集。由于采用了图形图像识别和追踪算法，可以在一定程度上实现部分地理要素的半自动化采集。地图扫描数字化基本流程见图 5-2。

基于数字地图图像的矢量数据采集方法，可以对数字图像进行处理，使图面更加清晰；也可以放大显示要素稠密区域，便于准确采集。与手扶跟踪方法相比，该方法更加简便易行，提高了采集精度和效率，节省了手扶跟踪数字化设备的成本投入。

地图数字化采集所需的原始数据源(地图)容易获取，对采集作业所需的仪器设备和作业人员的要求不高，采集速度也比较快，易于进行大批量作业，作业流程经过严格组织，并采用质量检查验收手段，能够保证采集数据的精度和可靠性。

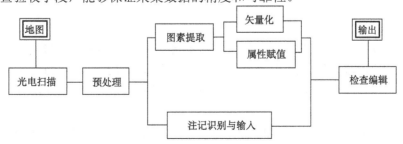

图 5-2　地图扫描数字化方法流程

5.2.2 影像数据获取

影像数据获取(image data acquisition)是遥感影像数据获取的简称，是指接收航天、航空等遥感探测手段获得的卫星遥感影像(图5-3)，并处理为符合地理空间数据标准的遥感影像数据的过程。

图5-3　卫星遥感影像

地物都具有空间属性、辐射属性和光谱属性，利用工作在不同电磁波谱范围(紫外线、可见光、红外线、微波等)的传感器对地进行观测，获得地物的影像和光谱记录，经计算机处理后，可以测定其几何和物理属性，回答何时(when)、何地(where)、何种目标(what)的状态(how)和发生了何种变化(what change)。

搭载遥感器的摄影测量与遥感平台按照高度可大致分为航天平台(卫星、航天飞机、宇宙飞船、探空火箭等)、航空平台(飞机、气球、无人机等)、地面平台(地面近景摄影测量固定测站、移动测量车)等。

因为遥感影像数据具有空间覆盖范围广、多尺度、多分辨率(光谱、时间、空间)等特点，能够动态反映地面物体变化和综合展现自然与人文现象，所以是空间信息系统的重要数据源。常用的影像数据获取来源包括：①航空摄影测量获取区域内航带影像数据，用于大比例尺高精度地形要素数据获取；②航天卫星遥感获得覆盖全球地面高精度、多光谱、多分辨率影像，用于地图更新、地理目标提取和变化监测等；③无人机遥感快速获得局部区域内的序列影像，可以深入高危地区进行情况核查，影像能够实时传输、获取成本低、分辨率高；④倾斜摄影测量(图 5-4)可以获得表面模型和纹理信息，用于局部区域三维表面快速构建；⑤移动测量车同步记录轨迹及获取道路沿线街景影像，并进一步加工处理形成街景数据和城市导航数据等。

(a)旋翼无人机　　　　　　　　(b)固定翼无人机

图5-4　无人机倾斜摄影测量示意图

影像数据需要经过一定的数据处理过程，才能成为符合 GIS 管理与使用标准的数据。因为遥感影像数据具有可见光、红外和雷达等多种类型，来源于不同的遥感平台，且具有不同的时间、空间和光谱分辨率，所以在影像数据获取处理时，需要提供有针对性的数据处理方法。

这些处理通常包括：①数据格式转换，将不同格式的遥感影像数据按照使用要求转换为空间数据库所支持的数据格式，便于数据的管理和使用；②影像增强，突出影像主要信息，提升影像的应用效果；③几何校正，将遥感影像校正到地理空间数据库的坐标系统上，使得遥感影像数据与矢量地图数据具有相同的坐标系统；④影像金字塔构建，对遥感影像数据进行分层切片处理，便于不同分辨率下影像数据的存储与显示。

5.2.3　地形数据获取

地形数据获取(terrain data acquisition)特指表征地形表面高低起伏的数字高程模型(DEM)数据的获取。

由于地表不规则的连续起伏形态无法用数学公式刻画，GIS 采用 DEM 来模拟起伏的地表形态。DEM 是地表形态离散化的数字表达，有规则格网 DEM 和不规则三角网 TIN 两种常见形式，都是基于离散的高程特征点经过处理构建而成。因此，地形数据的获取可分为离散高程特征点集的获取和基于离散高程特征点集的 DEM 构建两部分。

1. 离散高程特征点集的获取

离散高程特征点就是在紧贴地形表面上采集的具有(X, Y, Z)的三维坐标点。地形表面是连续的，其上有无数个高程点。在高程点采集时，通常重点选取地形变化较为剧烈的特征点和特征线坐标，如山头、山脊、山谷等。离散高程特征点集的获取主要有四种方法：①利用全站仪、GPS 等仪器实地逐一测量目标点的三维坐标(平面位置+高程)；②利用摄影测量与遥感获取的立体像对，采集和生成目标区域的高程特征点集；③利用激光雷达扫描目标区域，形成三维点云数据，经处理得到离散高程点集；④将地形图数据中的等高线数据和高程点数据作为离散高程点集。

离散高程点集是对目标区域地形表面的采样，包含了地表高低起伏的形态信息但较为杂乱，为便于 GIS 使用处理，需要进一步将它们结构化，即进行 DEM 构建。

2. 基于离散高程特征点集的 DEM 构建

1)规则格网 DEM 的构建

基于离散高程特征点集，利用空间插值方法，按照一定的格网间距，形成覆盖目标区域的、规则分布的二维高程数字阵列，即对离散高程特征点集进行了规则重采样，得到了规则格网 DEM。

规则格网 DEM 具有数据结构简单、处理速度快等优点，但采样会"遗漏"或"丢失"部分重要特征点，造成局部地形失真。

通常采用的空间插值方法包括反距离加权插值、克里金插值、多项式内插、径向基函数法等。如果将离散点集的第三维坐标 Z 值换成浓度或温度时，则可以构建表达浓度场或温度场等的表面。数字高程模型 DEM 可推广为数字表面模型 DSM(digital surface model)，如图 5-5 所示。

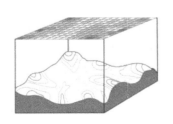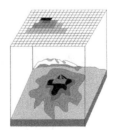

(a)高程表面　　　　　　　(b)浓度表面

图 5-5　规则格网 DSM

2) 不规则三角网 TIN 的构建

按照一定的规则，将离散高程特征点距离相近的三个点连接成三角形，整体构成一张覆盖整个目标区域的、由一系列三角形面片相互邻接(公边)且不重叠的三角网，称为不规则三角网 TIN。

由于构成不规则三角网的每一个小三角形的顶点都是离散高程特征点，不规则三角网 TIN 比规则格网 DEM 更好地保持了局部地形特征，如图 5-6 所示。

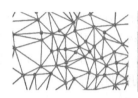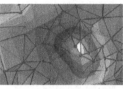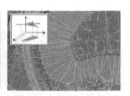

图 5-6　不格则三角网 TIN 表达地形

DEM 以数字采样的形式模拟地形表面起伏形态，是 GIS 进行地形三维可视化的基础数据。在一个典型的 GIS 三维可视化场景中，GIS 利用 3D 绘制引擎将 DEM 数据可视化为一个 2.5 维的空间曲面，并利用同一区域的遥感影像作为地形纹理映射在这个空间曲面上，形成十分逼真的 3D 可视化效果。

地形表面之上的固定地物(建筑物、树木等)和移动目标(卫星、飞机、汽车等)一般利用单体 3D 建模的方式生成，如 3D Studio Max、Google SketchUp、AutoCAD 模型等。建筑物的 3D 模型也可以利用自身在地面的垂直投影轮廓(多边形)为母线，向上拉伸一个高度所形成的几何多面体来简单的实现，或者引入复杂而精细的专业建筑信息模型，经化简处理后使用。

基于地形数据，GIS 能够进行独特的地形因子计算(坡度、坡向等)、地形特征线提取(山脊线、山谷线等)和实施断面分析、挖填方量计算、视域分析、基于地形的军事越野通行分析等地形分析。

数字表面模型(DSM)是一个与 DEM 相近的概念。DEM 专指自然形成的地形表面的高低起伏形态，不包括人工建筑物和植被(树等)，而 DSM 则在 DEM 的基础上增加了建筑物、植被等地表覆盖物的高度。两者在数据结构上没有明显区别，只是在高程数值上有所不同。

5.2.4　属性数据获取

属性数据获取(attribute data acquisition)指获取地理实体的类型、等级、名称、状态等属性特征信息的方法和手段。属性数据采集的目的是更丰富、更完整地描述地理实体。

属性特征信息主要以数值、文本、图形、图像、声音、动画、视频等数据形式进行描述，不同类型的属性数据往往具有不同的数据来源和不同的数据采集方法。属性数据的主要来源包括各类测量数据、统计数据、专题调查数据、文献资料数据、遥感解译数据、互联网"泛在"数据、物联网传感器数据和已有数据库数据等。

GIS 通常采用属性表的形式将地理实体的相关属性存储在地理空间数据库中，将属性按字段(field)分类，用一条记录(record)中的若干属性字段表达一个地理实体的属性集合。属性表可以是一个或多个，通一个地理实体、存储在不同属性表中的属性通过该地理实体的唯一标志码进行关联。常见的属性字段类型包括字符型、数值型、日期型、二进制块大对象(binary large object,BLOB)等。其中 BLOB 字段用于存储如声音、图片、视频和文档对象等非结构化多媒体属性数据。

文本和数字等类型的属性数据可以采用鼠标、键盘或手写笔等人机交互的方式手工输入 GIS 中;电子表格、数据库文件形式的属性数据一般采用 GIS 提供的数据管理工具批量导入空间数据库。GIS 属性数据获取主要有以下几种方法。

(1)实地测量调查。使用仪器测量、人工问询等方式,现场对地理实体的属性数据进行实地测量、调查、登记,获知地理实体相关属性的质量(性质)和数量特征,后经处理转换,按照一定格式要求输入到 GIS 中。如桥梁的宽度、路基的材质、地理实体或目标的现场照片等。

(2)资料收集和整理。通过组织机构、图书、档案、多媒体资料、媒体报道和互联网等多种渠道,广泛收集各种地理实体相关的资料信息,经过分析整理和格式处理,形成符合 GIS 要求的属性数据。

(3)自动提取与识别。基于已获取的地理实体相关资料,经过计算机自动识别和特征提取,获取所需属性信息。例如,对纸质文本资料中的文字进行字符识别,得到数字文本;对道路警示标牌内容进行图像识别,自动获得警示类型和限速等信息;对遥感影像进行分类,自动提取土地利用类型等。

(4)关联已有属性数据。空间数据库属性表中,以地理实体标识码或某一特定属性为公共字段(键),与其他属性表中的相关记录建立关联,从而形成关于地理实体的更为丰富翔实的属性信息。例如,土地利用信息表中的一块宗地的属性信息一般只记录"权属单位编码"信息,以该编码为公共字段关联到"权属单位信息表",可以通过宗地查询到其权属单位的详细情况。

属性数据是地理空间数据的重要组成部分,描述的是地理实体的属性特征。将地理实体的属性特征数据与几何特征数据相关联,就可构成完整的空间数据内容。几何数据与属性数据通过地理实体的唯一标识码进行关联,标识码是在空间数据获取时为每一个地理实体创建的唯一编码。

属性数据与几何数据的关联方法主要有三种:一是几何、属性数据同步获取,实现同步自然关联;二是先产生待获取的地理对象标识码,以该唯一编码为标识,对该地理对象的几何数据和属性数据分开获取,这样可实现属性数据和几何数据的异步自动关联;三是人工指定方式,即在计算机屏幕上同时显示地理实体的属性数据和几何数据,以人机交互方式将属性数据与几何数据进行指定关联。

5.2.5 关系数据获取

关系数据获取(relationship data acquisition)是指获取或建立地理实体之间关联关系的过程。现实世界中的地理实体不是孤立存在的,万物间相互制约和作用,存在着普遍的联系。关系数据是地理实体之间关联关系的记录和形式化表达,是 GIS 开展关联查询和空间分析的重要依据。

GIS 中地理实体间的关联关系主要包括空间关系、时间关系、属性关系(语义关系)等。空间关系是地理实体间基于空间位置和形态等几何特征的关联关系,主要包括空间距离、空间方位、空间拓扑、空间相似性和空间相关等。时间关系是地理实体在时空事件或地理过程中发生的与时间点、时间差、时间范围相关的联系，例如，"当列车驶入车站，站台上已经堆满了货物"，表明了事件发生的先后关系。属性关系是地理实体属性特征之间的关系，如行政隶属关系、工作协同关系等。

地理实体间的关系可以是动态的或静态的、定性的或定量的、明确的或模糊的、个体的或群体的、强的或弱的、单项的或综合的等。可以根据不同的关系类型及特征，采用不同的方法来建立和描述关系。

(1)交互式指定。对于简单的、较为明确的关系，可以采用交互式指定的方式，显式地建立两个地理实体间的关系映射，如房屋与所有人的权属关系。多个地理实体间的关系可以采用有向图的方式组成关系网络。

(2)通过计算建立。空间关系通常可以通过 GIS 实时动态计算获得，例如，拓扑关系，可以通过拓扑算法建立地理实体间的拓扑关系；基于属性特征的地理对象间的关系，如相似程度关系，可以通过相似度等关联度指标计算获得；通过对地理实体特征数值的探索性分析，可以发现地理实体间是否具有显著的相关性，从而发现和建立地理实体属性间联系；等等。

(3)通过属性匹配。通过在数据库中匹配与地理实体某一属性特征值相同或语义相近的项，找到地理实体间的属性依赖关系。

(4)关系运算与逻辑推理。依据已有的关系数据，通过关系运算与逻辑推理，推求和建立新的关系，从而获得新的关系数据。例如，$Direction(A,B,North) \Rightarrow Direction(B,A,South)$，用自然语言表达为"如果 B 在 A 的北边，则反演出 A 在 B 的南边"。

关系数据的描述方面，通常可以将地理实体和被关联对象作为两个不同的网络结点，将关系作为连接结点的边(有向、无向)，把关系类型、关系强度等赋予边，进而利用网络图的方式对关系加以表达，并可以通过图算法进行关系的高效检索、识别与推理。地理实体间的关系数据可以用多种方式进行可视化表达，地理实体关系的网络表达示意图如图 5-7 所示。

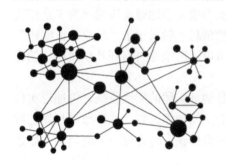

图 5-7　地理实体关系的网络表达示意图

5.3　多源地理空间数据获取

GIS 的应用领域越来越宽泛，GIS 的使用方式越来越多样。因此，GIS 的数据内容越来越复杂，数据种类越来越多，数据来源更是多种多样。本节介绍 GIS 常用的多源数据获取方法。

5.3.1　测量数据获取

测量数据获取(surveying data acquisition)是指应用测量学手段，实地获取地理空间数据的方法。该方法适用于大比例尺、精度要求高、采集面积范围较小的地理空间数据的获取。

其主要过程是利用测量学的原理，运用水准仪、经纬仪、测距仪、全站仪等测量仪器，实地测定控制点和地理要素特征采样点的空间位置，并按规定的编码和格式，以数字形式进行存储和记录，作为 GIS 的重要数据来源。

随着测量技术的发展，很多精度更高、操作更简便、工作效率更高的自动化测量仪器得到了广泛应用。将电子经纬仪、全站仪、激光三维扫描仪、测绘无人机等测量仪器连接到 GIS，可直接获取测量仪器所采集的地理空间数据。测量数据的直接接入使得 GIS 能够实时或近实时地获取测量目标的空间位置、属性特征和空间形态等地理空间信息，并实现测量目标地理空间信息的及时存储、快速更新、在线分析和实时应用等。

GIS 在接入测量仪器直接获取的地理空间数据时，需要针对不同的测量数据进行不同的数据预处理，主要包括空间基准转换和测量数据转换两部分。空间基准转换是指将测量仪器采集的空间数据由局部坐标系统转换到空间数据库的统一坐标系统上，用于保证空间信息系统中空间数据基准的一致性；测量数据转换是指将测量仪器采集的空间数据转换处理为空间数据库中规定的数据类型，往往需要舍弃冗余数据或计算生成新数据。

5.3.2　卫星定位数据获取

卫星定位数据获取(satellite positioning data acquisition)指 GIS 通过接收 GPS、北斗等全球导航卫星系统(global navigation satellite system，GNSS)的信号，实时计算出信号接收设备的空间位置的技术方法；也指 GIS 利用网络等通信手段，获取不同地点上卫星定位信号接收设备的空间位置数据的技术方法。

全球导航卫星系统是利用空间飞行的卫星不断向地面广播发送加载了特殊定位信息的无线电信号来实现定位测量的(图 5-8)。全球卫星导航系统一般都包含三个部分：空间运行的星座、地面控制部分和用户，当用户的卫星信号接收机接收到三颗以上导航定位卫星的信号并进行计算，就可以精确确定此刻用户所处的三维坐标位置。对于运动目标而言，GNSS 可以精确测定运动目标定位请求瞬间的三维坐标、运动速度(加速度)和姿态，并提供精准的授时服务。

图 5-8　利用 GNSS 实施空间定位

卫星定位数据接入的目的是实时或准实时地获得接收设备所在的空间位置信息，使得 GIS 能够实现基于空间位置的信息查询、管理、显示和分析等应用功能，如车辆导航、路径规划、运输监控、交通诱导和指挥控制等。

嵌入式 GIS 通常在设备中安装卫星定位信号接收芯片，可以实时获得卫星定位信号，并解算出空间位置数据，然后进行基于空间位置的分析应用。综合性 GIS 往往需要获取处在不同地点的若干定位信号接收设备的空间位置信息。因此，在解算出定位信号接收设备的空间位置数据后，需要通过网络等通信手段将空间位置信息发送给综合性空间信息系统。

5.3.3　互联网空间数据获取

互联网空间数据获取指通过付费购买、免费下载、数据访问接口采集、网络爬虫收集等手段，获得互联网上各类地理空间数据的过程。

随着计算机、卫星导航定位、移动终端和 GIS 等技术的发展，互联网上与空间位置相关的在线地图网站和社交网站迅速发展，存在着海量的地理空间数据，基于互联网的空间数据获取技术和方法也随之发展起来。根据数据的内容特征，可以把互联网空间数据分为地理空间数据、地理标签数据和运动轨迹数据三类。

　　互联网获取的地理空间数据是指直接描述地理空间位置的数据，如电子地图数据、遥感影像数据和专题地图数据等。这些数据主要有三个来源：一是由官方测绘部门、相关专业机构、各种学术团体和相关网络社区等在互联网上公开的地理空间数据，如地震数据和城市空气质量数据等；二是由在线地图服务供应商以地图服务方式发布的地理空间数据，如谷歌地图、百度地图和天地图等发布的地图数据；三是以众包方式形成的地理数据，最典型的是公开地图（OpenStreetMap），由用户基于手持卫星定位设备、航空摄影照片、卫星遥感影像、个人对有关区域的了解等绘制，如图 5-9 所示。

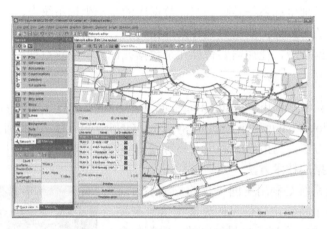

图 5-9　　互联网公开地图 OpenStreetMap

　　互联网获取的地理标签数据是指互联网用户发布的包含地理位置的文本、照片、视频、微博和日志等多媒体数据，通常包括地理标签文档、地理标签照片和地理标签微博等。地理标签数据主要来源于互联网用户使用嵌入了卫星定位芯片的笔记本电脑、平板电脑、手机、照相机等设备在互联网上发布的多媒体数据，其空间信息多以地址或经纬度方式描述。

　　互联网获取的运动轨迹数据是指互联网用户发布的各类物体在空间位置移动过程中所产生的连续位置数据，包括个体、群体等生物体，以及机动车、飞行器等机动设备运动产生的轨迹数据，其中最为常见的是个人轨迹数据、浮动车轨迹数据和飞行器轨迹数据等。个人轨迹数据是互联网用户通过随身携带的卫星定位信息接收设备获得并上传的个人行程轨迹数据；浮动车轨迹数据来源于安装了车载卫星定位信息接收装置的公交车、出租车、私家车和公共自行车等各种车辆；飞行器轨迹数据主要来源于能够提供实时航班信息的互联网服务商。

　　互联网空间数据的获取方法主要有：①免费下载，科学界、政府机关和企业等会开放一些经过挑选与许可的空间数据，这些数据不受著作权、专利权和管理机制等的限制，任何人都可以通过互联网免费下载；②付费购买，可以通过付费方式向互联网上的地理空间数据供应商购买，或者通过互联网上的大数据交易平台购买，通过购买方式得到的空间数据产品的精度和时效性等一般都能得到较好的保证；③基于开放 API 获取，通过使用网站服务商提供的开放 API 接口获取地理空间数据，如 Google、Facebook、Twitter、Flickr、百度、腾讯、新浪和天地图等网站都有与地理空间位置相关的开放 API 接口可以访问；④应用网络爬虫获取，通过设计对空间位置敏感的网络爬虫程序，自动登录互联网上各类网站的网页，发现并获取与空间位置相关的数据。

互联网空间数据无序分布在互联网空间中，具有类型多样、来源广泛、信息内容丰富、空间基准不同、语义描述不一致、现势性差别大、结构化与非结构化并存、数据质量参差不齐和可信度难以确认等特点。GIS 应用互联网空间数据的过程中，要充分考虑上述特点，才能更好地发挥其效益。

5.3.4 物联网空间数据获取

物联网空间数据获取（spatial data capture from internet of things）指通过连接物联网的二维码识读设备、射频识别装置、红外感应器、激光扫描器等信息传感设备，获取设备的空间位置及其所采集信息的过程。

物联网是在互联网概念的基础上，将其用户端延伸和扩展到任何物品（如设备和设施等），实现任何物品之间信息互联互通的一种网络概念（图 5-10）。物联网主要通过射频识别、红外感应器、全球定位系统和激光扫描器等传感设备进行信息的采集，然后通过互联网等通信网络进行信息的传输、交换和控制。所以，可以把物联网简单地理解为传感器与互联网的连接与应用。物联网传感器数据的时空管理与应用需求催生了基于物联网的空间数据获取技术和方法。

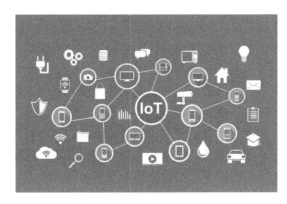

图 5-10 物联网概念示意图

基于物联网获取空间数据（图 5-11），是为了使得 GIS 能够实时或近实时地获得物联网上传感器的空间位置及其所采集的信息，并通过对传感器采集的数据进行统一存储管理、快速检索查询和综合时空分析，实现物联网传感器设备及其所采集数据在 GIS 中的统一定位、统一显示、实时分析和高效管理。

物联网架构由感知层、网络层和应用层构成。感知层由传感器组成，实现各种信息的采集；网络层一般包括互联网、无线网络和数据中心等，实现对传感器采集的信息的连接、传输和存储，是感知层和应用层的中间环节；应用层则将网络层所储存的数据进行实际应用。物联网依靠感知层的传感器采集物品的信息（如物品的名称、规格、产地、生产日期等）和传感器周围环境的信息（如温度、湿度、加速度、气压、流量、图像、声音、视频等）。所以，物联网空间数据的类型多种多样。传感器类型多，使得数据的来源广泛、内容多样、格式不同、数据结构差异大；传感器实时或近实时地按一定频率持续获取数据，使得数据量极其庞大且增长快速；传感器的指标不同，使得采集的数据不仅在精确性上存在差异，而且在语义上也存在差异。

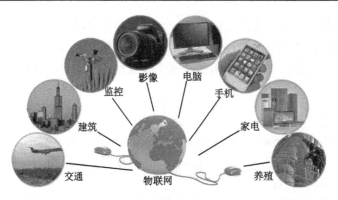

图 5-11　物联网空间数据获取示意图

物联网空间数据的获取一般通过连接物联网的网络层来实现。GIS 将物联网中的终端、设施或传感器建模为具有一定感知能力或自主行为的地理对象，通过连接网络层，将这些终端、传感器"接入"到 GIS 中，与表征它们的地理对象建立映射；根据使用需要，GIS 对不同类型的终端、传感器的数据接口进行读取和解译，从而获得它们的时空位置，以及所采集的信息。接入到 GIS 中的各类传感器源源不断地获得来自现实世界的真实信息，使得 GIS 更加"鲜活"，物联网数据为 GIS 与现实世界的联动提供了重要的实时数据源；同时，GIS 可以通过操作映射在其中的地理对象作用于对应的实体终端，对物联网进行监控、分析和优化，为管理物联网提供了一种新途径。

物联网数据获取主要包括实时数据获取、定期数据获取和按需数据获取等三种方式。实时数据获取，即不间断地获取传感器的数据；定期数据获取，即按一定时间频率获取传感器的数据；按需数据获取，即在需要时才获取传感器的数据。因为物联网空间数据体量极其巨大、内容复杂异构，所以需要特别关注数据的存储与管理问题；物联网空间数据在内容上、空间上、时间上具有关联性，因此需要进行数据的集成与整合处理。

5.3.5　海洋空间数据获取

海洋空间数据获取（marine spatial data acquisition）是指对海洋水体、海底地形、海道、海岸带及海岛礁等海洋相关空间数据获取的过程。

海洋是人类重要的生存环境，面积约占全球表面积的 71%，约合陆地面积的 2.5 倍。海洋与陆地的最大差别是海底以上覆盖着一层动荡不定的、深浅不同的、所含各类生物和无机物质有很大区别的水体，由于这一水体的存在，海洋测量在内容、仪器、方法上明显不同于陆地测量。

海洋测量内容综合性强，需多种仪器配合施测，同时完成多种观测项目；测区条件比较复杂，海面受潮汐、气象等影响起伏不定；大多为动态作业，观测者不能用肉眼通视水域底部，精确测量难度较大；海域广阔且实时动态，所观测的数据相对局部和片面，不能满足海洋现象与过程动态研究；数据获取条件艰苦危险，单一使用的海洋测量仪器和方法不能满足海洋空间数据获取的需要。因此，多种方式协同互补、以水下潜水器、船只、浮标、气球、飞机和卫星为平台的立体测量框架将是未来海洋测量的发展模式。海洋空间数据获取的主要方法包括：现场直接观测，卫星或航空海洋遥感，数值模拟、数据同化与融合。

1）现场直接观测

海洋现场直接观测的主要技术设施包括海洋调查船、盐度-温度-深度仪、声学多普勒流剖面仪器、锚泊海洋浮标、底层剖面仪、旁侧声呐、潜水器、水下机器人和海底钻探等。一般采用无线电导航系统、电磁波测距仪器、水声定位系统、卫星组合导航系统、惯性导航组合系统，以及天文方法等进行控制点的测定和测点的定位；采用水声仪器、激光仪器，以及水下摄影测量方法等进行水深测量和海底地形测量；底层剖面仪用于获取海底浅层底质数据；利用空中飞机或海上调查船搭载的重力、磁力测量仪进行海洋地球物理测量；利用盐度-温度-深度仪、声学多普勒流剖面仪器等专业传感器，获取海洋水文信息；利用装有温度测量仪、侧波仪、电导率记录仪等的浮标进行海洋要素时间序列变化的观测等。

现场直接观测方法为海洋空间数据获取提供了直接的、精确的海洋数据，但由于海域的浩瀚和实时动态性，现场直接观测所得数据仍然是局部的；同时海洋观测条件限制较大，例如，调查船只无法到达海区的岛礁及浅水测量，还需要使用航空和卫星遥感测量技术。

2）卫星或航空海洋遥感

卫星或航空海洋遥感涉及的电磁波范围包括可见光、红外和微波。可见光遥感利用海水反射太阳光源，红外遥感利用海面热辐射，微波遥感分为海面微波辐射被动源和星载微波雷达主动源。主要的传感器有：水色传感器、红外传感器、微波高度计、微波散射计、合成孔径雷达和微波辐射计等。

可见光遥感可以测制海岸带、海岛礁地形；利用红外遥感可以测定海面温度，建立海面温度场；微波遥感主要用于探测浪、流、潮、海面风速等海洋动力参数；机载激光水深测量技术因快速高效、高密度、低消耗测量浅海水深的特点正日益受到海洋测量界的重视。

与传统的船舶、浮标相比，卫星或航空海洋遥感能大面积、同步、连续进行大量海洋环境参数的获取，为海洋空间数据获取提供了重要的技术手段，但受传感器特点和电磁波谱特性等影响，只能进行海洋浅表层数据获取。卫星或航空海洋遥感与现场直接观测需要相互补充、验证。

3）数值模拟、数据同化与融合

海洋观测数据是海洋真实状态的抽样，是海洋复杂运动的真实反映。现场直接观测所得数据翔实而丰富，但对于整个浩瀚的海洋而言仍然是局部的。卫星或航空海洋遥感提供了多时相、多光谱类型和同步覆盖的海洋信息，具体可以反演各种海洋环境参数，但仍停留在海洋的浅表层面，仅凭海洋观测数据难以构建一个完整的数字海洋世界。因此，需要通过数值模拟、同化和融合，来获取更完整和连续的海洋空间数据。

利用数理方程来表达海洋及其变化往往很难得到解析解，于是普遍采用数值模拟的方式，将观测数据经过理论和模拟模型控制，输出在时间、空间和海洋要素三方面更全面的数据，在较大尺度上反映海洋总体运动特征和部分局部运动特征。

数据同化是根据一定的数学模式和优化标准，将不同空间、不同时间、采用不同手段获得的观测资料有机结合，建立相互协调的分析或预报优化系统，确定那些不能直接观测的数据，以及没有观测到的地方的相关信息。海洋数据的同化方法较多，主要有顺序同化法、四维最优差值法、滤波算法同化法、最大条件概率同化法等。

数据融合是采用一定手段对相同海域的多源海洋空间观测数据进行联合、相关分析等多层次处理，使各种数据源优势特征形成互补，以提高数据质量的过程。

5.3.6　空间数据接入

空间数据接入(spatial data access)是指通过接收空间数据源的信息来实现空间数据获取的技术方法。通过空间数据接入，可以实时或近实时地获取空间数据源所提供的空间数据，为实现空间数据的及时存储、在线分析和实时应用等提供数据保证。

空间数据接入主要包括测量数据接入、传感器数据接入、卫星定位数据接入和数据库数据接入等。测量数据接入是指通过网络连接三维激光扫描仪、水准仪、经纬仪和全站仪等测量仪器及辅助设备，接收并转换其采集到的空间数据到空间信息系统或空间数据库中，目的是实时或近实时地获得测量目标的空间信息；传感器数据接入是指通过万维网连接传感器，接收传感器的空间位置数据，以及由传感器获得的观测数据，目的是实时或近实时地获取传感器所在空间位置的温度、湿度、加速度、气压、流量、图像、声音等观测数据；卫星定位数据接入是指接收 GPS 或北斗等卫星导航定位系统的信号，实时计算出信号接收设备的空间位置，以便在空间信息系统中进行设备空间位置的显示和分析等应用；数据库数据接入是指通过计算机网络连接其他信息系统的空间或专题数据库，以直接访问或数据转换方式获取数据库中的空间数据。

空间数据接入必须解决不同空间数据源所带来的异构性问题。常用的空间数据接入模式主要包括数据转换模式、直接访问模式和开放服务模式。数据转换模式是指通过数据转换程序将不同数据源的空间数据格式统一转换为空间信息系统规定的数据格式，以实现统一的数据管理和应用；直接访问模式是指不需通过数据转换，直接读取和操作数据源中的空间数据，并直接进行空间数据的显示、分析和存储等操作；开放服务模式是指基于标准化空间信息共享与互操作规范，通过统一的空间信息共享与互操作接口，实现不同数据源的空间数据获取。

思　考　题

1. 试通过多样化的数据来源分析论述地理空间数据的泛在特征。
2. 列举你所知道的 GIS 数据类型和格式，并比较它们的特点。
3. 从时空维度扩展的视角来重新思考 GIS 对地理空间数据的需求。
4. 用思维导图绘制地理空间数据获取的技术方法体系。
5. 海洋地理空间数据与陆地地理空间数据有何异同？
6. 多源异质地理空间数据如何在 GIS 中协同应用？
7. 列举非空间关系的关系数据类型，并说明其在 GIS 中的作用。
8. 如何建立地理空间数据的时空关联和属性关联？

第6章 地理空间数据处理

广义上说，地理空间数据处理涵盖了 GIS 中从数据采集、组织管理、查询分析到成果输出过程的绝大部分工作。为了便于更好地理解和研究 GIS，人们必须根据实际需要将内容涵盖广泛的空间数据处理分门别类，如其中涉及的空间数据组织和空间分析等内容，作为 GIS 的某项重要功能而独立成章。本章所提及的地理空间数据处理是指 GIS 中常用的、通用的地理空间数据处理内容，并且主要以矢量地理空间数据处理为主。

6.1 地理空间数据的几何纠正

GIS 所使用的平面数字地图可能存在某种变形，为了提高应用精度，需要对变形进行几何纠正。几何纠正主要是对在地图数字化过程中由坐标系变换和图纸变形引起的误差进行改正，即寻求原有数据到纠正后地图数据之间的变换关系式，具体表示为

$$\begin{cases} x' = f_1(x, y) \\ y' = f_2(x, y) \end{cases} \tag{6-1}$$

通过式(6-1)可以将地图上各点的原坐标(x, y)转换成新的坐标(x', y')。几何纠正常用的方法有仿射变换、高次变换和二次变换，其实质是建立两个平面点之间的一一对应关系。

6.1.1 仿射变换

仿射变换是使用最多的一种几何纠正方式，只考虑到 x 和 y 方向上的变形。仿射变换的特性是：①直线变换后仍为直线；②平行线变换后仍为平行线；③不同方向上的长度比发生变化。

(x, y)为数字化坐标，(x', y')为纠正后的坐标或理论坐标，则按照仿射变换的性质，(x, y)相对于(x', y')存在着平移和旋转的线性变换关系(图 6-1)。

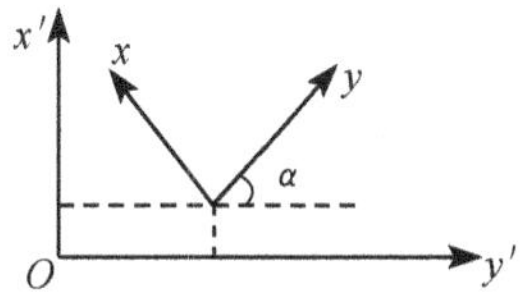

转换方程表示为

图 6-1 平面坐标变换原理

$$\begin{cases} x' = a_1x + a_2y + a_3 \\ y' = b_1x + b_2y + b_3 \end{cases} \tag{6-2}$$

对于仿射变换，只需知道不在同一直线上的三对控制点的坐标及其理论值，就可求得待定系数。但在实际使用时，往往利用四对以上的点进行纠正，利用最小二乘法处理，以提高变换的精度。

误差方程为

$$\begin{cases} Q_x = X - (a_1x + a_2y + a_3) \\ Q_y = Y - (b_1x + b_2y + b_3) \end{cases} \tag{6-3}$$

其中，X、Y 为已知的理论坐标。

由 $Q_x{}^2$ 最小和 $Q_y{}^2$ 最小的条件可得到两组法方程，即

$$\begin{cases} a_1 \sum x + a_2 \sum y + a_3 n = \sum X \\ a_1 \sum x^2 + a_2 \sum xy + a_3 \sum x = \sum xX \\ a_1 \sum xy + a_2 \sum y^2 + a_3 \sum y = \sum yX \end{cases}$$

$$\begin{cases} b_1 \sum x + b_2 \sum y + b_3 n = \sum Y \\ b_1 \sum x^2 + b_2 \sum xy + b_3 \sum x = \sum xY \\ b_1 \sum xy + b_2 \sum y^2 + b_3 \sum y = \sum yY \end{cases} \tag{6-4}$$

其中，n 为控制点对数；x、y 为控制点坐标；X、Y 为控制点的理论值；a_1、a_2、a_3、b_1、b_2、b_3 为待定系数。

通过求解方程组(6-4)，就可求得仿射变换的待定系数。

6.1.2　高次变换

高次变换方程表示为

$$\begin{cases} x' = a_1 x + a_2 y + a_{11} x^2 + a_{12} xy + a_{22} y^2 + A \\ y' = b_1 x + b_2 y + b_{11} x^2 + b_{12} xy + b_{22} y^2 + B \end{cases} \tag{6-5}$$

对于非线性变换，可以采用高次多项式来拟合变换关系式。其中 A、B 代表二次以上高次项之和。式(6-5)是高次曲线方程，符合式(6-5)的变换称为高次变换。在进行高次变换时，需要有六对以上控制点的坐标和理论值，才能求出待定系数。

6.1.3　二次变换

当不考虑高次变换方程中的 A 和 B 时，高次变换方程变成二次曲线方程，称为二次变换。二次变换适用于原图有非线性变形的情况，至少需要五对控制点的坐标及其理论值，才能求出待定系数。

6.2　地理空间数据的图形编辑

图形编辑是在数字地图上增加、删除和修改地理空间数据的过程，主要目的是消除数字化的错误。主要有两种类型的数字化错误：定位错误和拓扑错误。定位错误包括多边形缺失或与空间要素几何错误有关的线条扭曲，而拓扑错误则与空间要素之间的逻辑不一致有关，如悬挂弧段和未闭合多边形等。

图形编辑的基本功能要求包括：①具有友好的人机界面，即操作灵活、易于理解、响应迅速等；②具有对几何数据和属性编码的修改功能，如点、线、面的增加、删除、修改等；③具有分层显示和窗口显示功能，便于用户的使用。图形编辑的首要问题是点、线、面的捕捉，即如何根据光标的位置找到需要编辑的地理空间数据。

6.2.1　点的捕捉

图形编辑是在计算机屏幕上进行的，因此首先应把图幅的坐标转换为当前屏幕状态的坐标系和比例尺。设光标点为 $S(x, y)$，图幅上(图6-2)某一点状要素的坐标为 $A(X, Y)$，则可设一捕捉半径 D(通常为3～5个像素，这主要由屏幕的分辨率和屏幕的尺寸决定)。若 S 和 A

的距离 d 小于 D，则认为捕捉成功，即认为找到的点是 A，否则失败，继续搜索其他点。d 可由式(6-6)计算，即

$$d = \sqrt{(X-x)^2 + (Y-y)^2} \tag{6-6}$$

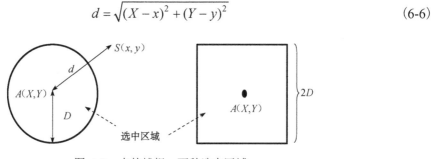

图 6-2　点的捕捉：两种选中区域

但是因为在计算 d 时需要进行乘方运算，影响了搜索的速度，所以把距离 d 的计算改为

$$d = \max(|X-x|, |Y-y|) \tag{6-7}$$

即把捕捉范围由圆改为矩形，这可大大加快搜索速度。

6.2.2　线的捕捉

设光标点坐标为 $S(x, y)$，D 为捕捉半径，线的坐标为 (x_1, y_1)，(x_2, y_2)，$\cdots$，(x_n, y_n)。通过计算 S 到该线的每个直线段的距离 d_i(图6-3)，若 $\min(d_1, d_2, \cdots, d_{n-1}) < D$，则认为光标 S 捕捉到了该条线，否则为未捕捉到。在实际的捕捉中，可每计算一个距离 d_i 就进行一次比较，若 $d_i < D$，则捕捉成功，不需再进行下面直线段到点 S 的距离计算了。

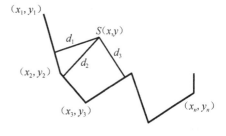

图 6-3　线的捕捉示意图

点 $S(x, y)$ 到直线段 (x_1, y_1)，(x_2, y_2) 的距离 d 的计算公式为

$$d = \frac{|(x-x_1)(y_2-y_1) - (y-y_1)(x_2-x_1)|}{\sqrt{(x_2-x_1)^2 + (y_2-y_1)^2}} \tag{6-8}$$

为了加快线捕捉的速度，可以把不可能被光标捕捉到的线以简单算法去除。

如图 6-4 所示，对一条线可求出其最大最小坐标值 X_{min}、Y_{min}、X_{max}、Y_{max}，对由此构成的矩形再向外扩 D 的距离，若光标点 S 落在该矩形内，才可能捕捉到该条线，因而通过简单的比较运算就可去除大量的不可能捕捉到的情况。

对于线段与光标点也应该采用类似的方法处理，即在对一个线段进行捕捉时，应先检查光标点是否可能捕捉到该线段。对由线段两端点组成的矩形再向外扩 D 的距离，构成新的矩形，若 S 落在该矩形内，才计算点到该直线段的距离，否则应放弃该直线段，而取下一直线段继续搜索。

因为直接计算点到线段的距离计算量较大，速度较慢，所以可按如下方法简化计算：从 $S(x, y)$ 向线段 $(x_1, y_1)(x_2, y_2)$ 作水平和垂直方向的射线，取 d_x、d_y 的最小值作为 S 点到该线段的近似距离，由此可大大减少运算量，提高搜索速度。计算方法为

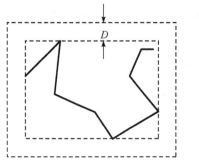 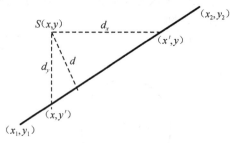

图 6-4　加快线的捕捉速度

$$x' = \frac{(x_2 - x_1)(y - y_1)}{y_2 - y_1} + x_1$$

$$y' = \frac{(y_2 - y_1)(x - x_1)}{x_2 - x_1} + y_1$$

$$d_x = |x' - x|$$

$$d_y = |y' - y|$$ 　　　　　　　　　　(6-9)

$$d = \min(d_x, d_y)$$

6.2.3　面的捕捉

面的捕捉实际上就是判断光标点 $S(x, y)$ 是否在多边形内，若在多边形内则说明捕捉到。判断点是否在多边形内的算法主要有垂线法或转角法，这里介绍垂线法。

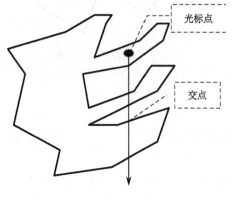

垂线法的基本思想是从光标点引垂线(实际上可以是任意方向的射线)，计算与多边形的交点个数。若交点个数为奇数则说明该点在多边形内；若交点个数为偶数，则该点在多边形外(图 6-5)。

为了加快搜索速度，可先找出该多边形的外切矩形，即由该多边形的最大和最小坐标值构成的矩形，如图 6-6 所示。若光标点落在该矩形中，才有可能捕捉到该面，否则放弃对该多边形的进一步计算和判断，即不需进行作垂线并求交点个数的复杂运算。通过这一步骤，可去除大量不可能捕捉的情况，大大减少了运算量，提高了系统的响应速度。

图 6-5　面的捕捉

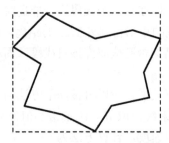 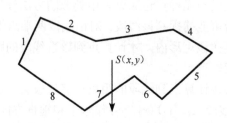

图 6-6　加快面的捕捉速度

在计算垂线与多边形的交点个数时，并不需要每次都对每一线段进行交点坐标的具体计算。对不可能有交点的线段应通过简单的坐标比较迅速去除。对如图 6-6 所示的情况，多边形的边分别为 1～8，而其中只有第 3 条边和第 7 条边可能与 S 所引的垂直方向的射线相交。即若直线段的端点为 (x_1, y_1)、(x_2, y_2) 时，当 $x_1 \leqslant x \leqslant x_2$ 或 $x_2 \leqslant x \leqslant x_1$ 时才有可能与垂线相交，这样就可不对 1、2、4、5、6、8 边继续进行交点判断了。

对于 3、7 边的情况，若 $y > y_1$ 且 $y > y_2$，必然与 S 点所做的垂线相交（如边 7）；若 $y < y_1$ 且 $y < y_2$，必然不与 S 点所做的垂线相交（如边 3）。这样就不必进行交点坐标的计算就能判断出是否有交点了。

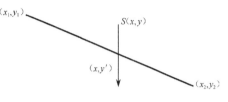

图 6-7　是否有交点的判断

对于 $y_1 \leqslant y \leqslant y_2$ 或 $y_2 \leqslant y \leqslant y_1$，且 $x_1 \leqslant x \leqslant x_2$ 或 $x_2 \leqslant x \leqslant x_1$ 的情况，如图 6-7 所示，这时可求出铅垂线与直线段的交点 (x, y')，若 $y' < y$，则是交点；若 $y' > y$，则不是交点；若 $y' = y$，则交点在线上，即光标在多边形的边上。

6.3　空间数据的拓扑关系生成

矢量数据拓扑关系在地理空间数据查询与分析中非常重要，矢量数据的拓扑自动生成算法是 GIS 的关键算法之一。根据矢量数据拓扑关系定义和 GIS 在实际应用中的需要，地理空间数据通常需要建立点线拓扑和面拓扑。点线拓扑，也称网络拓扑，体现结点与线的联结关系，常用于路径分析和资源分配等网络分析。面拓扑，也称多边形拓扑，表现面（多边形）与组成面边界的各线的构成关系、面与"岛"之间的包含关系及具有公共边的两个面之间的邻接关系。

6.3.1　图形数据预处理

在建立拓扑关系之前及过程中，需要对图形数据进行一些预处理工作，以便对数字化过程中的错误进行改正，否则将影响正确的拓扑关系建立。

1. 线的交叉与自交叉计算

找出在链的中间相交 [图 6-8(a)]，而不是在端点相交 [图 6-8(b)] 的情况，自动切成新链；把链按一定顺序存储，如按最大或最小的 x 或 y 坐标的顺序，这样查找和检索都比较方便，然后把链按顺序编号。这是拓扑关系建立最基础的一步。

(a) 在链的中间相交　　　　　　　　　　　　　(b) 在链的端点相交

图 6-8　链的组织：打断相交的链

2. 结点识别与处理

一个结点只与一条线相连，该结点称为悬挂结点，悬挂结点有不及和过头、结点不重合等几种情况。结点匹配是指把一定限差内的链的端点作为一个结点，其坐标值取多个端点的平均值，如图 6-9(a)所示。然后，对结点顺序编号。

伪结点：伪结点[图 6-9(b)]使一条完整的线目标从该点分割成两段，该结点需要去除，以恢复整条线的完整性。

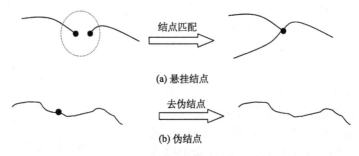

(a) 悬挂结点

(b) 伪结点

图 6-9　结点识别与处理

3. 多边形检查

多边形闭合检查[图 6-10(a)]：多边形首尾结点不重合，需要将两点进行匹配，强制闭合。

无意义碎小多边形检查[图 6-10(b)]：两次采集多边形某条边所产生的碎小多边形，它们没有实际意义，需要进行删除处理。

悬挂链处理：检查多边形是否闭合可以通过判断一条链的端点是否有与之匹配的端点来进行。如图 6-10(c)所示，弧 a 的端点 P 没有与之匹配的端点，因此无法用该条链与其他链组成闭合多边形。多边形不闭合的原因可能是结点匹配限差的问题，造成应匹配的端点未匹配，或数字化误差较大，或数字化错误，这些可以通过图形编辑或重新确定匹配限差来确定。另外，还可能这条链本身就是悬挂链，不需参加多边形拓扑，这种情况下可以作一标记，使之不参加下一阶段拓扑建立多边形的工作。

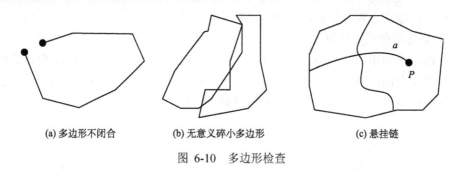

(a) 多边形不闭合　　　　(b) 无意义碎小多边形　　　　(c) 悬挂链

图 6-10　多边形检查

6.3.2　点线拓扑的建立

点线拓扑的建立过程相对简单，其输入数据通常为道路、河流等线状目标，两个线目标之间如果相交则构成连通关系，对所有目标间的连通关系进行求解，形成网络结构数据。建立点线拓扑的基本步骤如下。

(1)断链与结点计算。处理线目标交叉与自交叉，对输入的线目标进行两两相交计算，并根据交点按顺序把线目标分解成多个链目标。对新产生的链和结点进行唯一编号，并记录链与所属线目标的对应关系。

（2）结点匹配。即合并邻近结点，该功能是识别并合并两两之间距离小于指定结点匹配限差的两个或者多个结点。

（3）识别结点类型。该功能是识别结点类型，如普通结点、伪结点、悬挂结点，以便后续的数据处理。

（4）剔除重合线目标。该功能是判断并去除重合线目标。如果两个线目标包括结点在内的全部顶点两两重叠（坐标相同），则称为重合线目标。重合线目标往往由部分重合的两个线目标相交后产生。

（5）合并伪结点。伪结点使一条完整的线目标从该点分割成两段。该功能是将没有实际意义的伪结点去掉，并把与该伪结点相连的两个线目标合并为一个。

（6）建立网络拓扑。在上述工作的基础上，搜索所有的链和结点，记录每条链的两端结点和通过每个结点的所有链，构成参与线拓扑计算的所有线目标之间的网络连通关系。

点线拓扑的建立较为简单，但在实际网络拓扑关系建立时，还会遇到一些特殊情况需要进一步考虑。例如，在道路交通应用中（如立交桥），一些道路在平面上是相交的，实际上并不连通，空间中相互"穿越"。

6.3.3 面拓扑的建立

面拓扑的建立过程与点线拓扑的基本步骤一致，关键之处在于建立多边形（也称构面），因此其算法相对比较复杂。

1. 相关概念

1）顺时针方向构多边形

顺时针方向构多边形是指顺着链的方向行进，多边形在链的右侧（图 6-11）。

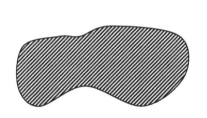
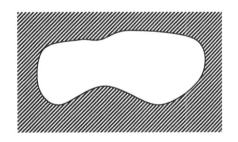

图 6-11　顺时针方向构多边形

2）最靠右边的链

最靠右边的链是指从链的一个端点出发，在这条链的方向上右边的第一条链。如图 6-12 所示，a 的最右边的链为 d。找最靠右边的链可通过计算链的方向和夹角实现。

3）多边形面积的计算

设构成多边形的坐标串为 (x_i, y_i) $(i=1,2,\cdots,n)$，则多边形的面积 A 可用式（6-10）求出，即

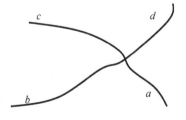

图 6-12　最靠右边的链

$$A = \frac{1}{2}\sum_{i=1}^{n} x_i(y_{i-1} - y_{i+1}) \tag{6-10}$$

其中，当 $i=n$ 时，$y_{n+1}=y_1$；当 $i=1$ 时，$y_0=y_n$。

根据式(6-10)，当多边形由顺时针方向构成时，面积为正；反之，面积为负(图6-13)。

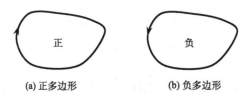

(a) 正多边形　　　　　　　　　(b) 负多边形

图6-13　正、负多边形

2. 建立多边形的基本过程

建立多边形的基本过程如下。

(1)顺序取一个结点为起始结点，取完为止；取过该结点的任一条链作为起始链。

(2)取这条链的另一结点，找这个结点上靠这条链最右边的链，作为下一条链。

(3)是否回到起点：是，已形成一多边形，记录之，并转(4)；否，转(2)。

(4)取起始点上开始的、刚才所形成多边形的最后一条边作为新的起始链，转(2)；若这条链已用过两次，即已成为两个多边形的边，则转(1)。

例如，对图6-14，建立多边形的过程如下。

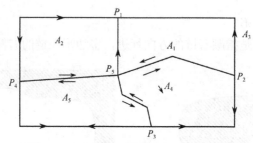

图6-14　建立多边形的基本过程示意图

(1)从 P_1 结点开始，起始链定为 P_1P_2；从 P_2 点算起，P_1P_2 最右边的链为 P_2P_5；从 P_5 算起，P_2P_5 最右边的链为 P_5P_1。所以，形成的多边形为 $P_1P_2P_5P_1$。

(2)从 P_1 结点开始，以 P_1P_5 为起始链，形成的多边形为 $P_1P_5P_4P_1$。

(3)从 P_1 开始，以 P_1P_4 为起始链形成的多边形为 $P_1P_4P_3P_2P_1$。该多边形为包络多边形，面积为负。

(4)这时 P_1 为结点的所有链均被使用了两次，因而转向下一个结点 P_2，继续进行多边形追踪，直至所有结点取完。共追踪出 5 个多边形，即 A_1、A_2、A_3、A_4、A_5。

(5)岛的判断：找出多边形互相包含的情况，也即寻找多边形的连通边界。

根据上述追踪多边形的方法，单多边形(即由单条链或由多条链顺序构成的，不与其他多边形相交的多边形，图 6-15)被追踪了两次，因为每条链必须使用两次，所以，多边形的一个面积是为正的，另一个面积是为负的。如果一个多边形包含另一多边形，则必然是面积正的多边形包含面积负的多边形。所以，解决多边形包含问题的步骤如下。

(1)计算所有多边形的面积。

(2)分别对面积为正的多边形和面积为负的多边形排序。

(3)从面积为正的多边形中，顺序取每个多边形，取完为止。

(4)找出该多边形所包含的所有面积为负的多边形，并把这些面积为负的多边形加入到包含它们的多边形中，转(3)。

图 6-15 多边形内包含岛的判断

注意，由于一个面积为负的多边形只能被一个多边形包含，当面积为负的多边形被包含后，应去掉该多边形，或作一标记。当没有面积为负的多边形时，也应停止判断。

在该算法中，找出正面积多边形包含的负面积多边形是关键，其基本过程可描述为以下三步。

(1)找出所有比该正面积多边形面积小的负面积多边形。

(2)用外接矩形法去掉不可能包含的多边形，即负面积多边形的外接矩形不和该正面积多边形的外接矩形相交或被包含时，则不可能被该正面积多边形包含。

(3)取负面积多边形上的一点，看是否在正面积多边形内，若在内，则被包含；若在外，则不被包含。

6.4 矢量数据的压缩

矢量数据压缩的目的是去除冗余数据，节省数据存储空间，加快后继处理速度。下面介绍几种常用的矢量数据的压缩算法，以及它们之间的异同点。

6.4.1 道格拉斯-普克法

道格拉斯-普克(Douglas-Peucker)法的基本思路是(图 6-16)：对每一条曲线的首末点虚连一条直线，求所有点与直线的距离，并找出最大距离值 d_{max}，用 d_{max} 与限差 D 比较。若

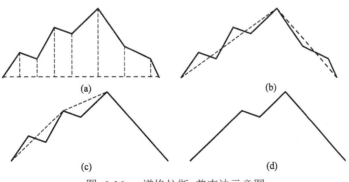

图 6-16 道格拉斯-普克法示意图

$d_{max} < D$，这条曲线上的中间点全部舍去；若 $d_{max} \geqslant D$，保留 d_{max} 对应的坐标点，并以该点为界，把曲线分为两部分，对这两部分重复使用该方法。

6.4.2 垂距法

垂距法的基本思路是（图 6-17）：每次顺序取曲线上的三个点，计算中间点与其他两点连线的垂线距离 d，并与限差 D 比较。若 $d < D$，则中间点去掉；若 $d \geqslant D$，则中间点保留。然后顺序取下三个点继续处理，直到这条线结束。

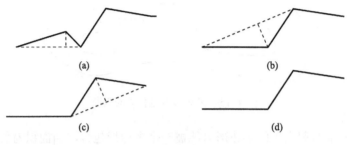

图 6-17　垂距法示意图

6.4.3 光栏法

光栏法的基本思想是（图 6-18）：定义一个扇形区域，通过判断曲线上的点在扇形外还是在扇形内，确定保留还是舍去。设曲线上的点列为 $\{p_i\}$（$i=1,2,\cdots,n$），光栏口径为 d，可根据压缩量的大小自己定义，则光栏法的实施步骤可描述如下。

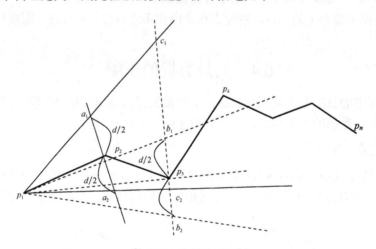

图 6-18　光栏法原理图

(1)连接 p_1 和 p_2 点，过 p_2 点作一条垂直于 p_1p_2 的直线，在该垂线上取两点 a_1 和 a_2，使 $a_1p_2 = a_2p_2 = d/2$，此时 a_1 和 a_2 为"光栏"边界点，p_1 与 a_1、p_1 与 a_2 的连线为以 p_1 为顶点的扇形的两条边，这就定义了一个扇形(这个扇形的口朝向曲线的前进方向，边长是任意的)。通过 p_1 并在扇形内的所有直线都具有这种性质，即 p_1p_2 上各点到这些直线的垂距都不大于 $d/2$。

(2)若 p_3 点在扇形内，则舍去 p_2 点。然后连接 p_1 和 p_3，过 p_3 作 p_1p_3 的垂线，该垂线与

前面定义的扇形边交于 c_1 和 c_2。在垂线上找到 b_1 和 b_2 点，使 $p_3b_1 = p_3b_2 = d/2$，若 b_1 或 b_2 点（图 6-18 中为 b_2 点）落在原扇形外面，则用 c_1 或 c_2 取代（图 6-18 中由 c_2 取代 b_2）。此时用 p_1b_1 和 p_1c_2 定义一个新的扇形。

(3) 检查下一结点，若该点在新扇形内，则重复(2)，直到发现有一个结点在最新定义的扇形外为止。

(4) 当发现在扇形外的结点，如图 6-18 中的 p_4，此时保留 p_3 点，以 p_3 作为新起点，重复(1)~(3)。如此继续下去，直到整个点列检测完为止。所有被保留的结点(含首、末点)，顺序地构成了简化后的新点列。

6.4.4　几种方法的比较

如果某种矢量数据的压缩算法既能精确地表示数据，又能最大限度地淘汰不必要的点，就是一种好的算法。具体可以依据简化后曲线的总长度、总面积、坐标平均值等与原始曲线相应数据的对比来判别。

通过分析可以发现，大多数情况下道格拉斯-普克法的压缩算法较好，但必须在对整条曲线数字化完成后才能进行，且计算量较大；光栅法的压缩算法也很好，并且可在数字化时实时处理，且计算量较小；垂距法算法简单，速度快，但有时会将曲线的夹角去掉。

6.5　空间数据的结构转换

6.5.1　矢量-栅格转换

矢量数据的点到栅格数据的点只是简单的坐标变换，所以，这里主要介绍线和面(多边形)的矢量数据向栅格数据的转换。

1. 线的栅格化方法

线是由多个直线段组成的，因此，线的栅格化的核心就是直线段如何由矢量数据转换为栅格数据。

栅格化的两种常用方法为数字微分分析(digital differential analyzer，DDA)法(图 6-19)，以及 Bresenham 算法。

1) DDA 法

如图 6-19 所示，设直线段的两端点坐标转换到栅格数据的坐标系后为 (x_A, y_A)，(x_B, y_B)，(x_A, y_A)，(x_B, y_B) 与栅格网的交点为 (x_i, y_i)，则有

$$\begin{cases} x_{i+1} = x_i + \dfrac{x_B - x_A}{n} = x_i + \Delta x \\ y_{i+1} = y_i + \dfrac{y_B - y_A}{n} = y_i + \Delta y \end{cases} \quad (6\text{-}11)$$

其中，$n = \max(|x_B - x_A|, |y_B - y_A|)$；$\Delta x = \dfrac{x_B - x_A}{n}$；$\Delta y = \dfrac{y_B - y_A}{n}$；$x_0 = x_A$；$y_0 = y_A$；$x_n = x_B$；$y_n = y_B$。

这样从 $i = 0$ 计算到 $i = n-1$，即可得直线与格网的 n 个交点坐标，对其取整就是该线的栅格数据了。

该方法的基本依据是直线的微分方程，即 $\mathrm{d}y/\mathrm{d}x = $ 常数。其本质是用数值方法解微分方程，通过同时对 x 和 y 各增加一个小增量来计算下一步的 x、y 值，这是一种增量算法。

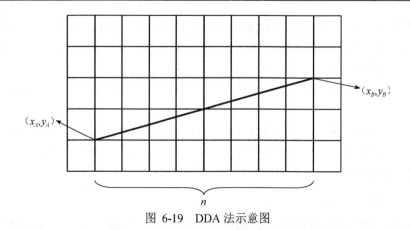

图 6-19　DDA 法示意图

在该算法中，必须以浮点数表示坐标，且每次都要舍入取整，因此，尽管算法正确，但速度不够快。

2）Bresenham 算法

该算法原来是为绘图机设计的，但同样适合于栅格化。该算法构思巧妙，只需根据由直线斜率构成的误差项的符号，就可确定下一列坐标的递增值。

根据直线的斜率，把直线分为八个卦限（图6-20）。下面以斜率在第一卦限的情况为例，其余卦限的情况类似。

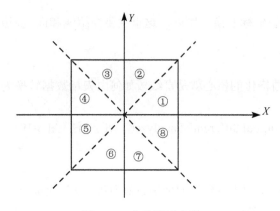

图 6-20　八卦限示意图

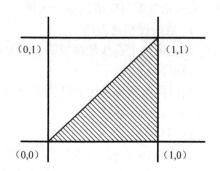

图 6-21　Bresenham 算法思路示意图

该算法的基本思路可描述为：如图 6-21 所示，若直线的斜率为 $1/2 \leqslant \Delta y/\Delta x \leqslant 1$，则下一点取（1，1）点，若 $0 \leqslant \Delta y/\Delta x < 1/2$，则下一点取（1，0）点。

在算法实现时，令起始的误差项为 $e=-1/2$，然后在推断出下一点后，令 $e=e+\Delta y/\Delta x$，若 $e \geqslant 1/2$ 时，$e=e-1$。这样只要根据 e 的符号就可确定下一点的增量，即若 $e \geqslant 0$，取（1，1）点；若 $e<0$，取（1，0）点。

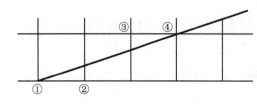

图 6-22　Bresenham 算法示例

例如，一直线的斜率为 1/3（图6-22），那么起始点：$e=-1/2$，　　　　　　　　取点①

第 2 点：$e = -1/2 + 1/3 = -1/6 < 0$，取点②
第 3 点：$e = -1/6 + 1/3 = 1/6 > 0$，　取点③
第 4 点：$e = 1/6 + 1/3 = 1/2 > 0$，　取点④
因为 $e \geq 1/2$，所以，$e = 1/2 - 1 = -1/2$。

依次进行，直到到达直线的另一端点。

这种算法不仅速度快、效果好，而且可以证明。

2. 面(多边形)的栅格化方法

1) 内部点扩散法

由一个内部种子点，向其八个方向的邻点扩散。判断新加入的点是否在多边形边界上，如果是，不作为种子点，否则当作新的种子点，直到区域填满无种子点为止。

该算法比较复杂，而且可能造成不连通(图 6-23)，若多边形不完全闭合时，会扩散出去。

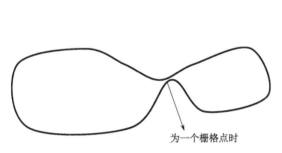

为一个栅格点时

图 6-23　内部点扩散法的不连通情况

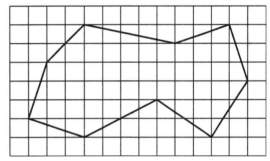

图 6-24　扫描法示意图

2) 扫描法

如图 6-24 所示，按扫描线的顺序，计算多边形与扫描线的相交区间，再用相应的属性值填充这些区间，即完成了多边形的栅格化。这种算法的缺点是计算量较大。

3) 边填充算法

基本思想是：对于每一条扫描线和每条多边形边上的交点，将该扫描线上交点右方的所有像素与多边形的属性值取补。对多边形的每条边作此处理，多边形的方向任意。图 6-25 所示是一个简单的例子。

本算法的优点是算法简单，缺点是对于复杂图形，每一像素可能被访问多次，增加了运算量。为了减少边填充算法访问像素的次数，可引入栅栏。

所谓栅栏指的是一条与扫描线垂直的直线，栅栏位置通常取多边形的顶点，且把多边形分为左右两半。栅栏填充算法的基本思路是：对于每个扫描线与多边形的交点，将交点与栅栏之间的像素用多边形的属性值取补。若交点位于栅栏左边，则将交点右边、栅栏左边的所有像素取补；若交点位于栅栏的右边，则将栅栏右边、交点左边的像素取补。图 6-26 为栅栏填充算法示意图。

6.5.2 栅格-矢量转换

栅格数据到矢量数据转换的一般过程包括二值化、二值图像的预处理、细化、追踪和拓扑化。

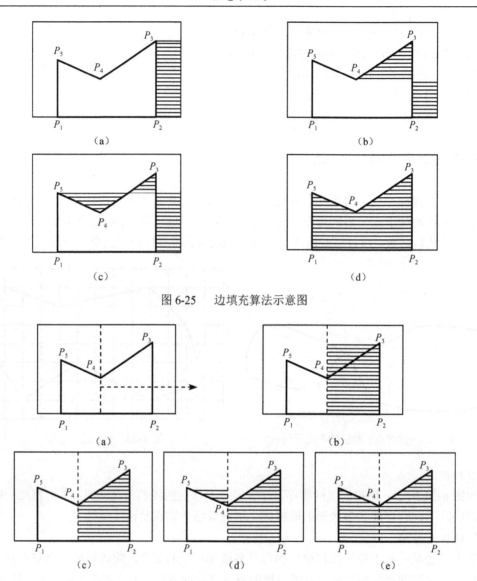

图 6-25　　边填充算法示意图

图 6-26　　栅栏填充算法示意图

1. 二值化

由于扫描后的图像是以不同灰度级存储的，为了进行栅格数据矢量化的转换，需压缩为两级（0 和 1），称为二值化。

二值化的关键是在灰度级的最大和最小值之间选取一个阈值，当灰度级小于阈值时，取值为 0，当灰度级大于阈值时，取值为 1。阈值可根据经验进行人工设定，虽然人工设定的值往往不是最佳阈值，但在扫描图比较清晰时，是行之有效的。当扫描图不清晰时，需由灰度级直方图来确定阈值，其方法如下。

设 M 为灰度级数，P_k 为第 k 级的灰度的概率，n_k 为某一灰度级的出现次数，n 为像元总数，则有

$$P_k = n_k / n \qquad (k=1,\cdots,M) \tag{6-12}$$

对于地图，通常在灰度级直方图上出现两个峰值（图 6-27），这时，取波谷处的灰度级为阈值，二值化的效果较好。

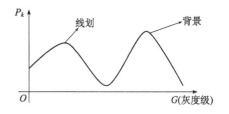

图 6-27　地图上的灰度级曲线

2. 二值图像的预处理

对于扫描输入的图幅，由于原稿不干净等原因，总是会出现一些飞白、污点、线划边缘凹凸不平等情况。除了依靠图像编辑功能进行人机交互处理外，还可以通过一些算法来进行处理。

例如，可用 3×3 的像素矩阵，规定各种情况的处理原则，图 6-28 是两个简单的例子。

除了上述方法外，还有其他许多方法。例如，对于飞白和污点，给定其最小尺寸，不足的消除；对于断线，采取先加粗后减细的方法进行断线相连；用低通型滤波进行破碎地物的合并，用高通型滤波提取区域范围，等等。

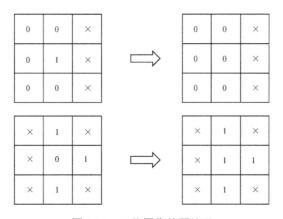

图 6-28　二值图像的预处理

3. 细化

细化是将二值图像像元阵列逐步剥除轮廓边缘的点，使之成为线划宽度只有一个像元的骨架图形。细化后的骨架图形既保留了原图形的绝大部分特征，又便于下一步的跟踪处理。

细化的基本过程是：①确定需细化的像元集合；②移去不是骨架的像元；③重复，直到仅剩骨架像元。

细化的算法很多，各有优缺点。经典的细化算法是通过 3×3 的像元组来确定如何细化。其基本原理是，在 3×3 的像元组中，凡是去掉后不会影响原栅格影像拓扑连通性的像元都应该去掉，反之，则应保留。3×3 的像元共有 2^8 即 256 种情况，但经过旋转，去除相同的情况，共有 51 种情况，其中只有一部分是可以将中心点剥去的，如图 6-29(a) 和图 6-29(b) 中的中心点是可以剥去的，而图 6-29(c)、图 6-29(d) 的中心点是不可剥去的。通过对每个像元点经过如此反复处理，最后可得到应保留的骨架像元。

如果是对扫描后的地图图像进行细化处理，应符合下列基本要求：①保持原线划的连续性；②线宽只为一个像元；③细划后的骨架应是原线划的中心线；④保持图形的原有特征。

4. 追踪

细化后的二值图像形成了骨架图，追踪就是把骨架转换为矢量图形的坐标序列。其基本步骤如下。

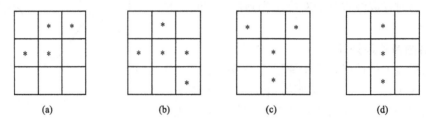

图 6-29　3×3 像元的分类情况

（1）从左向右，从上向下搜索线划起始点，并记下坐标。

（2）朝该点的 8 个方向追踪点，若没有，则本条线的追踪结束，转（1）进行下条线的追踪；否则记下坐标。

（3）把搜索点移到新取的点上，转（2）。

需要注意的是，已追踪点应作标记，防止重复追踪。

5. 拓扑化

为了进行拓扑化，需要找出线的端点和结点，以及孤立点。

（1）孤立点：8 邻域中没有为 1 的像元。如图 6-30（a）所示。

（2）端点：8 邻域中只有一个为 1 的像元。如图 6-30 （b）所示。

（3）结点：8 邻域中有三个或三个以上为 1 的像元。如图 6-30 （c）所示。

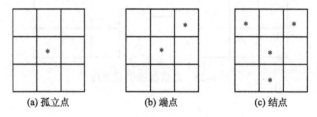

图 6-30　孤立点、端点和结点示意图

在追踪时加上这些信息后，可形成结点和弧段，可用矢量数据的自动拓扑方法进行拓扑化。

6.6　空　间　插　值

6.6.1　空间插值的基本思想与分类

用各种方法采集的空间数据往往是按用户自己的要求获取的采样观测值，亦即数据集合是由感兴趣的区域内的随机点或规则网点上的观测值组成的。但有时用户却需要获取未观测点上的数据，而已观测点上的数据的空间分布使从已知点的数据推算出未知点的数据值成为可能。

在已观测点的区域内估算未观测点的数据的过程称为内插；在已观测点的区域外估算未观测点的数据的过程称为外推。空间数据的内插和外推在 GIS 中使用十分普遍。Tobler 地理定律约定在空间上接近的测点比那些远离的测点更相似。一般情况下，空间位置越靠近的点越有可能获得与实际值相似的数据，而空间位置越远的点获得与实际值相似的数据的可能性越小。

空间插值的方法多种多样，要求的条件和效果各异，通常分为整体插值与局部插值。

整体插值使用全部数据，整个区域的数据都会影响单个插值点。局部插值只考虑周围的相邻点，单个数据点的改变仅仅影响其周围有限的数据点。整体插值的方法大多希望寻求一个数学关系式来模拟已知观测点在空间上的分布，然后根据该关系式计算其他任意点的值。局部插值法通常根据邻近点数值之间的某种加权运算来推求待插值点。

6.6.2　空间数据的插值方法

1. 整体内插法

1）边界内插法

使用边界内插法时，首先要假定任何重要的变化都发生在区域的边界上，边界内的变化则是均匀的、同质的。

边界内插的方法之一是泰森多边形法。泰森多边形法的基本原理是：未知点的最佳值由最邻近的观测值产生。如图 6-31 所示，A、B、C、D 四点分别落在各自的虚线构成的多边形中，则这些多边形中每一点的数据值都相同，分别为 A、B、C、D 四点的数据值。

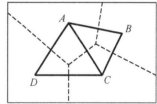

图 6-31　泰森多边形的基本原理

2）趋势面分析

趋势面分析是一种多项式回归分析技术。多项式回归的基本思想是用多项式表示线或面，按最小二乘法原理对数据点进行拟合，拟合时假定数据点的空间坐标 X、Y 为独立变量，而表示特征值的 Z 坐标为因变量。

当数据为一维时，可用回归线近似表示为

$$Z = a_0 + a_1 X \tag{6-13}$$

其中，a_0、a_1 为多项式的系数。

当 n 个采样点方差和为最小时，则认为线性回归方程与被拟合曲线达到了最佳配准，如图 6-32 所示，即

$$\sum_{i=1}^{n} (\hat{Z}_i - Z_i)^2 = \min \tag{6-14}$$

当数据以更为复杂的方式变化时，如图 6-33 所示。在这种情况下，需要用到二次或高次多项式，即

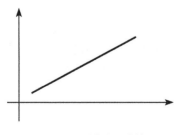

图 6-32　最佳配准情况

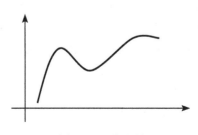

图 6-33　复杂情况

$$Z = a_0 + a_1X + a_2X^2 \quad (\text{二次曲线}) \tag{6-15}$$

在 GIS 中，数据往往是二维的，在这种情况下，需要用到二元二次或高次多项式，即

$$Z = a_0 + a_1X + a_2Y + a_3X^2 + a_4XY + a_5Y^2 \quad (\text{二次曲面}) \tag{6-16}$$

多项式的次数并非越高越好，超过三次的多元多项式往往会导致奇异解，因此，通常使用二次多项式。

趋势面是一种平滑函数，难以正好通过原始数据点，除非数据点数和多项式系数的个数正好相同。这就是说，多重回归中的残差属正常分布的独立误差，而且趋势面拟合产生的偏差几乎都具有一定程度的空间非相关性。

2. 局部内插

在 GIS 中，实际的连续空间表面很难用一种数学多项式来描述，因此，往往使用局部内插技术，即利用局部范围内的已知采样点的数据内插出未知点的数据。常用的有线性内插、双线性多项式内插、双三次多项式(样条函数)内插，移动平均法(距离倒数插值)，克里格插值。

1) 线性内插

线性内插的多项式函数为

$$Z = a_0 + a_1X + a_2Y \tag{6-17}$$

只要将内插点周围 3 个数据点的数据值代入多项式，即可解算出系数 a_0、a_1 和 a_2。

2) 双线性多项式内插

双线性多项式内插的多项式函数为

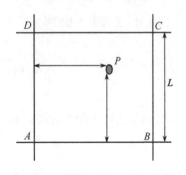

$$Z = a_0 + a_1X + a_2Y + a_3XY \tag{6-18}$$

只要将内插点周围 4 个数据点的数据值代入多项式，即可解算出系数 a_0、a_1、a_2 和 a_3。

如果数据是按正方形格网点布置的(图 6-34)，则可用简单的公式计算出内存点的数据值。

设正方形的四个角点为 A、B、C、D，其相应的特征值为 Z_A、Z_B、Z_C、Z_D，P 点相对于 A 点的坐标为 dX、dY，则插值点的特征值 Z 为

图 6-34　采样点成格网分布的情况

$$Z = \left(1 - \frac{dX}{L}\right) \cdot \left(1 - \frac{dY}{L}\right) \cdot Z_A + \left(1 - \frac{dY}{L}\right) \cdot \frac{dX}{L} \cdot Z_B + \frac{dX}{L} \cdot \frac{dY}{L} \cdot Z_C + \left(1 - \frac{dX}{L}\right) \cdot \frac{dY}{L} \cdot Z_D \tag{6-19}$$

3) 双三次多项式(样条函数)内插

双三次多项式是一种样条函数。样条函数是一种分段函数，对于 n 次多项式，在边界处其 $n-1$ 阶导数连续。因此，样条函数每次只用少量的数据点，内插速度很快；样条函数通过所有的数据点，故可用于精确的内插，可以保留微地貌特征；样条函数的 $n-1$ 阶导数连续，故可用于平滑处理。

双三次多项式内插的多项式函数为

$$Z = a_0 + a_1X + a_2Y + a_3X^2 + a_4XY + a_5Y^2 + a_6X^3 + a_7XY^2 + a_8X^2Y^2$$
$$+ a_9X^2Y + a_{10}Y^3 + a_{11}XY^3 + a_{12}X^3Y + a_{13}X^2Y^3 + a_{14}X^3Y^2 + a_{15}X^3Y^3 \tag{6-20}$$

将内插点周围的 16 个点的数据代入多项式，可计算出所有的系数。

4) 移动平均法(距离倒数插值)

在未知点 X 处内插变量 Z 的值时，最常用的方法之一是在局部范围(或称窗口)内计算多个数据点的平均值。即

$$\hat{Z}(X) = \frac{1}{n}\sum_{i}^{n} Z(X_i) \tag{6-21}$$

对于二维平面的移动平均法也可用相同的公式，但位置 X_i 应被坐标矢量 X_i 代替。

窗口的大小对内插的结果有决定性的影响。小窗口将增强近距离数据的影响；大窗口将增强远距离数据的影响，减弱近距离数据的影响。

观测点的相互位置越近，其数据的相似性越高；观测点的相互位置越远，其数据的相似性越低。因此，在应用移动平均法时，根据采样点到内插点的距离加权计算是很自然的。这就是加权移动平均法，即

$$\hat{Z}(X) = \frac{1}{n}\sum_{i}^{n} \lambda_i Z(X_i) \tag{6-22}$$

其中，λ_i 为采样点 i 对应的权值，常取的形式有

$$\begin{cases} \lambda_i = \dfrac{1}{d_i^2} \\[2mm] \lambda_i = \left(\dfrac{R - d_i}{d_i}\right)^2 \\[2mm] \lambda_i = e^{-d_i^2/R^2} \end{cases} \tag{6-23}$$

其中，R 为采样点到内插点的最大距离。

加权平均内插的结果随使用的函数及其参数、采样点的分布、窗口的大小等的不同而变化。通常使用的采样点数为 6～8 个点。对于不规则分布的采样点需要不断地改变窗口的大小、形状和方向，以获取一定数量的采样点。

5) 克里格插值

克里格插值法是在有限区域内对区域化变量的取值进行无偏最优估计的一种方法，是一簇空间局部插值模型的总称。其基本原理是：假设 x 是所研究区域内任一点，$Z(x)$ 是该点的测量值，任意待估计点(即待插值点)的实际值是 $Z_v(x)$，则其估计值 $Z_v^*(x)$ 可通过该待估计点影响范围内的 n 个有效样本值 $Z_v(x_i)$ 的线性组合来表示，即

$$Z_v^*(x) = \sum_{i=1}^{n} \lambda_i Z_v(x_i) \tag{6-24}$$

因此，克里格插值法的目标就是求一组权重系数使得估计值是样本点的线性、无偏最优估计量。

6.7　数字高程模型的生成

6.7.1　格网 DEM 的生成

格网 DEM 的数据可直接从解析测图仪获取，因而本小节介绍的是由离散点构建格网 DEM 的方法。

1. 离散点构建格网 DEM 的基本思路

离散点构建格网 DEM 是在原始数据呈离散分布，或原有的格网 DEM 密度不够时需要使用的方法。其基本思路是：选择一个合理的数学模型，利用已知点上的信息求出函数的待定系数，然后求算规则格网点上的高程值。

2. 离散点构建格网 DEM 的内插算法

离散点构建格网 DEM 所采用的是内插算法，插值的方法很多，如按距离加权法、多项式内插法、样条函数内插法、多面函数法，等等。大量的实验证明，由于实际地形的非平稳性，不同的内插方法对 DEM 的精度并无显著影响，主要取决于原始采样点的密度和分布。下面介绍简单而常用的线性内插法、双线性多项式内插法和距离加权内插法。

线性内插法的数学模型为

$$Z = a_0 + a_1 x + a_2 y \tag{6-25}$$

双线性多项式内插法的数学模型为

$$Z = a_0 + a_1 x + a_2 y + a_3 xy \tag{6-26}$$

其中，x，y 为平面坐标；Z 为高程；a_0、a_1、a_2、a_3 为待定系数。

只要将与插值点距离最近的三个点(对线性内插)或四个点(对双线性多项式内插)的坐标值和高程值代入方程，即可解出全部系数，然后用插值点的坐标代入方程，即可计算出该点的高程值。

距离加权内插法的数学模型为

$$Z = \sum_{i=1}^{n} P_i \cdot Z_i \bigg/ \sum_{i=1}^{n} P_i \tag{6-27}$$

为了计算点(x,y)的高程 Z，可取该点周围的 n 个点$(i=1,\cdots,n)$，按式(6-27)计算。Z_i 为第 i 点的高程，P_i 为第 i 点的权值，计算公式为

$$P_i = 1 \bigg/ d_i^u \quad (i = 1, 2, \cdots, n) \tag{6-28}$$

其中，u 为一个大于 0 的正数，通常取 1 或 2；d_i 为 i 点(x_i, y_i)到格网点(x,y)的距离，即

$$d_i = \sqrt{(x_i - x)^2 + (y_i - y)^2} \quad (i = 1, 2, \cdots, n) \tag{6-29}$$

3. 内插算法中原始数据点的选取

在构建格网 DEM 的内插方法中，经常需要选取与插值点距离最近的若干个点。如图 6-35(a)所示，如果通过计算各离散点与待插值点的距离，然后选取距离最短的若干个点的方法来选取，尽管方法正确，但计算量大，影响插值的速度。因此，可以在插值点周围建立一个正方形的选取框，如图 6-35(b)所示，通过简单的坐标值比较就可以找出落入框内的数据点。当落入框内的数据点较多时，可缩小框的尺寸；反之，增大框的尺寸。选取框尺寸的初始值可根据图幅中原始数据点的密度来确定。设图幅的面积为 A，共有 N 个数据点，则

每点的平均面积 A_0 为

$$A_0 = A/N \tag{6-30}$$

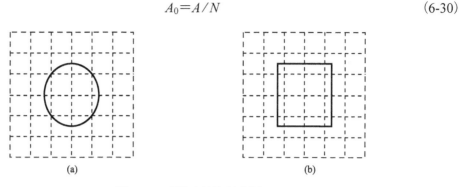

图 6-35　离散点选取示意图

若需要选取插值点附近的 K 个点,则选取框的面积 $A_1 = K \cdot A_0$。

$A_1^{1/2}$ 就是该选取框的边长。在实际运算时,边长可再大一些,以尽量保证落入选取框中的数据点数大于或等于 K,这样在缩小选取框时,只要对原框内数据点再判断即可。

4. 矢量等高线构建格网 DEM 时需注意的问题

由矢量等高线数据构建格网 DEM 时,通常把矢量等高线数据当作离散点数据,然后用上述离散点构建格网 DEM 的方法计算。出现的主要问题是应该水平的区域(如海洋、湖泊、平地等)往往出现不合理的不规则起伏,其原因是在计算水平区域的 DEM 格网点高程时,所使用的原始数据点不合理,例如,在计算湖泊内的 DEM 点时,使用了周围陆地的高程点进行内插。解决的方法通常有以下三种。

(1)在构建格网 DEM 之前,获取构成水平区域的多边形及其高程值。在构建格网 DEM 时,如果格网点落在这些多边形中,就直接取相应多边形的高程作为该格网点的高程。这样就可保证所构建的格网 DEM 在水平区域是水平的。

(2)先使用普通的离散点构建格网 DEM 的方法计算,在生成格网 DEM 后,对水平区域作统一处理,即把落在水平区域多边形内的 DEM 格网点的高程用该水平区域的高程代替。这样也可保证所构建的格网 DEM 在水平区域是水平的。

(3)控制用于 DEM 格网点高程内插的原始数据点,使得参加水平区域的 DEM 格网点计算的原始数据点的高程为水平区域本身的高程,这样内插出的高程值就等于水平区域本身的高程。

例如,在计算某一格网点的高程时,通过该格网点向 8 方向(间隔 45°)作射线,取射线与距离该格网点最近的等高线的交点作为参加计算的原始数据点。由于包围水平区域的等高线必然具有相同的高程,计算水平区域格网点的高程时,所参加计算的原始数据点的高程都是一样的,这样可保证所构建的格网 DEM 在水平区域是水平的。这种方法称为射线法,要求等高线除了在图廓边,不能在图幅内随意断开。

6.7.2　不规则三角网的生成

1. 狄洛尼三角网及其特性

不规则三角网(TIN)通过从不规则分布的数据点生成的连续三角面来逼近地形表面,是数据建模中的一种重要形式。对于 TIN 模型，有三点基本要求：①TIN 是唯一的；②力求最佳三角形几何形状，每个三角形尽量接近等边形状；③保证最邻近的点构成三角形，即三角形的边长之和最小。

在所有可能的三角网中，狄洛尼(Delaunay)三角网在地形拟合方面表现最为出色，因此常用于 TIN 的生成。狄洛尼三角网是对应 Voronoi 多边形共边的点连接而成，狄洛尼三角形的外接圆心是该三角形对应 Voronoi 多边形的一个公共顶点。根据 Voronoi 图的性质，狄洛尼三角形外接圆内部不包含其他点的特性被用作一系列不重合的平面点构建狄洛尼三角网的基本法则。

空圆法则：也称狄洛尼法则，即一个三角形外接圆不能包含其他离散点，这样可以保证最邻近的三个点构成三角形，如图 6-36 所示。

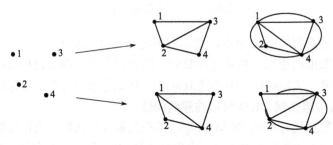

图 6-36　空圆法则

最大最小角度法则：由相邻三角形构成的凸四边形中，交换此四边形的对角线，不会增加这两个三角形六个内角的最小值，如图 6-37 所示。Lawson 据此提出了局部最优方法(local optimization procedure，LOP)，用作局部三角几何形状最优化的调整。

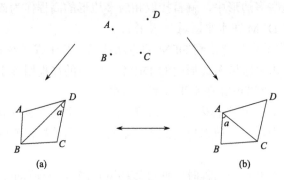

图 6-37　最大最小角度法则

2. 狄洛尼三角网的构网方法

根据构建三角网的输入数据为带有高程值的离散点观测点(采样点)及构网步骤，可以将三角网的生成算法分为三类：①数据点逐次插入算法；②三角网生长算法；③分而治之算法。

1) 数据点逐次插入算法

数据点逐次插入算法的基本思路是：将未参与构网的离散点加入到已经存在的狄洛尼三角网中，每插入一个点，就利用 LOP 法则将狄洛尼三角网进行重构。

2)三角网生长算法

三角网生长算法的基本思路是：在数据中任意取一点，查找距离此点最邻近的点构成初始基线，利用空圆法则，寻找与初始基线构成三角形的第三点，然后以新生成的该三角形的另外两边分别作为基线继续寻找构成三角形的下一个点，重复进行，直到所有点都构成三角形。

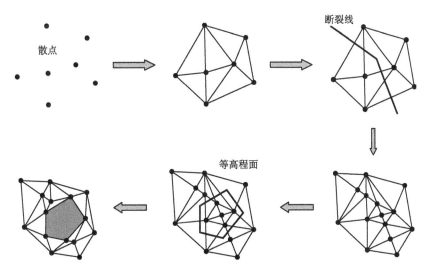

图 6-38 约束条件下构网过程

3)分而治之算法

分而治之算法的基本思路是：首先将数据排序，分成两个互不相交的子集，在每个子集分别建立三角网后，将两个三角网合并，并以递归的方式重复"分治"计算，以生成最终的狄洛尼三角网。

4)约束条件下算法的处理

经过离散点建立的三角网在加入了断裂线(如河流)和等高程面(如湖泊)等表面元素后引起三角网的重构，从而使建立的三角网更加接近地表，此时构网称为约束条件下的三角网构建，基本过程如图 6-38 所示。

思 考 题

1. 仿射变换的特性是什么？

2. 绘图说明点、线、面捕捉的基本思想。

3. 在进行点、线、面捕捉时，有哪些提高捕捉速度的方法？

4. 绘图举例说明建立点线拓扑的基本步骤。

5. 绘图举例说明建立多边形的基本过程。

6. 绘图说明矢量数据压缩中光栏法的基本思想与实施步骤是什么。

7. 比较几种主要矢量数据压缩算法的优缺点。

8. 简述 Bresenham 算法的基本思路，并绘图举例说明 Bresenham 算法的实施过程。

9. 绘图说明栅栏填充算法的基本思路。

10. 简述栅格数据到矢量数据转换的一般过程。

11. 空间插值的方法主要有哪些?

12. 离散点构建格网 DEM 的内插算法主要有哪些?

13. 对于不规则三角网(TIN)模型,有哪些基本要求?

14. 绘图说明构建不规则三角网(TIN)的空圆法则和最大最小角度法则。

第7章 地理空间数据组织与管理

7.1 地理空间数据管理技术概述

7.1.1 地理空间数据的特点

1. 地理空间数据的复杂性

空间特性是地理空间数据的本质特性，是指地理实体的位置、形态，以及由此产生的一系列特征，如拓扑、距离、方位等空间关系，这使得空间数据库的组织比非空间数据库的组织复杂得多。

地理实体以连续的方式存在于地理空间，我们采用抽样的方式将其离散化以获取数字描述，通常在地理实体轮廓或形状走向特征点处取值。通过采样得到的坐标串具有变长的几何(坐标)信息，在数据库中的管理一直受到存储方式、访问效率的制约。同时，几何数据与其所对应的属性数据要进行挂接才能完整地表达地理实体，这些为空间数据管理增加了很大的复杂度。

为了适应不同尺度和不同目的的应用需要，GIS 中的地理实体被人为地取舍或进行形态上的化简综合。在不同情况下，同一地理实体表现为不同的形态(多态性)，空间数据库要尽可能地保证在不冗余存储数据的前提下维护数据的一致性。

2. 地理空间数据的海量性、区域性、多层次

同一般的信息系统相比，GIS 所涉及的数据量通常要大得多，可以用"海量"来形容。例如，一个城市 GIS 的数据量往往达到几百 GB，加上影像数据，则可能达到 TB 级。如此庞大的数据规模会带来系统运转、数据组织与存储、网络传输等一系列困难，海量数据的高效组织与快速调度是 GIS 不可回避的技术难题。

地理实体分布在地理空间中，对应的地理空间数据通常以区域为单位进行组织，传统的地图数据是分图幅组织的，但要顾及地图投影的变形影响。在一个区域内使用的地图数据可能是由若干幅地图数据拼接起来的，图幅之间的拼接与裁剪也给地理空间数据管理提出了要求。

地理空间数据还有很明显的层次特点，主要表现在同一区域存在不同比例尺的地理空间数据。地理空间数据管理需要在纵向上把不同尺度的空间数据进行有效的组织与管理，还要在已有比例尺空间数据基础上生成所需比例尺的数据，这就需要地理空间数据自动综合技术(尺度变换)的支持。

7.1.2 地理空间数据管理技术的发展

地理空间数据管理技术随着计算机软硬件的发展而不断地演化，大体经历了四个主要阶段：人工管理阶段、文件系统阶段、文件与数据库混合管理阶段和数据库系统阶段。每个阶段的数据管理技术水平受当时计算机硬件条件(特别是存储能力)、软件水平、数据规模和应用需求等方面的影响。

1. 人工管理阶段

20 世纪 50 年代中期以前，对地理空间数据的管理采用人工管理方式。这个阶段计算机没有操作系统和数据管理软件，也没有磁盘等直接存储设备，外存只有磁带、卡片、纸带等，计算机主要应用于科学计算。

人工管理阶段数据管理的特点是用户负责数据的组织、存储结构、存取方法、输入输出等细节；数据完全面向特定应用；数据不保存，用完就撤走；数据与程序不具有独立性。

2. 文件系统阶段

20 世纪 60 年代初期，文件系统出现。计算机不只用于科学计算，还能通过文件系统进行数据管理。文件系统将数据以"文件"的形式存储在磁盘、磁鼓等可直接访问的外存设备上，提供存取方法（索引文件、链接文件、直接存取文件、倒排文件等），支持对文件的基本操作（增、删、改、查等），用户不必考虑物理细节。

文件系统部分解决了程序与数据的独立性问题，但程序对文件修改的独占性及文件中数据语义和组织方式的不一致性对数据共享造成很大困难，且数据冗余较大。尽管如此，文件系统管理至今仍为空间数据管理的一种重要形式。

文件管理模式下，GIS 地理空间数据所包含的非结构化的几何数据和结构化的属性数据分属不同的文件，同一地理目标的几何数据和属性数据之间通过唯一标识码建立联系（图 7-1）。

采用文件管理的优点是结构灵活、操作简便、地图显示速度快；缺点是数据格式众多、数据安全性差、难以实现并发访问、属性数据的管理功能薄弱等。

图 7-1　文件管理方式

3. 文件与数据库混合管理阶段

20 世纪 70 年代中期，数据库技术产生。数据以统一规范的形式存入数据库，数据库提供数据定义和数据操作命令，提供导入、导出、检索、排序、插入、删除等操作，并提供访问接口。数据库能够支持大数据量的管理，提供对数据的并发访问，有效地解决了数据共享中的数据冗余、数据一致性和数据安全性等重要问题。

因为地理空间数据具有空间特征，以定长记录和非结构字段为特征的通用关系数据库系统难以满足要求。所以，GIS 采用了一种折中的方式即文件+数据库的方式进行地理空间数据的管理。其具体做法是，将地理空间数据中的几何数据采用文件的方式存储，属性数据则存储于数据库中，两者以同一地理实体目标的唯一标识码进行挂接。文件与数据库混合管理方式可充分利用数据库对结构化数据的管理功能，大大提高了属性数据的管理能力（图 7-2）。

图 7-2　文件与数据库混合管理方式

4. 数据库系统阶段

数据库技术本身基于不断演化的数据模型而发展，构建数据库的传统数据模型先后经历了层次模型、网状模型和关系模型的更替。20 世纪 70 年代出现了关系型数据库，到 80

年代逐渐成熟。地理空间数据的管理技术从进入全关系型数据库管理阶段开始真正实现了跨越式发展。

1）全关系型数据库管理

全关系型地理空间数据库将地理空间数据中的图形数据和属性数据全部采用关系型数据库集中管理。大部分关系型数据库都提供了大二进制块字段域（BLOB），这为变长的空间图形数据提供了一种统一的存储机制。GIS 通常把图形的坐标信息打包（pack）成一个二进制块（binary block），这样关系数据库中的一条记录就可以对应于空间数据的一个地理实体。

全关系型数据库为 GIS 提供了一致的访问接口，实现了空间数据的一体化存储，支持多用户并发访问、安全控制

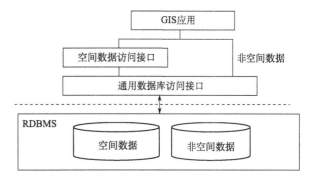

图 7-3　全关系型数据库管理

和一致性检查，便于数据共享。空间数据访问接口必须由 GIS 软件提供商在通用数据库访问接口的基础上自行扩充，并且对 BLOB 类型字段访问需要有"打包"和"解包"的几何数据转换过程，这个过程影响了访问效率（图 7-3）。

2）对象-关系数据库管理

由于关系型数据库在存储非结构化数据方面的不足，许多数据库厂商纷纷在关系数据库管理系统中进行一些面向对象的扩展，用于支持非结构化空间数据的存储和管理，如 Oracle、Informix、DB2 等，扩展了对空间数据存储与管理的模块，按照一定的空间数据标准，定义了相应的空间数据的几何对象模型（点、线、面、体等），并提供了操纵这些空间对象的函数。

对象-关系数据库管理模式有效地解决了地理空间数据变长记录的统一管理，其效率高于全关系型数据库管理模式。该管理方式对空间数据模型和空间关系（运算）的支持较为单一，扩展性弱，难以支持复杂的 GIS 应用；另外，该模式下 GIS 应用与特定的数据库耦合太紧，不利于空间数据向其他数据库的移植（图 7-4）。

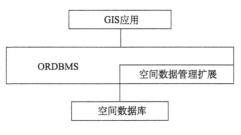

图 7-4　对象-关系数据库管理

3）对象型数据库管理

为了更好地模拟和操纵现实世界中的复杂现象，克服传统数据模型的局限性，人们希望采用面向对象的思想和方法，以更接近人类认识世界的通常思维来构建数据库。对象型数据模型最适应于空间数据的表达和管理，它既能支持变长记录，也支持对象的嵌套、信息的集成与聚集。对象型数据库管理系统就是采用面向对象的方法建立的数据库。目前，此类数据库系统还不够成熟，而且价格昂贵，在地理空间数据管理领域还不通用（图 7-5）。

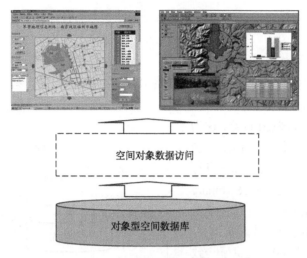

图 7-5　对象型数据库管理

7.2　地理空间数据库系统

7.2.1　地理空间数据库的基本概念

地理空间数据库是存储在计算机内的遵循某种结构的地理空间数据集合。地理空间数据库中的数据按一定的数据模型组织、描述和存储，具有较小的冗余度、较高的数据独立性和易扩展性，并能被各种用户共享。

地理空间数据库系统是指带有数据库的计算机系统，采用现代数据库技术来管理地理空间数据。地理空间数据库系统不仅包括地理空间数据库本身(指实际存储于计算机中的地理空间数据)，还包括相应的计算机硬件系统、空间数据管理系统和空间数据库管理人员。

根据数据的内容，地理空间数据库可分为基础地理空间数据库和专题空间数据库。基础地理空间数据库包括基础地形要素矢量数据、数字高程模型、数字正射影像、数字栅格地图及其相应元数据库。专题空间数据库可以是移动目标位置数据、地籍数据、规划管理数据、道路数据等。

建立地理空间数据库的目的是将相关的数据有效地组织起来，并根据其地理分布建立统一的空间索引，使用户能够方便灵活地查询出所需的地理空间数据，进而可以快速调度数据库中任意范围的空间数据，达到对整个区域的无缝漫游，根据显示范围的大小可以灵活方便地自动调入不同层次的数据。例如，可以一览全貌，也可以看到局部地方的微小细节。

地理空间数据库管理系统是在操作系统和应用系统之间的一个面向空间数据管理的软件平台，是利用数据库技术解决地理空间数据获取、存储、传输、管理、分析和应用等问题的空间信息系统。

7.2.2　数据库的体系结构

数据库的体系结构有不同的分类方法。按照物理部署方式，可以分为集中式、客户/服务器、并行、分布式等体系结构；从系统实现的角度，可以分为数据库外部体系结构和数据库内部体系结构。

1. 数据库外部体系结构

根据不同的抽象层次，数据库分为物理层、逻辑层和视图层，如图 7-6 所示。

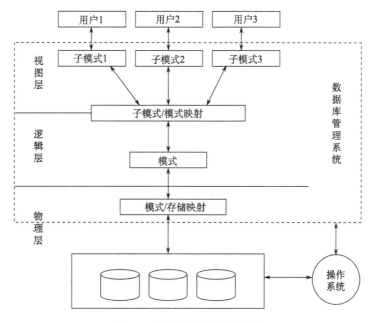

图 7-6　数据库外部体系结构

物理层描述如何在存储介质上存储数据，要求数据的存储结构能在存储空间利用率和访问效率之间达到最佳平衡点。物理层的任务包括数据存储、访问路径、查询优化、查询处理、并发控制与恢复等。

逻辑层主要定义数据库总体逻辑结构，包括数据库中存储数据的类型、内容、相互关系及在数据库中遵守的约束等。逻辑层不关心物理层的存储结构，保证了数据的物理独立性。

视图层可简单理解为用户与数据库的交互接口。通常，大多数单个用户使用的只是数据库的一部分信息，即数据库的一个子集，系统为它们提供不同的视图。各个视图的逻辑结构称为子模式。

2. 数据库内部体系结构

数据库系统的内部结构主要是指数据库管理系统(database management system，DBMS)内部组件之间的逻辑结构。DBMS 的体系结构依赖于数据模型，数据模型是一个描述数据、数据联系、数据语义及其一致性约束的概念工具的集合。在数据库的发展史上，出现了多种逻辑数据模型，如网状模型、层次模型和关系模型等。关系模型提出于 1970 年，由于它结构简洁、功能强大且易于实现，逐渐成为当今绝大多数商业 DBMS 的数据模型。

图 7-7 展示了一个完整的 DBMS 的内部结构，其中单线框表示系统成分，双线框表示内存数据结构。

7.2.3　数据库模型

从现实世界到计算机信息世界，要解决两方面的问题，一是如何存储这些信息，二是如何在内存中组织和使用这些信息。

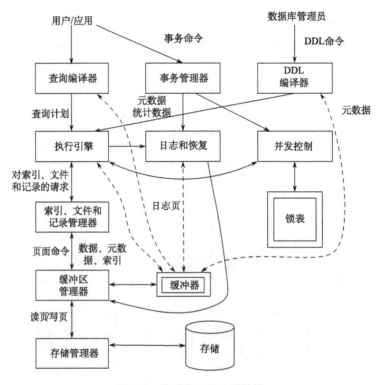

图 7-7　数据库内部体系结构

1. 数据库模型概述

数据库管理系统(DBMS)最重要和本质的特性是数据独立性。当用户与一个 DBMS 交互时，其实是在与一个数据表(或称数据视图)交互，该视图独立于实际的物理存储，DBMS 负责将用户的操纵转换成对物理数据结构的高效操作。

DBMS 通过应用不同的抽象层来实现这种数据独立机制，即将数据库模型分为三个层次：概念数据模型、逻辑数据模型和物理数据模型。

1)概念数据模型

概念数据库提供关于整体数据库的逻辑结构。概念数据模型描述应用关注的对象，包括数据类型及其联系和约束，不考虑具体实现细节，且独立于任何可能的实现。概念模型通常用浅显的文字，结合简单一致的图形符号来表示，如实体-联系(entity-relationship，ER)模型、UML 类图。

2)逻辑数据模型

逻辑数据模型是概念数据模型在关系数据库管理系统(relational database management system，RDBMS)上的具体实现，主要是定义数据库模式，即描述应用管理的信息的结构，以及在数据库中数据遵守的约束。数据库模式可以理解为是一个空的数据库结构图，在 RDBMS 中表现为一系列数据库表及其之间的关系，一旦定义了模式，就能用查询语言插入、更新、删除和查询数据。通俗地讲，逻辑数据模型确定了 DBMS 中数据的组织方式，即展现给用户的视图。常见的逻辑数据模型有层次模型、网状模型、关系模型、对象关系模型和面向对象模型。

3）物理数据模型

物理数据模型关注物理实现细节，主要包括：①数据在持久存储介质上的存储方式，设计存储结构如数据文件结构、记录结构和索引结构时，必须同时考虑存取效率和空间利用率等因素。②访问路径和内存管理，DBMS 提供数据访问方法或访问路径，用以加速数据检索。③查询处理与优化，处理一个查询通常涉及多个操作，为提高处理速度，必须适当地组合这些操作符，不同的操作符执行顺序对应的物理查询计划可能有非常悬殊的执行代价。④并发控制与恢复，DBMS 管理多个用户对数据和资源的并发访问，保证数据库的安全性和一致性，并在系统出现问题后将数据库恢复。

2. 空间数据库逻辑模型

1）层次模型

层次模型是发展较早、技术上较成熟的一种数据模型，它用有向有序的树形结构来表示实体之间的联系。层次模型一般只能表示实体间一对多的联系，因为除树根结点之外，任何结点只有一个父结点，所以无法表示多对多联系。

这种模型层次分明、结构清晰，较容易实现。空间数据中有明显的层次关系，层次模型能较好地反映地理要素的属性特征，也便于实现要素的定性检索，但存在以下问题：①因为层次结构的严格限制，对任何对象的查询和检索，必须始于其所在层次结构的根结点，所以低层次对象的处理效率较低，并难以进行反向查询。②层次命令具有过程式性质，要求用户了解数据的物理结构，并在数据操纵命令中显式地给出存取路径。③模拟多对多联系时会导致物理存储上的冗余。④数据独立性较差。⑤基本不具备演绎功能。⑥基本不具备操作代数基础。

2）网状模型

用网状数据结构表示实体与实体间联系的模型称为网状模型，基本特征是结点数据间没有明确的从属关系，一个结点可与其他多个结点建立联系。网状模型的数据结构的实质为若干层次结构的并，因而具有较大的灵活性与较强的关系定义能力。

网状模型反映了现实世界中常见的多对多关系，在一定程度上支持数据的重构，具有一定的数据独立性和共享特性，并且运行效率较高，但存在以下问题：①由于数据间联系要通过指针表示，指针数据项的存在使数据量大大增加，当数据间关系复杂时指针部分会占用大量数据库存储空间。②网状结构的复杂增加了用户查询和定位的困难。③网状数据操作命令具有过程式性质。④不直接支持对于层次结构的表达。⑤基本不具备演绎功能。⑥基本不具备操作代数基础。

3）关系模型

关系模型是根据数学概念建立的，将数据的逻辑结构归结为满足一定条件的二维表，数学上称为"关系"。关系的具体实现是一个二维表结构，二维表是同类实体的各种属性的集合。

关系模型能够以简单、灵活的方式表达现实世界中各种对象及其之间的关系，支持所有基于逻辑运算和数学运算规则构造的查询请求，并支持数据的重构，数据描述具有较强的一致性和独立性。关系模型通过关系代数运算实现透明存取，用户不必关心存取路径，关系之间的查找在正反两个方向上是等价的，因此利用关系数据库存储和管理数据非常方便。关系模型的主要缺点有：①运行效率不高。由于概念模式和存储模式相对独立，按照给定的关系模式重新构造数据的效率较低。关系数据库的许多操作都要求在文件中顺序查找满足特定条件的数据，当数据库很大时，操作代价很大。②描述对象语义的能力较弱。关系模型不支持抽象数据类型，也不能扩展自定义数据类型，而现实世界中许多对象本身具有复杂的结构和含义，为了用规范化的关系描述这些对象，需要进行不自然的分解，从而在存储模式、查询途径及其操作等方面均存在语义不合理性。③模拟和操纵复杂对象的能力较弱。关系模型不支持嵌套元组和嵌套关系，无法用递归和嵌套方式来描述层次和网状结构的复杂关系，只能借助于关系的规范化分解来实现，往往会导致模拟和操纵这些关系更加困难，降低存储空间利用率。④关系模型在计算上是不完备的，仅适用于数据结构、联系和应用模式都比较简单的应用领域，而不能完整地表示复杂对象，也不能在关系模型上定义复杂操作，所以难以用来表示、访问和操作空间数据。因此，要基于关系模型存储和管理地理空间数据，必须扩展抽象数据类型，并定义相关的操作方法。

4) 对象关系模型

为了高效地存储和操作复杂对象，结合面向对象技术和关系数据库技术，利用 RDBMS 来存储和管理空间数据，通过建立空间数据库引擎来形成面向对象的空间数据访问接口。这种模型兼有关系模型和面向对象模型的优点，如图 7-8 所示。

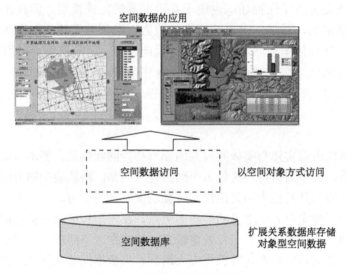

图 7-8　对象关系型空间数据库

5) 面向对象模型

面向对象模型支持对象的嵌套与继承，能够有效地表达与处理空间对象及其之间的复杂关系。但面向对象数据库目前还不成熟，实践中也很少使用。

7.3　地理空间数据的组织

地理空间数据具有多时空、多尺度、多源等特征，数据量大、结构复杂，使得地理空间数据的组织管理有别于非空间数据。为了提高地理空间信息的存取与检索速度，需要对地理空间数据重新进行分类、组织。习惯上，人们按不同比例尺、横向分幅、纵向分层的方法和原则来组织地理空间数据。

7.3.1　纵向分层

GIS 管理的地理空间信息种类繁多，为了提高对不同类型地理空间信息查询和检索的速度，需要实现数据的灵活调用、快速更新及分类管理。

地理空间数据库通常把地理空间数据分为若干个专题层，如 DEM 层、正射影像层、栅格层，矢量层等。对于矢量图层，同一个专题层中包含着若干同类型的地理对象，这些地理对象又根据某一数量特征(通常为属性编码)分成若干等级，如河流分为 1 级、2 级、…。图层可以单独使用(显示、查询或分析)，也可以叠加使用。

地理空间数据从纵向上分层组织，按性质分层，层内按数量分级(图7-9)。这种对地理空间数据分层管理的主要目的是提高计算机对地理空间数据管理的效率。地理空间数据分层便于数据的综合利用和资源共享，也是满足用户不同需要的有效手段。

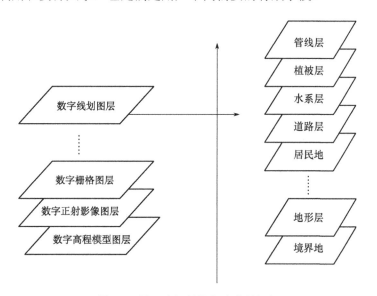

图 7-9　地理空间数据纵向分层组织

按需组合图层给应用提供方便的同时，也带来了一个严重的问题：地理空间数据的人为分层割裂了客观世界的完整性。为了数据获取、处理的方便，地理空间信息被按主题分层，当对现实世界进行某种综合认识时，又必须将各层重新组合起来。

除了按照专题分层以外，还有采用垂直高度或时间序列等为依据进行地理空间数据分层的方式。如图 7-10(a) 为按主题分层，图 7-10(b) 为按时间分层，图 7-10(c) 为按高度分层。

7.3.2　横向分块

由于地理空间数据具有空间分布范围广、数据量巨大等特征，如果不进行分割，数据的管理和使用就会受到如磁盘容量、数据库维护、查询分析效率等诸多因素的限制。为了解决这些问题，常在数据分层的基础上对地理空间数据进行分块，当涉及区域在一个分块之内时，只要在该块范围内进行数据操作即可。当需要跨多个分块时，可利用软件在数据处理前或处理时进行块间的数据拼接操作。

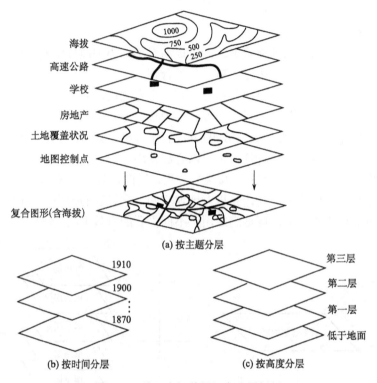

(a) 按主题分层

(b) 按时间分层　　　　　　　　　　(c) 按高度分层

图 7-10　地理空间数据纵向分层组织

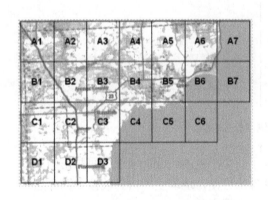

图 7-11　地理空间数据的横向分块示意图

分块以化整为零的方式来获取数据存储、处理的便利和效率，最常见的横向分块形式是国家系列比例尺地形图的分幅。地形图的分幅是按照一定的经差、纬差将一个大的地理区域分割成互不重叠的小区域，每幅地图有固定的编号，这样做同时照顾了投影变形、数据量、地图出版与分发、地图拼接等多重因素。

此外，在一幅图上采用坐标网(经纬网、方里网)进一步将一个图块分成若干个相互不重叠的小区域，便于地理信息的快速检索和查询。分块的方法可以采用规则的几何图案进行，也可以采用不规则的方式进行。横向分块从地图组织管理的角度也可以认为是一种对地理区域建立的空间索引，便于数据组织和调度。地理空间数据的横向分块如图 7-11 所示。

7.4　空 间 索 引

7.4.1　空间索引概述

空间索引是指依据地理对象的位置、形状或地理对象之间的某种空间关系，按一定顺序排列的一种数据结构，其中包含空间对象的概要信息，如对象标识、外接矩形及指向空间对象的指针。作为一种辅助性的空间数据结构，空间索引介于空间算法和空间对象操作之间，通过筛选，大量与特定空间操作无关的空间对象被排除，从而提高空间操作效率。

空间索引技术就是通过更加有效的组织方式，抽取与空间定位相关的信息，组成对原空间数据的索引，以较小的数据量管理大量数据的查询，从而提高空间查询的效率和空间定位的准确性。

空间索引的性能优劣直接影响地理空间数据库的整体性能，是空间型信息系统的一项关键技术。一方面，建立索引是用于提高数据库搜索效率的有效工具；另一方面，由于空间关系的运算比较复杂，如果能将空间关系的推理和查询范围缩小，就可以提高空间关系查询的效率。空间索引结构一般应该满足如下要求。

1) 存储效率高

为一组数据创建的索引数据，其数据量应该尽量小。这不仅是节约存储空间的需要，还因为如果索引数据过大，会使访问索引数据成为数据查询与更新中的效率瓶颈。

2) 查询效率高

建立索引的目的就是提高查询效率。对于 GIS 应用，查询检索主要包括区域查询和 K-最邻近查询。区域查询是给定一个空间区域范围，查找包含在这个范围内或与这个区域范围相交的所有的数据对象。K-最邻近查询是给定一个参照对象(可以是一个点、一条线或一个区域)，查询距离这个参照对象最近的 $K \geqslant 1$ 个数据对象。参照对象是一个点的情况最为常见。空间索引结构必须能够支持高效的区域查询和 K-最邻近查询。

3) 更新效率高

很多情况下，海量的空间数据集是在不断变化的。数据集的变化可以抽象为数据集中数据对象的修改、增加和删除。数据集的索引数据必须和它保持一致才能保证基于索引的查询结果正确，因此，索引结构需要提供新增索引项和删除索引项等索引更新能力。在索引中插入对象是在已有的索引数据基础上，把对新对象的索引项添加到索引数据中；在索引中删除对象是把对象的索引项从索引数据中删除。在数据集中对对象的增加和删除直接对应于在索引数据中增加和删除数据，对象的修改操作则对应于在索引数据中先删除再增加该对象。当数据集经常变化时，要求其索引数据的更新成本不能很高，特别是要避免更新时引起索引重组操作。

7.4.2 空间索引的分类

传统的数据库索引技术有 B 树、B+树、二叉树、索引顺序访问方法(indexed sequential access method，ISAM)索引、哈希(Hash)索引等，这些技术都是针对一维属性数据的主关键字索引而设计的，不能直接用于对地理空间数据进行有效索引。

空间索引的研究始于 20 世纪 70 年代，初始目的是为了提高多属性查询效率，主要研究检索多维空间点的索引，后来逐渐扩展到其他空间对象的检索。目前存在的空间索引技术超过 50 种，可概括为树结构、线性映射和多维空间区域变换三种类型。

从应用范围上，空间索引可以分为静态索引和动态索引，它们有不同的侧重点。对于静态索引，并不强调索引更新的效率，因为数据是固定不变的，索引只要建立一次，不需要更新。静态索引最强调索引数据的存储效率和查询效率，因为总体数据是已知的，所以通过对全体数据分布的分析，容易达到这两项要求。动态索引强调数据在动态更新过程中保证较高的查询效率和索引空间存储效率，为了更好地做到上述两点，往往以牺牲索引更新效率为代价，当然这种牺牲一般是有限度的。

从工作原理上，空间索引可以分为趋近索引和直接索引。趋近索引是利用某种空间划分方法，趋近缩小查询范围从而加速查询速度，如 R 树、PD 树等方法。直接索引是利用某种集合变换方式或空间遍历算法，对每个实体建立唯一关键字，且关键字一维线性，如四叉树法、Peano 键法、泰森三角形法等。

从技术角度上，空间索引可以分为对象映射技术、对象复制/裁剪技术和重叠子空间方法。对象映射方法将 K 维对象转换成 2K 维空间上的点，如 4-D-B-树、S-树等。对象复制/裁剪技术将空间划分为不相交的子空间，并依据子空间的划分，将落在多个子空间的对象划分为多个组成部分，或者在同一个子空间索引所有与之相交的对象，如 Plop-Hashing、R 树、R+树、SKD 树等。重叠子空间法将地图划分为可以重叠的子空间，以便每个对象完全落在一个子空间中，如 CELL 树。

从空间数据存储方式上，索引结构还可分为内存索引和外存索引。适合内存的索引包括二叉空间分割(binary space partitioning，BSP)树、点四叉树等索引结构。外存索引主要需要考虑磁盘页面访问的效率瓶颈，适合磁盘的索引有 K-D-B 树、R 树和 PK 树等索引结构。

一般来说，很难设计一种空间索引结构能够同时提供高效的存储、高效的查询和高效的更新，各种索引结构都是以牺牲某些方面的效率来换取另外方面效率的提高。

7.4.3　常用的空间索引

1. 格网索引

格网索引(图 7-12)是 GIS 中最简单实用的索引类型，基本思想是将研究区域用横竖线条划分成大小相等的格网，记录每个格网所包含的空间实体。当用户进行空间查询时，首先计算出用户查询对象所在格网，其次再从格网中快速查询所选空间实体，具有计算简单、查询速度快等特点。其中格网划分的大小制约着格网总数的大小，同时影响到索引记录的多少，合理调整格网大小可以获得最佳索引性能。

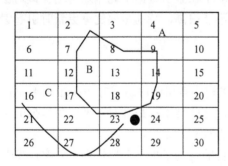
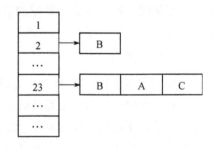

图 7-12　格网索引

2. BSP 树索引

BSP 树是一种二叉树，它将空间逐级进行一分为二的划分(图 7-13)。BSP 树能很好地与空间数据库中空间对象的分布情况相适应，但对一般情况而言，BSP 树深度较大，对各种操作均有不利影响。

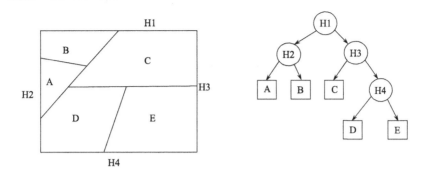

图 7-13　BSP 树索引

3. 四叉树索引

四叉树索引(图 7-14)是在每次分割空间时，都将一个正方形($2n×2n$)区域所构成的二维平面按四个象限进行递归分割，直到子象限的数值单调为止，最后得到一颗四分叉的倒向树，该树最高为 n 级。

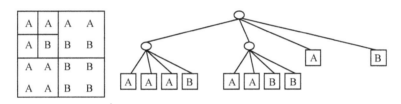

图 7-14　四叉树索引

4. R 树和 R+树索引

R 树根据地理对象的最小外接矩形建立(图 7-15)，可以直接对空间占据一定范围的空间对象进行索引。R 树所有叶子都在同一层，可采用空间聚集的方式把相邻空间实体划分到一起，组成更高一级的结点，在更高一级又根据这些结点的最小外接矩形进行聚集，划分形成更高一级的结点。

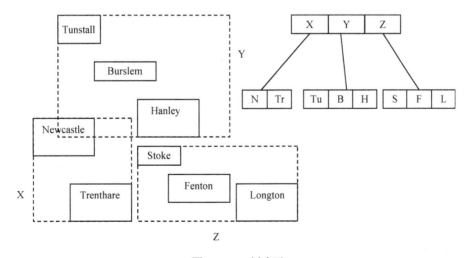

图 7-15　R 树索引

因为 R 树兄弟结点对应的空间区域可以重叠,所以 R 树可以较容易地进行插入和删除操作,但代价是可能需要对多条路径进行搜索后才能得到最后的结果,搜索效率因此而降低。为此采用 R+树进行改进。R+树中的兄弟结点对应的区域没有重叠,这样的区域划分可以使空间索引搜索速度大大提高,相应地,插入和删除操作效率会降低。

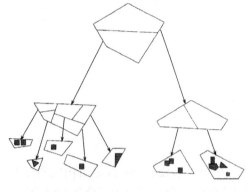

图 7-16　CELL 树索引

5. CELL 树索引

考虑到 R 树和 R+树在插入、删除和空间搜索效率这几方面难以兼顾,CELL 树应运而生。它在空间划分时不再采用矩形作为划分的基本单位,而是采用凸多边形来作为划分的基本单位,具体划分方法与 BSP 树有类似之处,子空间不再相互覆盖。CELL 树的磁盘访问次数比 R 树和 R+树少,因为磁盘访问次数是影响空间索引性能的关键指标,所以 CELL 树是比较优秀的空间索引方法(图 7-16)。

7.5　空间数据库引擎

7.5.1　空间数据库引擎的概念及作用

与文件系统相比,采用数据库系统管理数据具有结构化、开放性、独立性和统一控制(并发访问、完整性、一致性、备份与恢复)等特点。当前,绝大部分 GIS 采用成熟的商用扩展关系数据库系统来存储和管理海量数据,成为地理空间数据管理的主要方式。

如何用数据库存储非结构化的空间数据,如何执行空间查询,用户如何透明地访问空间数据等问题是 GIS 与数据库系统共同面临的问题。空间数据库引擎为地理空间数据的存储与查询提供了有效的技术途径。相关资料中对空间数据库引擎(spatial database engine,SDE)概念的表述有以下几种。

(1)从空间数据管理的角度来看,空间数据库引擎可看成是一个连续的空间数据模型,借助这一模型,可以将空间数据加入到关系数据库管理系统(RDBMS)中去。

(2)SDE 是一个使空间数据可在工业标准的数据库管理系统中存储、管理和快速查询检索的客户/服务器软件。在多用户 GIS 系统中,空间数据库引擎充当三种重要的角色:①作为 GIS 系统核心框架构件;②作为服务器向多个用户和应用程序提供服务;③作为开发工具提供 API 用于有关数据访问的开发。

(3)SDE 基于特定的空间数据模型,在特定的数据存储管理系统的基础上(典型的是数据库管理系统),提供对空间数据的存储、检索等操作,以在此基础上进行二次开发。这里的数据存储管理系统,一般可以是数据库管理系统,也可以是操作系统提供的通用文件系统,还可以是复合文档之类的任何存储系统。

(4)地理数据库引擎(geography database engine),指提供存储、查询、检索地理数据和对地理数据进行空间关系运算和空间分析的程序功能集合。地理数据库引擎处于三层 C/S 模式的应用服务器层,对于客户端应用而言,地理数据库引擎可看作提供地理数据的应用服务器设备。

(5)SDE 是 GIS 和空间数据库系统的核心,是关系数据库管理系统(RDBMS)与 GIS 或空间数据库系统中应用模块之间的中间件。

从以上表述中可以看出,SDE 是连接 GIS 与空间数据源的中间件,是 GIS 的重要组成部分。SDE 一方面可以实现海量空间数据的多用户管理、数据的高速提取和空间分析,以及同开发环境良好的集成和兼容,同应用系统无缝嵌入;另一方面屏蔽了不同数据库和不同 GIS 文件格式之间的差异,实现了多源数据无缝集成,最终为实现 GIS 的互操作提供了一种有效途径。

SDE 的作用包括:①与空间数据库联合,实现海量空间数据的管理;②提供开放的空间数据访问接口;③提供整套的空间数据模型;④快速检索和查询空间信息;⑤支持空间数据多用户并发访问;⑥支持多源数据的无缝集成管理。

7.5.2 空间数据库引擎的功能与应用模式

1. 空间数据库引擎的功能

(1)提供地理空间数据在关系数据库中的存储方案:能够在关系数据库中创建完整的地理空间数据存储结构,实现地理空间数据的存储。

(2)提供整套的地理空间数据模型:提供在数据库中表达各种地理空间数据的数据模型和为 GIS 应用提供的地理逻辑模型。

(3)提供高效的空间索引:为了有效组织和快速查询地理空间数据,需要建立高效的基于空间的索引机制。

(4)提供地理空间数据的访问接口:GIS 客户端通过空间数据库引擎提供的接口来实现对地理空间数据的读写操作。

(5)提供空间关系运算:为空间查询与分析提供基本的空间运算支持。

2. 空间数据库引擎的应用模式

空间数据库引擎的一般结构如图 7-17 所示。根据应用的需要,空间数据库引擎的应用模式包括三种:一是客户端模式(图 7-18),二是服务器端模式(图 7-19),三是应用服务器模式(图 7-20)。

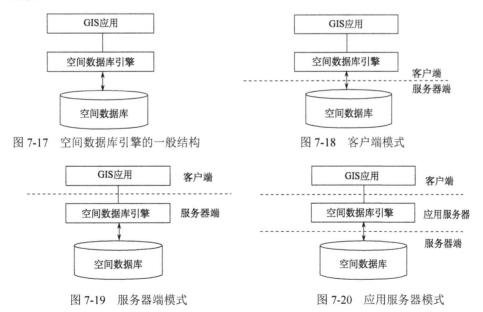

图 7-17 空间数据库引擎的一般结构 图 7-18 客户端模式

图 7-19 服务器端模式 图 7-20 应用服务器模式

客户端模式。空间数据库引擎与 GIS 应用紧密结合，每一个 GIS 应用都集成一个空间数据库引擎模块，共同组成客户端。GIS 应用通过 API 驱动空间数据库引擎来实现对服务器端数据源的访问。

服务器端模式。服务器端主要提供空间数据源，没有 GIS 相关的业务逻辑。空间数据库引擎与数据库服务器部署在一起，便于轻量级的 GIS 应用。

应用服务器模式。将 GIS 的三种逻辑分离成彼此独立的部分，引入应用服务器层，使三种逻辑分别位于客户机、应用服务器层和数据服务层。应用服务器层专注于业务处理，空间数据库引擎作为 GIS 的一个应用服务器，响应客户端的空间数据服务请求，完成空间数据服务的相应功能。

思 考 题

1. 从地理空间数据管理的角度，论述地理空间数据的特点。

2. 随着计算机软硬件的发展，地理空间数据管理技术主要经历了哪些阶段？

3. 什么是数据库系统？它与文件系统的区别是什么？

4. 建立地理空间数据库的主要目的是什么？

5. 绘图说明数据库的外部体系结构和内部体系结构。

6. 层次模型用于 GIS 地理空间数据库的局限性是什么？

7. 网状模型用于 GIS 地理空间数据库的局限性是什么？

8. 关系模型用于 GIS 地理空间数据库的局限性是什么？

9. 空间数据分层的目的是什么？

10. 什么是空间索引？为什么要建立空间索引？常见的空间索引结构有哪些？

11. 什么是空间数据库引擎？空间数据库引擎的作用有哪些？

12. 绘图说明空间数据库引擎的主要应用模式。

第8章 空间查询与空间分析

空间查询，是指给定查询条件，从空间数据库中找出符合条件的地理空间数据的一种操作。空间查询是 GIS 用户最常使用的功能，GIS 用户的大部分问题都可以用空间查询的方式解决。空间查询的效能在很大程度上决定了 GIS 的应用水平。

空间分析，是指基于空间数据的分析技术，根据空间数据中地理对象的时空信息，生成与地理对象空间位置相关的派生结果。随着信息技术的发展，出现了新的空间分析名词，如空间数据挖掘、可视(化)分析、时空分析等。

在实际应用中，通常把空间数据查询、空间量算、空间数据统计等简单的空间分析称为空间查询；把地形分析、叠置分析、缓冲区分析、网络分析、栅格分析等称为基本空间分析；把面向专业应用的复杂空间分析称为空间建模。

8.1 空间数据查询

8.1.1 空间数据查询的方式

在 GIS 中，空间数据查询(简称为空间查询)可以定义为作用在地理空间数据库库体上的函数，是用户与数据库交流的途径，返回满足条件的空间信息。

在 GIS 应用中，除了基于地理空间数据库进行直接的空间数据查询外，通常把基本空间量算(如距离、面积、体积等)、基本空间关系查询(如关联、包含、连接等)、基本空间数据统计等也认为是空间查询。另外，当一些固定的空间分析操作定型后，由于其操作方式类似于一般的查询，也往往称为空间查询，如附近加油站查询等。

空间数据查询的基本方式有四种：扩展关系数据库查询结构化查询语言(structured query language，SQL)、可视化空间查询、超文本查询、自然语言空间查询。

1. 扩展关系数据库查询语言

SQL 是关系数据库的结构化查询语言。标准 SQL 语句由关系运算组合而成，非常适合于关系表的查询与操作。通常是在开发工具中(如 PowerBuilder、Visual Basic 等)编写 SQL 语句，然后发送到数据库服务器上执行。标准的 SQL 不支持空间概念，因此，不能进行空间数据的查询。

通过对标准 SQL 的扩展可以形成空间关系查询语言，为此需要增加空间数据类型(如点、线、面等)和空间操作算子(如求长度、面积、叠加等)。在给定查询条件时也需要含有空间概念，如距离、邻近、叠加等。

例如，"查询与价值超过 60000 的地块相交的土壤图"可表示为

SELECT SOILS.MAP

FROM SOILS，PARCELS

WHERE PARCELS.VALUATION > 60000 AND OVERLAY (SOILS，PARCELS) $\neq \Phi$

通过对标准 SQL 的扩展来实现空间数据查询的主要优点是：扩展是在标准 SQL 基础上

进行，保留了 SQL 语句的风格，通用性较好，易于与关系数据库连接，便于熟悉 SQL 的用户掌握。缺点是：很难描述复杂的空间关系查询。

2. 可视化空间查询

将查询语言的元素，特别是空间关系，用直观的图形和符号表示(图8-1)。可视化查询主要使用图形、图像、图标、符号来表达概念，具有简单、直观的特点。

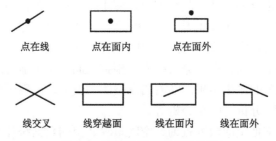

图 8-1　空间关系的符号化表达

可视化空间查询的优点是：自然直观，用不同的图符可以组成比较复杂的查询。缺点是：空间约束条件复杂时，难以完整描述；用二维图符表示空间关系易出现歧义；难以表示"非"关系；不易进行范围约束等。

3. 超文本查询

超文本查询把图形、图像、字符等皆当作文本，并设置一些"热点"(hotspot)。用鼠标点击"热点"后，可以弹出说明信息、播放声音、完成某项工作等。但超文本查询只能预先设置好，用户不能实时构建自己要求的各种查询。

4. 自然语言空间查询

在空间查询中引入自然语言可以使查询轻松自如。需要注意的是：很多地理方面的概念是模糊的，而空间数据查询语言中使用的概念往往都是精确的。为了在空间查询中使用自然语言，必须将自然语言中的模糊概念量化为确定的数据值或数据范围。

例如，自然语言为："查询高气温的城市"，直接转换为空间查询语言为

    SELECT   name
    FROM   Cities
    WHERE   temperature is high

但"temperature is high"并不能实施数据库操作。如果认为当城市气温大于或等于 33.75℃时是高气温，则需要将上述查询语言转换为下列表达后才可实施查询：

    SELECT   name
    FROM   Cities
    WHERE   temperature >= 33.75

8.1.2　空间数据查询的操作

目前，GIS 中实际使用的空间数据查询操作方法主要有：属性条件查询、空间条件查询和组合条件查询。

1. 属性条件查询

所谓属性条件查询是指给定地理实体的属性值或属性值范围，查询出符合要求的地理空

间信息。图 8-2 是某 GIS 系统中属性条件查询的界面。

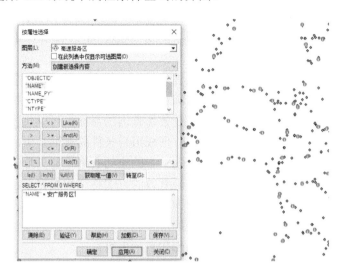

图 8-2　属性条件查询界面示例

目前大多数的 GIS 软件都将属性信息存储在关系数据库中，而发展成熟的关系数据库又为我们提供了完备的数据索引方法及信息查询手段，几乎所有的关系数据库管理系统都支持标准的 SQL 语句。利用 SQL 语句，可以在属性数据库中很方便地实现属性信息的复合条件查询，筛选出满足条件的空间实体的标识值，再到空间数据库中根据标识值检索到该空间实体。

2. 空间条件查询

空间实体间存在着多种空间关系，包括距离、方位、拓扑等。通过空间条件查询和定位地理实体是 GIS 不同于一般数据库系统的功能。空间条件查询是指给定空间实体间的相离、相交、包含、被包含、相等、交叉、相触、交叠等关系，查询出相应的地理空间数据。图 8-3是某 GIS 系统中空间条件查询的界面。

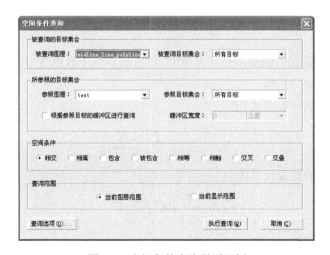

图 8-3　空间条件查询界面示例

复杂空间条件查询往往需要进行较为复杂的空间计算。例如，查询满足下列条件的城市：在京沪线的东部；距离京沪线不超过 50 千米；城市区域是长方形。整个查询计算涉及了空间方位关系（京沪线东部），空间距离关系（距离京沪线不超过 50 千米），空间形态计算（长方形）。

3. 组合条件查询

组合条件查询是指将多个空间条件和属性条件组合起来，形成较为复杂的查询条件，查

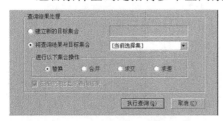

图 8-4　组合条件查询界面示例

询出满足查询条件的地理空间数据。图 8-4 是某 GIS 中组合条件查询的界面，可以将多个查询结果进行再操作，形成组合条件的查询结果。

GIS 中的空间查询不能只给出查询到的数据，应该以最有效的方式将空间数据显示给用户。例如，对于查询到的地理现象的属性数据，可以以表格或统计图表的形式显示。空间数据的最佳表示方式是地图，因而空间数据查询的结果最好以专题地图的形式表示出来。

8.2　基本空间统计分析

GIS 中的空间统计分析是指对地理空间数据库中一定范围内地理实体对应的属性数据进行统计分析，这里只介绍基本统计量的计算和常用的统计数据分类分级算法。

8.2.1　集中特征数计算

1. 频数和频率

将变量 $x_i(i=1,2,\cdots,n)$ 按大小顺序排列，并按一定的间距分组。变量在各组出现或发生的次数称为频数，一般用 f_i 表示。各组频数与总频数之比称为频率，按式(8-1)计算。

$$\begin{cases} \omega^-(i,j) = -a(i,j) \\ \Delta^-(i,j) = f(i,j) \end{cases} \tag{8-1}$$

根据大数定理，当 n 相当大时，频率可近似地表示事件的概率。

计算出各组的频率后，就可做出频率分布图。若以纵轴表示频率，横轴表示分组，就可做出频率直方图，用来表示事件发生的频率和分布状况。

2. 平均数

平均数反映了数据取值的集中位置，常以 $\bar{X}$ 表示。对于数据 $X_i(i=1,2,\cdots,n)$ 通常有简单算术平均数和加权算术平均数。

简单算术平均数的计算公式为

$$\bar{X} = \frac{1}{n}\sum_{i=1}^{n} x_i \tag{8-2}$$

加权算术平均数的计算公式为

$$\bar{X} = \sum_{i=1}^{n} P_i x_i \bigg/ \sum_{i=1}^{n} P_i \tag{8-3}$$

其中，P_i 为数据 x_i 的权值。

3. 数学期望

以概率为权值的加权平均数称为数学期望，用于反映数据分布的集中趋势。计算公式为

$$E_x = \sum_{i=1}^{n} P_i x_i \tag{8-4}$$

其中，P_i 为事件发生的概率。

4. 中数

对于数据 X，如果有一个数 x，能同时满足式(8-5)。

$$\begin{cases} P(X \geqslant x) \geqslant \dfrac{1}{2} \\ P(X \leqslant x) \geqslant \dfrac{1}{2} \end{cases} \tag{8-5}$$

则称 x 为数据 X 的中数，记为 M_e。

若 X 的总项数为奇数，则中数为

$$M_e = X_{\frac{n-1}{2}} \tag{8-6}$$

若 X 的总项数为偶数，则中数为

$$M_e = \frac{1}{2}(X_{\frac{n}{2}} + X_{\frac{n-1}{2}}) \tag{8-7}$$

5. 众数

众数是具有最大可能性出现的数值。如果数据 X 是离散的，则称 X 出现的最大可能性的值 x 为众数；如果 X 是连续的，则以 X 分布的概率密度 $P(x)$ 取最大值的 x 为 X 的众数。显然，众数可能不是唯一的。

8.2.2 离散特征数计算

在分析 GIS 的属性数据时，不仅要找出数据的集中位置，而且还要查明这些数据的离散程度，即它们相对于中心位置偏离的程度，同时，还要分析它的变化范围。对于两组数据，可能它们的平均数是一样的，但它们分布在平均数附近的疏密程度却可能不同，即它们的离散程度可能不一样。从统计规律的角度讲，离散程度较小的区域，其平均数的代表性较好；反之则较差。很明显，前述的平均数、数学期望、中数和众数是不可能反映数据的离散程度的，因此需要引入刻画离散程度差异的统计特征数，包括极差、离差、方差、标准差、变差系数等。

1. 极差

极差是一组数据中最大值与最小值之差，即

$$R = \max\{x_1, x_2, \cdots, x_n\} - \min\{x_1, x_2, \cdots, x_n\} \tag{8-8}$$

2. 离差、平均离差与离差平方和

一组数据中的各数据值与平均数之差称为离差，即

$$d = x_i - \overline{x} \tag{8-9}$$

若把离差求平方和，即得离差平方和，记为

$$d^2 = \sum_{i=1}^{n} (x_i - \overline{x})^2 \qquad\qquad (8\text{-}10)$$

若将离差取绝对值，然后求和，再取平均数，得平均离差，记为

$$m_d = \sum_{i=1}^{n} |x_i - \overline{x}| / n \qquad\qquad (8\text{-}11)$$

平均离差和离差平方和是表示各数值相对于平均数的离散程度的重要统计量。

3. 方差与标准差

方差是均方差的简称，是用离差平方和除以变量个数求得的，记为 σ^2，即

$$\sigma^2 = \sum_{i=1}^{n} (x_i - \overline{x})^2 / n \qquad\qquad (8\text{-}12)$$

标准差是方差的平方根，记为

$$\sigma = \sqrt{\sum_{i=1}^{n} (x_i - \overline{x})^2 / n} \qquad\qquad (8\text{-}13)$$

4. 变差系数

变差系数用来衡量数据在时间和空间上的相对变化的程度，它是无量纲的量，记为

$$C_v = \frac{\sigma}{\overline{X}} \times 100\% \qquad\qquad (8\text{-}14)$$

其中，σ 为标准差；$\overline{X}$ 为平均数。

8.2.3　基本分类分级方法

1. 分类的基本原则

分类是将具有共同的属性或特征的事物或现象归并在一起，把不同属性或特征的事物或现象分开的过程。分类是人类思维所固有的一种活动，是认识事物的一种方法。分类的基本原则是：①科学性，选择事物或现象最稳定的属性和特征作为分类的依据；②系统性，应形成一个分类体系，低级的类应能归并到高级的类中；③可扩性，应能容纳新增加的事物和现象，而不至于打乱已建立的分类系统；④实用性，应考虑对信息分类所依据的属性或特征的获取方式和获取能力；⑤兼容性，应与有关的标准协调一致。

2. 分类的基本方法

1）线分类法

线分类法又称层级分类法，它是将初始的分类对象按所选定的若干个属性或特征依次分成若干个层级目录，并编排成一个有层次的、逐级展开的分类体系。其中同层级类目之间存在并列关系，不同层级类目之间存在隶属关系，同层类目互不重复、互不交叉。

线分类法的优点是容量较大，层次性好，使用方便；缺点是分类结构一经确定，不易改动，当分类层次较多时，代码位数较长。

2）面分类法

面分类法是将给定的分类对象按选定的若干个属性或特征分成彼此互不依赖、互不相干的若干方面（简称面），每个面中又可分成许多彼此独立的若干个类目。使用时，可根据需要将这些面中的类目组合在一起，形成复合类目。

面分类法的优点是具有较大的弹性，一个面内类目的改变，不会影响其他面，且适应性强，易于添加和修改类目；缺点是不能充分利用容量。

3）分类算法

分类的算法有很多，可参考统计学中的相关内容。其中，系统聚类法是分类数据处理中用得最多的一种方法。其基本思想是：首先使 n 个样本各自成一类；其次规定类与类之间的距离，选择距离最小的两类合并成一个新类，计算新类与其他类的距离；再次将距离最小的两类进行合并，这样每次减少一类，直到达到所需的分类数或所有的样本都归为一类为止。

3. 分级的基本原则

分级是对事物或现象的数量或特征进行等级的划分，主要包括确定分级数和分级界线。

1）确定分级数的基本原则

（1）分级数应符合数值估计精度的要求。分级数越多，数值估计的精度就越高。

（2）分级数应顾及可视化的效果。等级的划分在 GIS 中要以图形的方式表示出来，根据人对符号等级的感受，分级数应在 4～7 级。

（3）分级数应符合数据的分布特征。对于呈明显聚群分布的数据，应以数据的聚群数作为分级数。

（4）在满足精度的前提下，应尽可能选择较少的分级数。

2）确定分级界线的基本原则

（1）保持数据的分布特征，使级内差异尽可能小，而各级代表值之间的差异应尽可能大。

（2）在任何一个等级内都必须有数据，任何数据都必须落在某一个等级内。

（3）尽可能采用有规则变化的分级界线。

（4）分级界线应当凑整。

8.2.4　分级的基本方法

在分级时大多采用数学方法，如数列分级、最优分割分级等。对于有统一的标准的分级方法，应采用标准的分级方法，如按人口数把城市分为特大城市、大城市、中等城市、小城市等。也可以定性地分级，如国家、省、市、县、镇等。

分级算法有很多，可参考统计学中的相关内容。其中，最优分割分级法是常用的一种方法。最优分割分级法是在有序样本不被破坏的前提下，使其分割的级内离差平方和为最小而级间离差平方和为极大的一种分级方法。它可以用来对有序样本或可变为有序(排序)的样本进行分级。

n 个数据按大小顺序排列后，有 $(n-1)$ 个"空隙"，如分成 k 个等级，则需 $(k-1)$ 个分级界线。对于每种分级，可按误差函数公式来计算分级误差的大小，以择其优。

按最优分割分级法计算出的分级结果在用于地图制图前，必须把分级界线的零碎值转换成凑整值。凑整时分级界线的起点和终点分别向较小和较大的数凑整。

8.3　地　形　分　析

地形分析的基本内容包括：地形参量计算，如点位、高程、距离、方位、面积、体积等的计算；地形特征计算，如坡度、坡向、地表粗糙度、曲率等的计算，山谷线和山脊线提取、地势起伏走向判断等，又称为地形因子提取；基本地形分析和综合地形分析，如剖面分析、通视分析，以及需要结合多种基本分析方法的越野通行分析、遮蔽度分析、空降地域分析等。本章重点介绍常用的地形特征计算和基本地形分析的相关内容。

8.3.1　常用地形特征计算

1. 坡度和坡向计算

坡度定义为水平面和地形表面之间的夹角，坡向为坡面法线在水平面上的投影与正北方向的夹角(图8-5)。坡度表示了地形表面在该点的倾斜程度，在数值上等于过该点坡面法线与垂直方向之间的夹角。坡向反映了地形表面所面对的方向，表征了该点高程值改变量的最大变化方向。

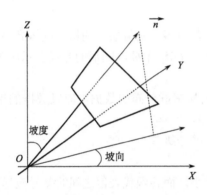

图 8-5　地表单元坡度、坡向示意图

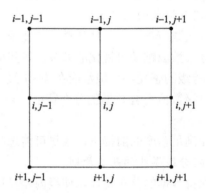

图 8-6　格网结点示意图

$$坡度 \quad slope = \arctan\left(\left[(\partial z / \partial x)^2 + (\partial z / \partial y)^2\right]^{\frac{1}{2}}\right) \tag{8-15}$$

$$坡向 \quad dir = \arctan\left((-\partial z / \partial y)/(\partial z / \partial x)\right) \tag{8-16}$$

其中，$\partial z / \partial x$、$\partial z / \partial y$ 一般采用2阶差分方法计算。

坡度和坡向的计算通常在 3×3 个 DEM 格网窗口中进行，窗口在 DEM 数据矩阵中连续移动后完成整幅图的计算工作。对图 8-6 所示的格网，有

$$\frac{\partial_z}{\partial_x} = \frac{(z_{i,j+1} - z_{i,j-1})}{2\partial x}; \quad \frac{\partial_z}{\partial_y} = \frac{(z_{i,j+1} - z_{i,j-1})}{2\partial y} \tag{8-17}$$

其中，∂_x，∂_y 为格网结点 X、Y 方向的间隔。

在计算出各地表单元的坡度后，可对不同的坡度设定不同的灰度级，或绘出等值线，即可得到坡度图，如图 8-7 所示。

在计算出每个地表单元的坡向后，可制作坡向图，通常把坡向分为东、南、西、北、东北、西北、东南、西南 8 类，再加上平地，共 9 类，用不同的色彩显示，即可得到坡向图，如图 8-8 所示。

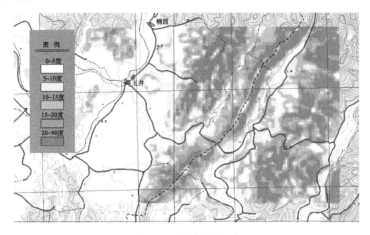

图 8-7　坡度图示例

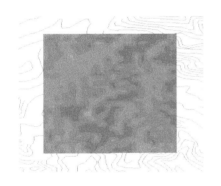

图 8-8　坡向图示例

2. 地表粗糙度计算

地表粗糙度是反映地表的起伏变化和侵蚀程度的指标，一般定义为地表单元的曲面面积与其在水平面上的投影面积之比。但根据这种定义，对光滑而倾角不同的斜面所求出的粗糙度，显然不妥当。实际应用中，以格网顶点空间对角线 L_1 的中点和 L_2 的中点之间的距离 D 来表示地表粗糙度（图 8-9），D 值越大，说明 4 个顶点的起伏变化也越大。其计算公式为

$$D = \left| \frac{z_{i+1,j+1} + z_{i,j}}{2} - \frac{z_{i,j+1} + z_{i+1,j}}{2} \right| \tag{8-18}$$
$$= \frac{1}{2} \left| z_{i+1,j+1} + z_{i,j} - z_{i,j+1} - z_{i+1,j} \right|$$

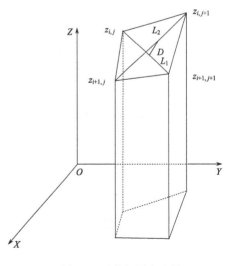

图 8-9　地表粗糙度计算

3. 地表曲率的计算

1）地面剖面曲率计算

地面的剖面曲率（profile curvature）实质是指地面坡度的变化率，可以通过计算地面坡度的坡度而求得（图 8-10）。

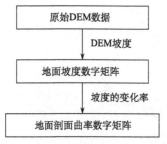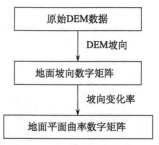

图 8-10　地面剖面曲率提取方法　　　　图 8-11　地面平面曲率提取方法

2）地面平面曲率计算

地面的平面曲率（plan curvature）是指地面坡向的变化率，可以通过计算地面坡向的坡度而求得（图 8-11）。

8.3.2　常用基本地形分析

1. 剖面分析

研究地形剖面，常常可以以线代面，研究区域的地貌形态、轮廓形状、地势变化、地质构造、斜坡特征、地表切割强度，等等。如果在地形剖面上叠加上其他地理变量，如坡度、土壤、植被、土地利用现状等，可以作为土地利用规划、工程选线和选址等的决策依据。

坡度图的绘制应在格网 DEM 或三角网 DEM 上进行。已知两点的坐标 $A(x_1, y_1)$，$B(x_2, y_2)$，则可求出两点连线与格网或三角网的交点，以及各交点之间的距离。然后按选定的垂直比例尺和水平比例尺，按距离和高程绘出剖面图，如图 8-12 所示。

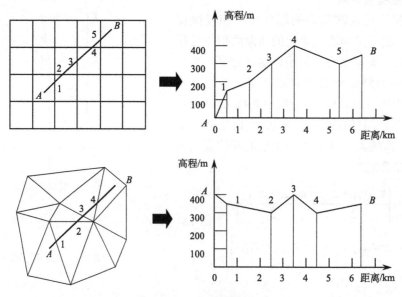

图 8-12　剖面图绘制原理

在绘制剖面图时，需进行高程的插值。起始点 A 和终止点 B 的高程，对于格网 DEM 可通过其周围的 4 个格网点进行内插，对于三角网 DEM 可通过该点所在的三角形的三个顶点进行内插。内插的方法可任选，例如，可选择距离加权法，则内插点的高程为

$$Z = \frac{\sum\limits_{i=1}^{n} Z_i / d_i^2}{\sum\limits_{i=1}^{n} 1 / d_i^2} \qquad (8\text{-}19)$$

其中，对格网 DEM，取 $n=4$；对三角网 DEM，取 $n=3$；Z_i 为数据点的高程；d_i 为数据点到内插点的距离。

在格网或三角网交点的高程通常可采用简单的线性内插算出。如图 8-13 所示，格网两点或三角形一条边上的两点为 $A(x_1, y_1, z_1)$、$B(x_2, y_2, z_2)$，交点 C 的坐标为 $C(x_0, y_0, z_0)$，则可计算出 AC 的距离 S_1，AB 的距离 S_2，则 C 点的高程 z_0 为

$$z_0 = \frac{z_2 - z_1}{S_2} \cdot S_1 \qquad (8\text{-}20)$$

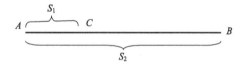

图 8-13　线性内插交点的高程

生成的剖面图如图 8-14 所示。剖面图不一定必须沿直线绘制，也可沿一条曲线绘制，但其绘制方法是相同的。

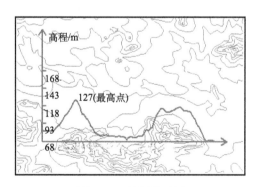

图 8-14　剖面图示例

2. 通视分析

通视分析是指以某一点为观察点，研究某一区域通视情况的地形分析。通视分析的核心是通视图的绘制。

绘制通视图的基本思路是：以 O 点为观察点，对格网 DEM 或三角网 DEM 上的每个点判断通视与否，通视赋值为 1，不通视赋值为 0，由此可形成属性值为 0 和 1 的格网或三角网。对此以 0.5 为值追踪等值线，即得到以 O 点为观察点的通视图。因此，判断格网或三角网上

的某一点是否通视成为关键。以格网 DEM 为例，如图 8-15 所示，$O(x_0, y_0, z_0)$ 为观察点，$P(x_p, y_p, z_p)$ 为某一格网点，OP 与格网的交点为 A、B、C，则可绘出 OP 的剖面图，如图 8-16 所示。

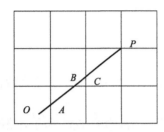

图 8-15　绘制通视图的原理

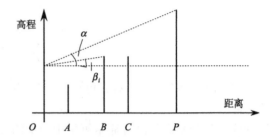

图 8-16　判断单点通视的原理

OP 的倾角 α 可由式(8-21)计算：

$$\tan\alpha = \frac{z_p - z_o}{\sqrt{(x_p - x_o)^2 + (y_p - y_o)^2}} \tag{8-21}$$

观察点与各交点的倾角 β_i（$i = A, B, C$）可由式(8-22)计算：

$$\tan\beta_i = \frac{z_i - z_o}{\sqrt{(x_i - x_o)^2 + (y_i - y_o)^2}} \tag{8-22}$$

若 $\tan\alpha > \max(\tan\beta_i, i = A, B, C)$，则 OP 通视，否则不通视。

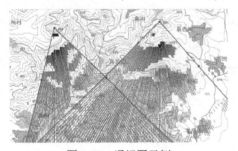

图 8-17　通视图示例

三角网 DEM(TIN)中各离散点的通视判断与上述方法类似，也需要通过剖面图来判断。

另一种利用 DEM 绘制通视图的方法是，以观察点 O 为轴，以一定的方位角间隔算出 0°～360° 的所有方位线上的通视情况。对于每条方位线，通视的地方绘线，不通视的地方断开，或相反。这样可得出射线状的通视图(图 8-17)，其判断通视与否的方法与前述类似。

8.4　叠　置　分　析

叠置分析是将同一地区的两组或两组以上的要素进行叠置，产生新的特征的分析方法，如图 8-18 所示。叠置的直观概念就是将两幅或多幅地图重叠在一起，产生新多边形和新多边形范围内的属性。

8.4.1　点与多边形的叠置

点与多边形的叠置是确定一幅图(或数据层)上的点落在另一幅图(或数据层)的哪个多边形中，这样就可给相应的点增加新的属性内容。点与多边形叠置的算法就是判断点是否在多边形内，可用垂线法或转角法实现。

在完成点与多边形的几何关系计算后，还要进行属性信息处理。最简单的方式是将多边形属性信息叠加到其中的点上。当然也可以将点的属性叠加到多边形上，用于标识该多边形。如果有多个点分布在一个多边形内的情形时，则要采用一些特殊规则，如将点的数目或各点属性的总和等信息叠加到多边形上。

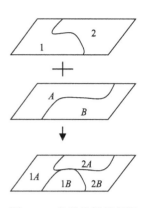

通过点与多边形叠加，可以计算出每个多边形类型里有多少个点，不但要区分点是否在多边形内，还要描述在多边形内部的点的属性信息。通常不直接产生新数据层面，只是把属性信息叠加到原图层中，然后通过属性查询间接获得点与多边形叠加的需要信息。

例如，一个中国政区图(多边形)和一个全国矿产分布图(点)，二者经叠加分析后，将政区图多边形有关的属性信息加到矿产的属性数据表中，然后通过属性查询，可以查询指定省有多少种矿产，产量有多少，而且可以查询指定类型的矿产在哪些省里有分布等信息。

图 8-18　叠置分析示意图

8.4.2　线与多边形的叠置

线与多边形的叠置是把一幅图(或一个数据层)中的多边形的特征加到另一幅图(或另一个数据层)的线上。例如，道路图与境界图叠置，可得到每个政区中各种等级道路的里程。

线与多边形叠置的算法就是线的多边形裁剪。算法的具体实现可参考有关计算机图形学的书籍。

根据线与多边形的叠加结果可以确定每条弧段落在哪个多边形内，可以查询指定多边形内指定线穿过的长度。如果线状图层为河流，叠加的结果是多边形将穿过它的所有河流打断成弧段，可以查询任意多边形内的河流长度，进而计算河流密度等；如果线状图层为道路网，叠加的结果可以得到每个多边形内的道路网密度，内部的交通流量，进入、离开各个多边形的交通量，相邻多边形之间的相互交通量等。

8.4.3　多边形与多边形的叠置

多边形与多边形的叠置是指不同图幅或不同图层多边形要素之间的叠置，使新多边形具有多重属性。属性合并的方法可以是简单的加、减、乘、除，也可以取平均值、最大最小值，或取逻辑运算的结果等。例如，土壤类型图与城市功能分区图叠置，可得出商业区中具有不稳定土壤结构的地区有哪些。

多边形与多边形叠置算法的核心是多边形对多边形的裁剪。多边形裁剪比较复杂，因为多边形裁剪后仍然是多边形，而且可能是多个多边形。多边形裁剪的基本思想是一条边一条边地裁剪。

多边形与多边形的叠置通常分为合成叠置和统计叠置。合成叠置的目的，是通过区域多重属性的模拟，寻找和确定同时具有几种地理属性的分布区域，或者按照确定的地理指标，对叠置后产生的具有不同属性的多边形进行重新分类或分级，因此叠置的结果为新的多边形数据文件。统计叠置的目的，是准确地计算一种要素(如土地利用)在另一种要素(如行政区域)的某个区域多边形范围内的分布状况和数量特征(包括拥有的类型数、各类型的面积及所占总面积的百分比等)，或提取某个区域范围内某种专题内容的数据。

进行多边形叠置的往往是不同类型的地图，甚至是不同比例尺的地图，因此，同一条边界的数据往往不同，这时在叠置时就会产生一系列无意义的多边形，如图 8-19 所示。边界位置越精确，越容易产生无意义多边形。手工方法叠置时可用制图综合来处理无意义的多边形，而计算机处理时则比较复杂，常用如下三种方法：①在屏幕上显示多边形叠加的情况，人机交互地把小多边形合并到大多边形中；②确定无意义多边形的面积临界值，把小于临界值的多边形合并到相邻的大多边形中；③先拟合出一条新的边界线，然后再进行叠置操作。

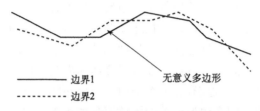

　　　　　　　——— 边界1
　　　　　　　------- 边界2

图 8-19　叠置产生的无意义多边形

无论采用哪种方法来处理无意义多边形，都会产生误差。

8.5　缓冲区分析

8.5.1　缓冲区及其作用

缓冲区是地理实体的一种影响范围或服务范围，即在点、线、面实体的周围，自动建立起一定宽度的多边形。图 8-20 为点、线、面缓冲区示例。

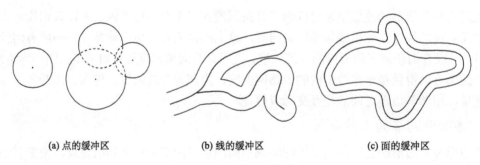

(a) 点的缓冲区　　　　　　　(b) 线的缓冲区　　　　　　　(c) 面的缓冲区

图 8-20　点、线、面的缓冲区

从数学的角度看，缓冲区分析的基本思想是给定一个空间对象或集合，确定它们的邻域，邻域的大小由邻域半径 R 决定。因此对象 O_i 的缓冲区定义为

$$B_i = \{x : d(x, O_i) \leqslant R\} \tag{8-23}$$

即对象 O_i 的半径为 R 的缓冲区为距 O_i 的距离 d 小于 R 的全部点的集合。d 一般是最小欧氏距离，但也可是其他定义的距离。对于对象集合

$$O = \{O_i : i = 1, 2, \cdots, n\} \tag{8-24}$$

其半径为 R 的缓冲区是各个对象缓冲区的并，即

$$B = \bigcup_{i=1}^{n} B_i \tag{8-25}$$

另外还有一些特殊形态的缓冲区，如点对象有三角形、矩形和圈形等，对于线对象有双侧对称、双侧不对称或单侧缓冲区，对于面对象有内侧和外侧缓冲区。这些适合不同应用要

求的缓冲区，尽管形态特殊，但基本原理是一致的。

缓冲区分析是 GIS 的基本空间操作功能之一。例如，某地区有危险品仓库，要分析一旦仓库爆炸所涉及的范围，这就需要进行点缓冲区分析；如果要分析因道路拓宽而需拆除的建筑物和需搬迁的居民，则需要进行线缓冲区分析(图 8-21)；在对野生动物栖息地的评价中，动物的活动区域往往是在距它们生存所需的水源或栖息地一定距离的范围内，可用面缓冲区进行分析，等等。

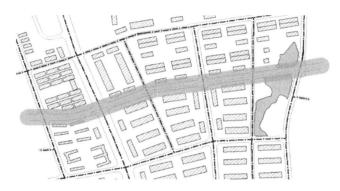

图 8-21　道路缓冲区示例

8.5.2　缓冲区的建立

点的缓冲区建立时，只需要给定半径绘圆即可。面的缓冲区只朝一个方向，而线的缓冲区需在线的左右配置。下面简介线的缓冲区的建立思路。

在建立线缓冲区时，通常首先要对线进行化简，以加快缓冲区建立的速度，这种对线的化简称为线的重采样。建立线缓冲区就是生成缓冲区多边形，只需在线的两边按一定的距离(缓冲距)绘平行线，并在线的端点处绘半圆，就可连成缓冲区多边形。

对一条线所建的缓冲区有可能重叠，如图 8-22 所示。这时需把重叠的部分去除。基本思路是，对缓冲区边界求交，并判断每个交点是出点还是入点，以决定交点之间的线段保留或删除，这样就可得到岛状的缓冲区。

 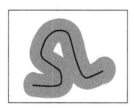 

(a) 输入数据　　　　　　　(b) 缓冲区操作　　　　　　　(c) 重叠处理后的缓冲区

图 8-22　一条线缓冲区重叠的处理

在对多条线建立缓冲区时，可能会出现缓冲区之间的重叠，这时需要把缓冲区内部的线段删除，以合并成连通的缓冲区(图 8-23)。

(a) 输入数据   (b) 缓冲区操作   (c) 重叠处理后的缓冲区

图 8-23 多条线缓冲区重叠的处理

8.6 栅格分析

栅格数据由于其自身数据结构的特点，在数据处理与分析中通常使用线性代数的二维数字矩阵分析法作为数据分析的数学基础。一般来说，栅格数据的分析方法可以概括为聚类聚合分析、复合叠置分析、追踪分析和邻域分析等基本分析类型。

8.6.1 聚类聚合分析

栅格数据的聚类聚合分析均是指将一个单一层面的栅格数据系统经某种变换而得到一个具有新含义的栅格数据系统的数据处理过程，也有人将这种分析方法称为栅格数据的单层面派生处理法。

1. 聚类分析

栅格数据的聚类是根据设定的聚类条件，对原有数据系统进行有选择的信息提取而建立新的栅格数据系统的方法。

图 8-24(a)为一个栅格数据系统样图，1、2、3、4 为其中的四种类型要素，图 8-24(b)为提取其中要素"2"的聚类结果。

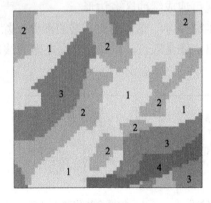
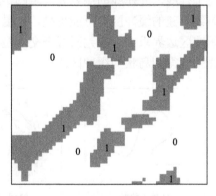

(a) 栅格数据系统样图   (b) 提取要素"2"的聚类结果

图 8-24 聚类分析示意图

2. 聚合分析

栅格数据的聚合分析是指根据空间分辨率和分类表，进行数据类型的合并或转换以实现空间地域的兼并。

空间聚合的结果往往将较复杂的类别转换为较简单的类别，并且常以较小比例尺的图形输出。从地点、地区到大区域的制图综合变换常需要使用这种分析处理方法。对于图 8-24(a)，如给定聚合的标准为 1、2 类合并为 b，3、4 类合并为 a，则聚合后形成的栅格数据系统如图 8-25(a)所示；如给定聚合的标准为 2、3 类合并为 c，1、4 类合并为 d，则聚合后形成的栅格数据系统如图 8-25(b)所示。

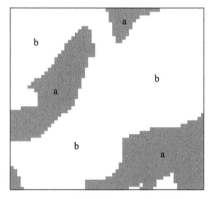 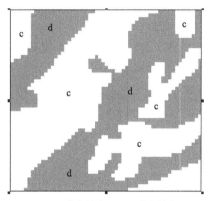

(a) 1、2类合并为b，3、4类合并为a   (b) 2、3类合并为c，1、4类合并为d

图 8-25　栅格数据的聚合

　　栅格数据的聚类聚合分析处理方法在数字地形模型及遥感图像处理中的应用是十分普遍的。例如，由数字高程模型转换为数字高程分级模型便是空间数据的聚合，而从遥感数字图像信息中提取某一地物的方法则是栅格数据的聚类。

8.6.2 复合叠置分析

　　能够极为便利地进行同地区多层面空间信息的自动复合叠置分析，是栅格数据一个最为突出的优点。因此，栅格数据常被用来进行区域适应性评价、资源开发利用、规划等多因素分析研究工作。在数字遥感图像处理工作中，利用该方法可以实现不同波段遥感信息的自动合成处理，还可以利用不同时间的数据信息进行某类现象动态变化的分析和预测。基于栅格数据的复合叠置模型包括两类，即简单的视觉信息叠置和较为复杂的叠加分类模型。

1. 视觉信息叠置

　　视觉信息叠置分析是一种直观的叠置分析方法。它将不同图层的信息内容叠加显示在屏幕或结果图件上，从而产生多层复合信息，以便系统使用者判断不同图层信息的相互空间关系，获得更为丰富的信息。

　　GIS 中视觉信息的叠置分析通常包括以下几类：①栅格电子地图与遥感影像的叠置；②遥感影像与专题地图的叠置；③栅格电子地图与专题地图的叠置；④栅格地图与数字高程模型叠置显示三维立体地图；⑤专题地图与数字高程模型叠置显示立体专题图；⑥遥感影像与数字高程模型叠置生成真三维地物景观；⑦遥感影像与提取的影像特征(如道路)的叠置。

　　视觉信息的叠置分析需要进行数据间的运算，不产生新的数据层，只是将多层信息叠置，以利于直观上的观察与分析。

2. 叠加分类模型

　　叠加分类则是对根据参与复合的数据层的空间和属性关系重新划分空间区域，对每个叠加后产生的新的空间区域的属性值也进行复合处理，使每个空间区域内各空间点的属性组合保持一致。叠加结果生成新的数据层，该层的图形数据记录了重新划分的区域，而属性数据则包含了原来的几个参加复合的数据层属性数据中的所有数据项。

叠加分类模型多用于多要素综合分类，如最小地理景观单元划分，并可结合综合评价进一步确定各景观单元的等级序列。

按复合运算方法通常有逻辑判断复合法和数学运算复合法。

1）逻辑判断复合法

设有 A、B、C 三个层面的栅格数据系统，图 8-26 表示了布尔逻辑算子及运算结果的关系。

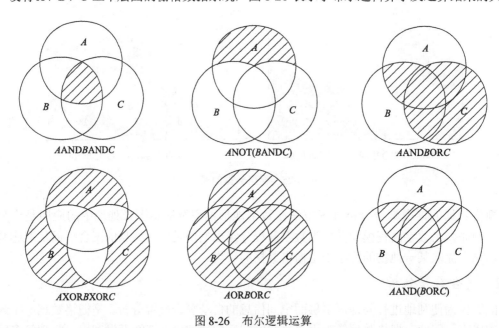

图 8-26　布尔逻辑运算

2）数学运算复合法

数学运算复合法是指不同层的栅格数据逐网格地按一定的数学法则进行运算，从而得到新的栅格数据的方法。

（1）算术运算，指两层以上的对应网格值经加、减运算，而得到新的栅格数据的方法。这种复合分析法具有很大的应用范围，图 8-27 给出了该方法在栅格数据编辑中的应用例证。

（2）函数运算，指两个以上层面的栅格数据以某种函数关系作为复合的依据逐网格地运算，从而得到新的栅格数据的过程。

这种复合叠置分析方法被广泛地应用到地学综合分析、环境质量评价、遥感数字图像处理等领域中。例如，利用土壤侵蚀通用方程式计算土壤侵蚀量时，就可利用多层栅格数据的函数运算复合分析法进行自动处理。一个地区土壤侵蚀量的大小是降雨（R）、植被覆盖度（C）、坡度（S）、坡长（L）、土壤抗蚀性（SR）等因素的函数，如图 8-28 所示。该函数可记为

$$E = F(R, C, S, L, SR, \cdots) \tag{8-26}$$

这种分析方法在地学综合分析中具有十分广泛的应用前景。只要得到对于某项事物关系及发展变化的函数关系式，便可运用以上方法完成各种人工难以完成的极其复杂的分析运算，这也是目前信息自动复合叠置分析法受到广泛应用的原因。

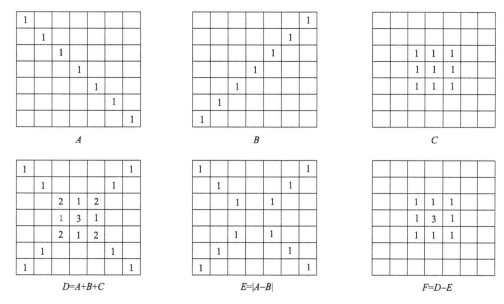

图 8-27　栅格数据的算术运算

值得注意的是，信息的复合法只是处理地学信息的一种手段，其中各层信息关系模式的建立对分析工作的完成及分析质量的优劣具有决定性作用。这往往需要经过大量的试验，而自动复合分析法的出现为获得这种关系模式创造了有利条件。

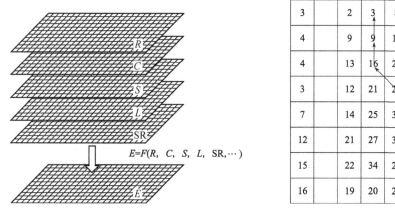

图 8-28　土壤侵蚀多因子函数运算复合分析示意图　　图 8-29　由追踪法提取地面水流路径

8.6.3　追踪分析

所谓栅格数据的追踪分析是指，对于特定的栅格数据系统，由某一个或多个起点，按照一定的线索进行目标追踪，并提取目标或者追踪轨迹信息的空间分析方法。

如图 8-29 所示例，栅格所记录的是地面点的海拔高程值，根据地面水流必然向最大坡度方向流动的基本追踪线索，可以得出在以上两个点位地面水流的基本轨迹。此外，追踪分析法在扫描图件的矢量化、利用数字高程模型自动提取等高线、污染源追踪分析等方面都发挥着十分重要的作用。

8.6.4　邻域分析

邻域分析也称窗口分析，是指对于栅格数据中的一个、多个栅格点或全部数据，开辟一个有固定分析半径的邻域(也称分析窗口)，并在该邻域内进行如极值、均值等一系列统计计算，或与其他层面的信息进行必要的复合分析，从而实现栅格数据有效的水平方向扩展分析。

地学信息除了在不同层面的因素之间存在着一定的制约关系外，还表现在空间上存在着一定的关联性。对于栅格数据所描述的某项地学要素，每个栅格往往会影响其周围栅格的属性特征。准确而有效地反映这种事物空间上联系的特点，也必然是计算机地学分析的重要任务。

1. 邻域的类型

按照邻域的形状，可以将邻域划分为以下类型(图8-30)：①矩形邻域，以目标栅格为中心，分别向周围八个方向扩展一层或多层栅格，形成的矩形分析区域；②圆形邻域，以目标栅格为圆心，以指定半径延伸扩展构成圆形分析区域；③环形邻域，以目标栅格为中心，由一个小圆和一个大圆之间的环形区域组成；④扇形邻域，以目标栅格为圆心的圆的一部分。

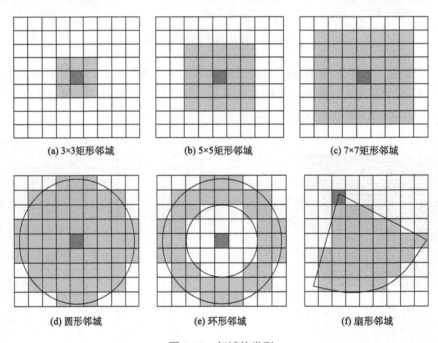

(a) 3×3矩形邻域　　　　(b) 5×5矩形邻域　　　　(c) 7×7矩形邻域

(d) 圆形邻域　　　　(e) 环形邻域　　　　(f) 扇形邻域

图8-30　邻域的类型

2. 邻域运算

邻域运算一般用邻域内的单元值与中心点的单元值作计算或仅用邻域内的单元值作计算，然后把计算的结果值赋给中心单元。邻域运算的输出结果可显示出概要统计量，包括平均值(mean)、最大值(maximum)、最小值(minimum)、中值(median)、总和(sum)、值域(range)、多数(majority)、少数(minority)和种类(variety)。

为了完成一个栅格数据的邻域运算，中心点单元是从一个单元移动到另一个单元，直到所有单元都被访问。

8.7 网 络 分 析

对地理网络(如交通网络)、城市基础设施网络(如各种网线、电力线、电话线、供排水管线等)进行地理分析和模型化,是 GIS 网络分析的主要功能。

网络分析是运筹学模型中的一个基本模型,目的是研究、筹划一项网络工程如何安排,使其运行效果最好,如一定资源的最佳分配,从一地到另一地的运输费用最低等,在 GIS 中具有重要意义。

8.7.1 网络数据结构

网络数据结构多种多样,根据应用需要,有的复杂,有的简单。网络数据结构的基本组成部分包括:①链(link),网络中具备连通性的线,如街道、河流、水管等,其状态属性包括阻力和需求等。②障碍(barrier),网络中对连通起阻断作用的点。③拐角点(turn),网络中链与链的连接点,具备对连通有影响的状态属性,如拐弯的时间和限制(如不允许左拐)。④中心(center),汇聚或分配资源的位置,如水库、商业中心、电站等,其状态属性包括资源容量(如总的资源量),阻力限额(如中心到链之间的最大距离或时间限制)等。⑤站点(stop),在路径选择中资源发生增减的点,如库房、汽车站等。

除了基本的组成部分外,有时还需要增加一些特殊结构,如用邻接点链表来辅助进行路径分析。

8.7.2 网络分析功能

1. 路径分析

网络分析中最典型、最常用的是最短路径分析,即获得两点间的最短路径。路径中两点之间的距离可以定义为实际距离,也可定义为时间、运费、流量等。基本的路径分析方法包括以下内容:①静态最佳路径分析,由用户确定权值关系,即给定每条弧段的属性,当需求最佳路径时,读出路径的相关属性,求最佳路径。②N 条最佳路径分析,确定起点或终点,求代价最小的 N 条路径;在实践中最佳路径的选择只是理想情况,由于种种因素只能选择近似最优路径。③最短路径或最低耗费路径分析,确定起点、终点和要经过的中间点、中间连线,求最短路径或最小耗费路径。④动态最佳路径分析,实际网络中权值是随权值关系式变化的,可能还会临时出现一些障碍点,需要动态地计算最佳路径。⑤动态分段技术,给定一条路径由多段组成,要求标注出这条路上的公里点或要求定位某一公路上的某一点,标注出某条路上从某一公里数到另一公里数的路段。

2. 资源分配

资源分配网络模型由中心点(分配中心或收集中心)及其状态属性和网络组成。分配有两种形式,一种是由分配中心向四周分配,另一种是由四周向收集中心分配。这种分配功能可以解决资源的有效流动和合理分配,其在地理网络中的应用与区位论中的中心地理论类似。

1)负荷设计

负荷设计可用于估计排水系统在暴雨期间是否溢流,输电系统是否超载等。

2)时间和距离估算

时间和距离估算除用于交通时间和交通距离分析外,还可模拟水、电等资源或能量在网络上的距离损耗。

　　资源分配模型可用来计算中心地的等时区、等交通距离区、等费用距离区等。可用来进行城镇中心、商业中心或港口等地的吸引范围分析，以寻找区域中最近的商业中心，进行各种区划和港口腹地的模拟等。

　　网络分析的具体门类、对象、要求变化非常多，一般的 GIS 软件往往只能提供一些常用的分析方法或提供描述网络的数据模型和存储信息的数据库。其中最常用的方法是线性阻抗法，即资源在网络上的运输与所受的阻力和距离（或时间）成线性正比关系，在这基础上选择路径，估计负荷，分配资源，计算时间和距离等。对于特殊的、精度要求极高的、非线性阻抗的网络，则需要特殊的分析算法。

8.8　时空大数据分析

8.8.1　时空大数据概述

1. 时空大数据的概念

　　时空大数据（spatio-temporal big data）是伴随着大数据（big data）的出现而出现的一个新名词。关于时空大数据的概念和含义，目前还没有统一的解释。王家耀院士认为：时空大数据是指基于统一时空基准（时间参照系和空间参照系）、活动（运动变化）在时间和空间中与位置直接（定位）或间接（空间分布）相关联的大规模海量数据集。从这个意义上讲，大数据本就是时空大数据，它是包括人类活动在内的现实地理世界空间结构和空间关系各要素（现象）的数量、质量特征及其在时空中变化的数据集的"总和"，都具有空间、时间、属性、多源（元）异构、多维动态等特征，当然也离不开空间参照与时间参照。

　　随着人类社会进入大数据时代，纷繁复杂的海量数据融合与分析越来越需要时间和空间数据的支持。因此，时空大数据的提出并非跟风而来，而是有其深刻的哲学基础、社会（需求）基础、技术基础和社会发展的文化基础。

　　从哲学的角度讲，德国哲学家康德认为：时间和空间是人类的"先验认知"。"先验"就是先于经验的，即还没有任何知识的时候，时空就已经存在在每个人的意识当中，人对所有事物的认知要放在时间和空间的框架中，时空即成了所有知识的共同基础，正因为如此，人类才能清晰地认知事物之间关系。空间与时间一起构成运动着的物质存在的两种基本形式。空间指物质存在的广延性；时间指物质运动过程的持续性和顺序性。空间和时间具有客观性，同运动着的物质不可分割。没有脱离物质运动的空间和时间，也没有不在空间和时间中运动的物质。任何大数据都是包括人类活动在内的自然和社会现象运动变化的产物，空间参照和时间参照是包括人类活动在内的自然和社会现象的两个基本参照系，相互联系、不可分割。

　　从社会需求的角度讲，当今人类社会的一个重要特点是社会治理对时间和空间的依赖程度越来越高，时空大数据正日益成为社会治理体系和治理能力现代化的核心驱动力。除了客观的自然环境外，社会现象、经济现象、人类活动中所呈现的时空特征成为了解情况、制定政策的主要依据。并且，随着人类文明的不断进步，社会发展正在向追求人与自然和谐发展的方向努力。以时间和空间为维度的物理世界度量与以人的心理感受为主要维度的心理世界度量相互结合，成为考量自然和社会现象合理性的新理论和技术。这也为时空大数据理论与技术的产生提出了迫切的现实需求。

　　从技术的角度讲，随着智能感知、物联网、云计算等新技术的发展，各个领域都开始了"量化"（数字化）的进程，这就导致了大规模海量数据集的产生，而只有这种数据集具有空间参照和时间参照时，才有可能为各类数据赋以统一的空间位置、空间分布、属性特征和时间标识，也只有基于统一的时空框架才能将多源、多维、异构信息以可视化的形式形象直观地进行呈现，为人们理解和认知大数据提供手段。

从文化的角度讲，数据文化的传播普及推动了时空大数据的发展。数据最早源于"测量"，没有"测量"就没有数据，因此可以说，没有数据也就没有科学。整个数据活动过程(获取、处理、应用)必然孕育着一种科学，这就是数据科学，也必然伴生一种文化，这就是数据文化。数据文化属于科学文化，本质上是数据活动过程中形成的一套价值体系、行为准则和社会规范，蕴含着数据科学思想、科学精神、科学方法、科学伦理、科学规范、价值观念和思维方式，是人们自觉或不自觉遵循的世界观和方法论。数据文化在以美国为代表的西方国家有深厚的基础，"就算是上帝也要凭数据说话"是从政府到普通民众的共识。我国的数据文化已经逐步兴起，"一切靠数据说话，一切凭数据决策"已经成为政府科学决策的基本原则。数据文化是数据科学的灵魂和根脉，是推动数据科学和时空大数据不断发展的更基本、更深沉、更持久的力量。

2. 时空大数据的特征

作为大数据中的一类，时空大数据也具有大数据的"5V"特征。

(1)数据量大(volume)。指数据的采集、存储、计算都达到相当大的量级。最早提出大数据时代的全球知名咨询公司——麦肯锡全球研究所定义大数据是"大大超出了传统数据库软件工具能力范围的数据集合"。大数据的起始计量单位至少是 PB 级，甚至可达 EB 或 ZB 级。

(2)多样化(variety)。指大数据的来源复杂，种类繁多。从结构上包括结构化、半结构化和非结构化数据，具体表现为网络日志、音频、视频、图片、地理位置信息等。大数据处理和分析的重点主要是半结构化数据和非结构化数据，这也是与传统数据管理的区别之一。

(3)价值密度低(value)。指大数据中虽然蕴含着丰富的信息和知识，但是被隐藏在海量、杂乱的数据集中，很难被发现和挖掘。因此，需要研究针对海量数据的大数据分析与挖掘方法。

(4)速度快(velocity)。指大数据的采集、传输、处理都需要在很短的时间内完成，时效性要求高，特别是随着互联网的普及和物联网的应用，数据采集的速度已经可以达到实时或准实时级。云计算等技术的发展使得存储和计算能力得到了极大提升，为大数据提供了支撑。

(5)真实性(veracity)。指大数据的准确性和可信赖度。大数据中的内容是与真实世界中发生的事件息息相关的，研究大数据需要从庞大的网络数据中提取出能够解释和预测现实事件的过程，并将其作用到真实世界中进行验证。在这一过程中，时间和空间数据具有广泛并且十分重要的应用。

除此之外，时空大数据作为一种特殊的大数据类型，还具位置特征、时间特征、属性特征、尺度(分辨率)特征、多源异构特征、多维动态特征等。

(1)位置特征。时空大数据具有明确的空间位置，无论采用点、线、面、体或是其他任何形式描述地理空间现象和地理空间实体，都具有可定位的准确空间位置，并可以根据位置计算不同实体之间的空间关系。

(2)时间特征。地理空间实体的位置、属性等随时间变化而变化。大数据时代，这种变化能够更容易为人所察觉、记录并处理。传统时态地理信息系统(temporal geographic information system，TGIS)技术面临的数据源缺乏问题在大数据时代将得到解决。

(3)属性特征。在同一时间、同一地点将会有不同的现象发生，即便是针对同一地理对象也是如此。与基础地理空间数据相比，时空大数据的属性特征更加复杂，不但包括记录客观地理空间"是什么"的属性，还包括记录在这一空间中"有什么""发生了什么"等属性数据，呈现出更加"多维"的特征。

(4)尺度(分辨率)特征。时空大数据的精确程度和可用性与尺度或分辨率相关。时空大数据的尺度含义包括了数据采集的精度和数据分析的尺度。特别是在时空大数据分析过程中，由于地理现象的可塑面积单元问题(modifiable areal unit problem，MAUP)，分析的结果会因为分析过程中采用的数据尺度(基本面积单元)的不同而变化。

(5)多源异构特征。时空大数据的来源是复杂的，既包括基础地理空间数据，也包括具有地理位置的图片、视频及网页、微博等社交媒体数据等地理标签(geo-tag)数据。数据类型也大不相同，既包括具有严格格式规范要求的关系型数据，也有半结构化和流式数据等非结构化数据。不同来源数据的时空基准和语义差异很大，给数据的集成、融合与同化带来很大难度。

(6)多维动态特征。时空大数据记录和描述地理空间对象和现象的维度是不相同的，多维度的描述有助于人们更好地了解事物和现象的本质。特别是由于动态数据采集能力的提升，针对同一地理对象或地点的数据越来越多，维度越来越高，处理和可视化的难度也越来越大。

3. 时空大数据的构成

时空大数据来源丰富，构成复杂。按照数据的时间特性，时空大数据可以分为时空框架数据和时空变化数据，如表 8-1 所示。

表 8-1 时空大数据的主要构成

时空框架数据主要类型	时空变化数据主要类型
时空基准数据	视频观测数据
全球导航卫星系统及连续运行参考站数据	搜索引擎数据
空间大地测量和物理大地测量数据	位置轨迹数据
海洋测绘和海图数据	社交网络数据
航空摄影测量与遥感数据	变化检测数据
地图数据	人文地理数据
地名数据	水文监测数据
其他星球地形数据	其他各类时空位置相关实时观测数据
……	……

需要指出的是，时空大数据及大数据都还处在快速发展过程中，人们对于其特征的认识、理解和归纳还在逐渐深化，数据类型也正在不断丰富，不仅仅局限于表 8-1 中所列内容。时空大数据的特征融合了大数据和时空数据的共同特征，数据构成也从传统的测绘地理信息数据得到了极大的拓展。正确的认识有助于理解时空大数据在整个大数据中的作用，明确时空大数据分析与挖掘的主要目标，通过时空分析方法揭示大数据的时间变化趋势和空间分布规律。

8.8.2 常用时空大数据分析方法

时空大数据分析融合了大数据分析、空间分析及时间地理学分析的理论和技术，以时空位置在事件中的作用为主要依据，描述事件发生、演变的时间、地点和主要过程，并在此基础上分析事件变化的原因，挖掘背后隐藏的规律和知识。

在时空大数据分析中，常规的空间统计分析方法，如数据的求和、最大值、最小值、平均值、中值、标准差、方差、频率等，仍然是描述时空大数据集中程度、离散程度等时空分布特征的指标；传统的地形分析、网络分析、地统计分析等方法，也依然是时空大数据分析的主要技术手段；大数据分析中一些经典的理论和分析方法，如特征分析、关联分析、聚类分析、分类分析等，也可以用于时空大数据分析。本章主要介绍时空关联分析、时空聚类分析和时空分类分析的基本方法。

1. 时空关联分析

关联分析用于描述多个变量之间的关联性或相关性，从而描述一个事件与另一个事件中某些属性同时出现的规律和模式。典型的如购物篮分析，即通过发现顾客放入其购物篮中不同商品之间的联系，了解哪些商品会频繁地被顾客同时购买，以帮助销售商制定营销策略。时空关联分析的主要方法包括三种类型：回归分析、关联规则分析、相关分析。

1) 回归分析

回归分析(regression analysis)是在众多相关变量中，根据需求考察一个或多个变量(因变量)与其他变量(自变量)的依赖关系的分析方法。回归分析按照涉及变量的多少，分为一元回归和多元回归分析；按照因变量的多少，可分为简单回归分析和多重回归分析；按照自变量和因变量之间的关系类型，可分为线性回归分析和非线性回归分析。在时空大数据分析中，回归分析主要用来做预测性分析，特别是具备时间序列特征的预测分析，例如，根据历史交通流量预测不同时段的交通拥堵地点和程度。

回归分析常用的方法包括线性回归、逻辑回归和多项式回归等，算法相对成熟，在地统计分析中已有广泛的应用。

2) 关联规则分析

关联规则分析又称为关联规则挖掘，是在海量数据中查找不同数据项同时出现的频繁模式、关联、相关性或者因果性，并以规则的形式表达出来。分为简单关联、时序关联和因果关联。关联规则分析定义如下：给定一个项集合 $I = \{I_1, I_2, \cdots, I_n,\}$ 和一个事件数据库 D，其中每一个事件 t 是 I 的非空子集。关联规则是形如 $X \rightarrow Y$ 的蕴含式，其中，X 和 Y 是 I 的子集，分别称为关联规则的前驱和后继。

关联规则的有效性通常用支持度和置信度来衡量，$X \rightarrow Y$ 在 D 中的支持度是指 D 中事件同时包含 X 和 Y 的百分比，即 $S(X \rightarrow Y) = P(X \bigcup Y)$；置信度是指 D 中事件在已经包含 X 的情况下，包含 Y 的百分比，即 $C(X \rightarrow Y) = P(X|Y)$。

如果最小置信度和最小支持度达到了设定的阈值，则认为这个关联规则是有用的。如果某个项集的支持度大于或等于设定的最小支持度阈值，则称这个项集为"频繁项集"，所有"频繁 k–项集"组成的集合通常记作 L_k。关联规则分析的算法主要是通过寻找满足条件的"频繁项集"产生需要的规则。常用的算法包括 Apriori 算法、FPgrowth 算法等。

3) 相关分析

相关分析又称相关性分析，是研究两组或两组以上变量之间相关程度的一种多元统计分析方法。如研究人口分布与交通客流之间的相关性，城市夜间灯光强度与经济活力之间的相关性，老年人的日常活动范围与健康程度之间的相关性等。相关分析与回归分析有所区别，回归分析是研究一个变量(因变量)对另一个变量(自变量)的依赖性，而相关分析则是研究两个变量之间联系的强度，一般不区分因变量和自变量。

根据相关分析的方法，可以分为简单相关分析、偏相关分析和距离相关分析。偏相关分析是指排除某个或者某些变量后计算两个变量之间的相关关系方法；距离相关分析则是指通过两个变量之间的距离来评估其相似性。

根据相关分析中影响因素的多少，可以分为单相关分析和复相关分析。单相关分析是指研究一个变量与其他变量之间的相关性，复相关分析则是研究多个变量组之间的相关性。

根据相关性的形式，可以分为线性相关和非线性相关(图 8-31)。如果两个变量之间存在一次方函数关系，就称为两者之间线性相关。线性相关也是相关性分析中最常见的类型。

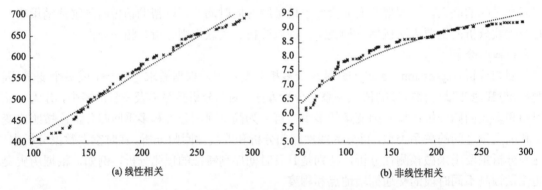

图 8-31　线性相关与非线性相关

在相关性分析中，两个变量之间联系的强度用相关系数(correlation coefficient)来衡量，通常用字母 r 来表示。相关系数有多种计算方法，其中最常用的是按积差方法计算，以两变量与各自平均值的离差为基础，通过两个离差相乘来反映两变量之间的相关程度，称为皮尔逊(Pearson)相关系数，又称积差相关系数，计算公式为

$$\text{Pearson} r = \frac{\sum_{i=1}^{n}(x_i - \bar{x})(y_i - \bar{y})}{\sqrt{\sum_{i=1}^{n}(x_i - \bar{x})^2 \sum_{i=1}^{n}(y_i - \bar{y})^2}} \tag{8-27}$$

其中，$\bar{x}$ 和 $\bar{y}$ 分别为变量 X 和 Y 的平均值。

r 的取值范围是 $[-1,1]$，能够反映变量之间的相关特性和强度。$|r|$ 越趋于 1，表示线性相关越强；$|r|$ 越趋于 0，表示线性相关越弱。$|r|=1$，称为完全线性相关(也即函数关系)；$r>0$，表示两个变量存在正相关；$r<0$，表示两个变量存在负相关；$r=0$，表示两个变量不存在线性相关关系。线性正相关和线性负相关如图 8-32 所示。

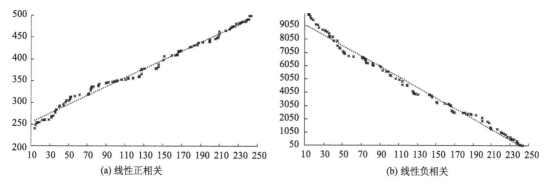

图 8-32　正相关与负相关

　　除皮尔逊(Pearson)相关系数外，当变量值的分布明显非正态或分布不明时，可以使用 Spearman 和 Kendall 相关系数，先对离散数据进行排序或对定距变量值排(求)秩，再进行相关性计算。

　　关联分析在时空大数据分析中应用广泛。例如，在犯罪地理学中，通过研究不同类型案件同时发生的频率发现案件发生的规律。在城市交通模式分析中，通过研究客流与人口分布、土地利用等地理要素之间的相关性，分析客流的时空分布特征，为客流预测和交通规划提供依据。在全球反恐研究中，可以通过恐怖活动地点、时间、类型与恐怖分子宗教派别、政治主张等方面的关联分析，判别恐怖活动的实施主体，或通过恐怖活动与政治活动之间的关系预测恐怖活动可能出现的活动时空区域和类型等。

2. 时空聚类分析

　　聚类(clustering)又称为无监督学习(unsupervised learning)，是将数据集中在某些方面相似的数据成员进行分类组织的过程。聚类分析是依据样本间关联的量度标准将样本自动分成几个群组，使同一群组内的样本相似，而不同群组的样本相异的一组方法。时空聚类分析定义如下：数据集 D 中的每个数据实例都可以用一组属性值 $A = \left\{ A_1,\ A_2, \cdots,\ A_{|A|} \right\}$ 来表示，其中，$|A|$ 为属性集合 A 的大小，通过计算不同数据实例数型值 A_i 的相似度距离 d，将距离相近的数据合并为一类。

　　聚类通过发现数据集中的内在结构关系，把全体数据实例组织成一些相似组。

　　聚类分析的输入是一组样本和一个度量两个样本间相似度(或相异度)的标准，输出是数据集的几个组(聚类)，这些组构成一个分区或一个分区结构。建立聚类分区结构后，需要对每个类的特性增加一个总体描述，用以深入分析数据集的特性。常用的聚类方法包括：划分聚类、层次聚类、基于网格的聚类、基于模型的聚类、基于密度的聚类。

　　1)划分聚类

　　划分聚类(partitional clustering)是根据数据属性值间的距离间隔对数据分布进行划分来完成类别聚集的。首先将给定的数据划分成 k 个聚类，并确定聚类中心(cluster centroid)，然后根据距离函数反复计算每个数据与距离中心的距离把数据分入 k 个聚类中。划分聚类中最著名的算法是 K-均值聚类(K-means clustering)，由于算法高效和简洁而在实践中被广泛采用。

　　2)层次聚类

　　层次聚类(hierarchical clustering)通过生成一系列嵌套的聚类树(dendrogram)的方法来完

成类别聚集。单结点聚类(仅包含一个数据点)处在树的最底层,逐层聚集到唯一的根结点(根结点包含全部数据)。层次聚类又分为合并聚类(自下而上)和分裂聚类(自上而下),其中合并聚类应用最广泛,典型的算法如单链接方法、全链接方法、平均链接方法等。

3) 基于网格的聚类

基于网格的聚类方法(grid-based clustering)的基本思路是将数据空间划分成有限个单元的网格结构,然后在每一个网格单元中执行聚类操作,处理速度很快,且与数据库中记录的个数无关。典型的算法如 STING 算法、CLIQUE 算法、WAVE-CLUSTER 算法等。

4) 基于模型的聚类

基于模型的聚类方法(model-based clustering)认为目标数据集是由一系列概率分布所决定的,因此可以通过给每一个聚类假定一个模型(如点的分布密度函数或其他),然后去寻找能够很好地满足这个模型的数据集。典型的算法如神经网络算法、基于统计的算法等。

5) 基于密度的聚类

基于密度的聚类方法(density-based clustering)根据数据在给定邻域内的包含其他数据的数量将数据划分为核心对象与边界对象,计算其他数据与核心独享的密度可达关系,由核心对象和与其密度可达的所有对象构成一个聚类。基于密度的聚类对噪声数据不敏感,且能够发现任意形状的聚类,但是聚类的结果与密度参数有很大关系。典型的算法有 DBSCAN 算法、OPTICS 算法、DENCLUE 算法等。

3. 时空分类分析

分类(classification),又称为监督学习(supervised learning)或归纳学习(inductive learning),是通过对以往数据的学习获得知识,并运用知识将其他离散的数据进行归类的过程。时空分类分析定义如下:数据集 D 中的每个数据实例都可以用一组属性值 $A = \{A_1, A_2, \cdots, A_{|A|}\}$ 来表示,其中,$|A|$ 表示属性集合 A 的大小。同时,D 中的每个数据实例都具有一个特殊的目标属性 C,称为类属性或类标(class label),表示每个数据所归属的类。类属性 $C = \{C_1, C_2, \cdots, C_{|C|}\}$ 是一串离散的值,其中,$|C|$ 表示类属性集合 C 的大小($|C| \geqslant 2$)。通过对属性值集合 A 和类属性集合 C 的分析得出联系两个集合的分类函数(classification function),用于预测新的属性集合。

分类函数又称为预测函数(prediction function)或分类器(classifier),是分类的核心。分类算法的确立过程是一个反复迭代的过程,即通过训练数据集(training data)得到学习算法(learning algorithm),再通过测试数据集(test dataset)对学习算法的分类精度进行检验和评测,并根据结果进行新一轮的修正和迭代(图 8-33)。

图 8-33 分类函数设计的迭代过程

常用的分类方法包括:决策树推理、规则推理、朴素贝叶斯分类、支持向量机、基于关联规则的分类。

1) 决策树推理

决策树推理是分类算法中应用最广泛的一种，具有分类精度高、分类效率高的特点。决策树推理的基本原理是将训练数据分割成不相交的子集，并使这些子集的类属性尽量的纯净，最终得到树状的分类模型，即分类树(decision tree)。一棵好的决策树应该是较小并且是精准的，构建好的决策树的问题是一个 NP 完全问题。目前决策树构建算法都是基于启发式和递归式算法，典型的如分治(divide-and-conquer)算法。

2) 规则推理

规则推理(rule induction)是用训练数据产生规则集，并用规则集对数据进行分类的方法。规则推理又分为序列化覆盖(sequential covering)和规则学习(learn-on-rule)两种基本方法，前者应用更为广泛。序列化覆盖的基本思想是序列化地学习一系列的规则，当一条规则产生后把这条规则所覆盖的所有训练数据移除，然后使用剩下的训练数据继续寻找下一条规则；规则集确定后，按照规则的顺序将测试数据逐一与规则集中的规则匹配，第一条覆盖测试数据的规则所代表的类就是这个测试数据被分到的类。这类算法的总体思路可以表达为分而治之，典型的如 CN2 算法、FOIL 算法等。

3) 朴素贝叶斯分类

朴素贝叶斯分类是通过概率的角度进行分类的方法。基本思路是：给定一个测试样例 d 后估计它的后验概率(posterior probability)，即 $P(C = C_j \mid d)$，然后将对应概率最大的那个类别赋予样例 d，也就是认为 d 属于 C_j 类别。朴素贝叶斯分类对测试数据的依赖性较强，分类精度会因测试数据的数量和分布呈现出较大差异。

4) 支持向量机

支持向量机(support vector machine，SVM)是近年来最流行的算法之一，具有扎实的理论基础，在处理高维数据时具有优势，被广泛地应用于网页分类和信息系统领域。SVM 是一个线性学习系统，对分类中的二类分割问题给出了严密的数学方法。SVM 在地理信息领域的应用集中在遥感影像分类和空间数据挖掘方面。

5) 基于关联规则的分类

基于关联规则的分类是指通过数据属性之间的类关联关系(classification association rules，CAR)进行类别划分，最具代表性的关联规则分类是基于关联的分类(classification based on associations，CBA)算法。与决策树和规则推理不同的是关联规则挖掘中设置了最低支持度和最小置信度，并通过这两个参数限制 CAR 的集合大小和精度。基于关联规则的分类采用的算法与关联规则分析算法一致，但分析的结果和目的各有侧重。

时空分类和聚类的目的大致相同，不同之处在于分类需要事先准备样本数据作为训练数据，在有相对明确的分类样本的情况下，分类的结果比聚类更加易于理解。

总的来说，时空分类和时空聚类本质上都是一种时空划分技术，将具有相似时空特征的事物或现象归纳在一起，分析其共有属性，为理解事物或现象隐含的规律、预测即将出现的事物和现象的潜在特征等提供依据，在时空大数据分析中具有十分广泛的应用。例如，对社交平台用户的时空分布特征进行分类或聚类，可以预测用户之间的社交联系类型和强度；对生物种群和物种的时空分布特征进行分类或聚类，可以分析种群之间的演化关系；对不同地区方言中的词汇特征进行分类或聚类，可以分析人类文化传播的时空特征等。

思 考 题

1. GIS 实际应用中的空间查询、空间分析与空间建模各指什么？

2. 空间查询技术从扩展关系数据库查询语言、可视化空间查询、超文本查询到自然语言空间查询的发展过程体现了什么规律？据此判断，空间查询的发展趋势是什么？

3. 反映空间集中特征的统计量主要有哪些？分别有哪些应用？反应空间离散特征的统计量主要有哪些？分别有哪些应用？

4. 对自然地理现象进行分类可以有哪几种分类方法？试举例说明。

5. 为制作专题地图需要对地理空间数据中的属性进行分类分级处理，试分析属性数据分类分级处理的基本原则。

6. 什么是坡度？什么是坡向？试举例说明坡度与坡向计算的具体应用。

7. 在进行通视分析和剖面分析时，使用规则格网 DEM 与不规则三角网 TIN 进行计算结果是否会相同？为什么？

8. 叠置分析是地理空间分析中最常用的分析类型之一，试分析矢量数据和栅格数据哪种更易于进行叠置分析？

9. 现实生活中一些具备缓冲扩散特征的地理事件往往受多种因素影响，如污染空气的扩散范围分析，试阐述类似分析的主要思路。

10. 栅格分析有哪些方法？举例说明其主要应用。

11. 最短(优)路径分析应用广泛，其数学基础是什么？一个典型的路径由哪些要素组成？

12. 如何认识时空大数据？如何认识大数据的时空特征与时空大数据之间的关系？

13. 阐述时空关联和时空聚类分析的主要方法和应用。

第9章　地理空间数据可视化

地理空间数据及其分析和处理的结果，必须以各种形式展现给用户，以便在生产、研究、规划和管理等方面使用。以图形化的方式表达地理空间数据，即地理空间数据可视化，是最常用的地理空间数据展现方式。

9.1　地理空间数据可视化概述

9.1.1　可视化概述

1. 可视化的基本概念

在信息时代，大量种类繁多的信息源不断产生数据，其数据量远远超出了人脑的分析解释能力。由于缺乏海量复杂数据的有效解译和分析手段，数据被大量浪费。可视化技术是一种使海量、复杂数据能够容易且快速被人理解的有效手段。

1) 可视化的定义

可视化(visualization)是运用计算机图形学与图像处理技术，将数据转化为图形或图像后再通过一定的媒介显示出来，并能与之进行交互处理和操作的理论、方法和技术。

实际上，将任何信息以图形化的方式表示出来都可以称为可视化。地图是地理信息的有效表达方法，是地理信息的可视化方法。用符号化的方式抽象表示地理信息至少有几千年的历史。因此，可视化可以粗略地定义为：以图形为表现形式，进行信息传递、表达的过程。

如图 9-1 所示，公元前 2500 年前古巴比伦黏土板地图，描述了土地边界和一些自然要素，如河流和山脉等，是地理空间信息的可视化方法。现代的电子地图更是一种最常用的地理空间数据的有效可视化方法。

 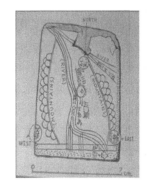

图 9-1　古巴比伦黏土板地图

可视化技术涉及计算机图形学、图形图像处理、计算机视觉和计算机辅助设计等多个学科和技术领域，是一门研究数据表示、数据处理和决策分析等一系列问题的综合性技术，现已被广泛运用到社会生活的各个方面。

2) 可视化的作用

研究表明，人类获得外在世界信息的 80% 以上是通过视觉通道实现的。经过漫长的进化，人类视觉信息的处理具有高速、大容量、并行化等特点。可视化把数据转换成图形，给予人们深刻与意想不到的洞察力，在很多领域使科学家的研究方式发生了根本变化。可视化技术的应用大至高速飞行模拟，小至分子结构的演示，无处不在。

可视化技术由来已久，符号化、统计图表等可视化方式早已得到广泛应用。随着人类社会进入信息时代，数据获取手段得到极大丰富，数据量呈现爆发式增长。如何解读、理解、分析、应用这些海量的多源数据，成为人类面临的巨大挑战。可视化技术成为认知数据的重要工具，其具体作用可以归纳为三个层次，即了解、理解和预测。

了解是可视化作用的第一层次，是指人类通过接受视觉信号，直接感受到图形所展现出的数据基本情况，如数据的分布、重心、类型、变化等，了解数据所描述的基本内容及其基本特征。

理解是可视化作用的第二层次，是指在对数据有一定了解的基础上，通过视觉思维认识到数据背后的问题实质，如不同数据之间的相互关系、影响程度、聚合情况、重要程度等，深刻理解数据所描述事物或现象的问题本质。

预测是可视化作用的第三层次，是指在对数据有深刻理解的基础上，预测数据所描述的事物或现象的发展趋势，如数据随时间的变化规律、受各种因素的影响程度、数据变化后的结果等，为决策提供实际支持。

2. 可视化的应用方向

随着可视化技术的发展，出现了很多与可视化相关的名词和术语。如科学可视化、数据可视化、信息可视化、知识可视化、三维可视化、多维可视化、大数据可视化、计算可视化、医学可视化、网络可视化、层次可视化、体可视化、场可视化、交互可视化、可视化分析等。根据可视化技术的应用目的，通常把可视化分为四个方向：科学可视化、数据可视化、信息可视化和知识可视化。

1) 科学可视化

科学可视化，也称科学计算可视化，是指运用计算机图形图像处理等技术，以图形方式展现科学与工程计算数据的理论和方法，涉及计算机图形学、图像处理、计算机视觉、计算机辅助设计及图形用户界面等多个研究领域。

科学可视化作为科学计算与科学洞察之间的一种催化剂，主要用于处理科学与工程领域产生和收集的海量数据，帮助科学工作者寻找数据中蕴含的模式、特点、关系及异常等。

科学可视化处理的对象包括医学、气象环境学、化学工程、生命科学、考古学、机械等领域中具有空间特征的数据，对测量、实验、模拟等获得的数据进行绘制，并提供交互分析手段。可视化能够迅速、有效地简化和提炼这些高度复杂的数据，使科学家能够可视、直观地理解数据的内涵。

2) 数据可视化

数据可视化，特指数据库数据的可视化，主要指大型数据库或数据仓库中的数据的可视化，以便直观地看到数据及其结构关系。

数据可视化技术的基本思想是将数据库中每一个数据项作为单个图元，大量的数据集构成数据图像，同时将数据的各个属性值以多维数据的形式表示，可以从不同的维度观察数据，从而对数据进行更深入的观察和分析。

数据可视化提出了许多具体的可视化方法，根据其可视化的原理可以分为：基于几何的方法、基于图标的方法、基于层次的方法、基于图像的方法、基于分布式的方法等。基于几何的可视化方法，是指通过几何学的方法来表示数据，包括散点图、解剖视图、平行坐标法及星形坐标等方法；基于图标的可视化方法，是指通过图标的多个部分来表示对应实体的多维空间数据，图标可以是"枝形图"、"针图标"、"星图标"和"棍图标"等；基于层次的可视化方法，是指将多维数据空间划分成若干子空间，以层次结构的方式组织这些子空间，并用平面图形将其表示出来。

数据可视化的概念正在被逐渐泛化使用，即往往被认为是对各种数据的可视化。因此，广义上看，可以认为数据可视化是可视化的同义词。

3) 信息可视化

信息可视化，特指非空间(属性)数据的视觉呈现技术，它通过提供非空间复杂数据的视觉呈现，帮助人们理解数据中蕴含的信息。

信息可视化的主要对象是统计数据、商业信息、数字图书馆、个人信息、复杂文档、历史信息、网络信息、社会关系等非空间信息，通过将信息映射为直观的视觉符号，利用人类视觉系统的高带宽和视觉思维能力，帮助人们快速地理解信息、解释现象、验证假设和发现规律。

信息可视化为人们提供了理解高维度、多层次、时空、动态、关系等复杂数据的方法，针对一维、二维、三维、多维、层次、网络、时序等各类型的信息发展了多种可视化方法。

信息可视化的概念正在被逐渐泛化使用，即往往被认为是对各种信息的可视化，因此，正在逐步成为可视化的同义词。

4) 知识可视化

知识可视化，是指通过可视化技术来表达复杂知识，以提高知识的传播能力和传输效率，并帮助他人正确地重构、记忆和应用知识。简单地说，知识可视化是指通过知识的图解化，形成直接作用于人类视觉的表现形式(图9-2)。

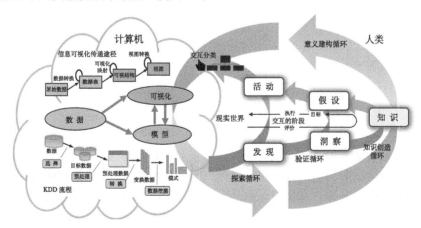

图9-2　知识可视化示例

除了传输事实性知识，知识可视化还可以传输见解、经验、态度、价值观、期望、观点、意见和预测等。例如，可以通过计算机自动生成并可视化文本信息中隐含的概念体系、可以对某知识领域科技文献的内容结构进行发现和可视化表达等。

总之，从可视化的研究历史和术语使用习惯看，科学可视化主要针对具有空间结构的事物或现象，数据可视化主要针对数据库中的数据，信息可视化主要针对非空间数据，知识可视化主要是领域知识的图解化表达。但这些可视化概念实际上是可视化技术在不同领域的应用，内容上没有清晰的边界，技术上也有很多重叠之处。所以，不需要过于追求可视化名词术语的准确性，对可视化技术实质的认识才是最主要的。

9.1.2　地理空间数据可视化的概念

1. 地理空间数据可视化的定义、作用及相关术语

1）定义

地理空间数据可视化是指运用地图学、计算机图形图像处理、虚拟现实等技术，实现地理空间数据图形化(结合图表、文字、图像、视频等)显示和交互的理论、方法和技术。简单地说，地理空间数据可视化就是针对地理空间数据的可视化技术。

地理空间数据可视化的目的是通过人们对可视化结果的理解和感受，实现对地理空间数据所描述的地理空间世界的空间认知。

图 9-3 是普通的二维城市地图，是制图者利用几何图形和地图符号来展现城市一隅的交通、植被、水系、居民地等的分布情况。

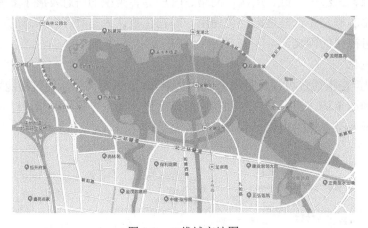

图 9-3　二维城市地图

2）作用

可视化技术是帮助人们认知地理空间数据的重要工具，通过对地理空间数据的认知，间接地认知地理空间数据所描述的地理空间世界。因此，地理空间数据可视化的作用是帮助人们更好地认知地理空间世界，具体可以归纳为三个层次：了解、理解和预测。

了解是地理空间数据可视化作用的第一层次，是指人类通过接受视觉信号，直接感受到地理空间数据转换为可视化图形所展现出的地理空间世界的基本情况，如地理范围、主要内容、区域分布、要素类型、特征变化等，了解地理空间数据所描述的地理空间世界的基本内容和基本特征。

理解是地理空间数据可视化作用的第二层次，是指在了解地理空间世界的基本内容和基本特征的基础上，通过视觉思维认识到数据所描述的地理空间世界的实质，如地理空间实体或要素的相互关系、影响程度、聚合情况、重要程度、变化规律等，深刻理解地理空间数据所描述的地理空间世界中事物或现象的状态、联系和影响。

预测是地理空间数据可视化作用的第三层次，是指在对地理空间世界的本质有深刻理解的基础上，预测地理空间世界中事物或现象的动态变化和发展趋势，如地理空间实体随时间发展的变化预测、受多种因素影响的变化预测、发展变化后的效果预测等。准确的地理空间预测能有效辅助或指导空间决策行为。

3) 相关术语

空间数据的含义比地理空间数据更广泛，因此，空间数据可视化的含义比地理空间数据可视化的含义更广泛。空间数据可视化包含各种与空间位置相关的各种数据的可视化，如人体扫描数据可视化、电子微观世界可视化、宇宙宏观世界可视化、机械设备可视化等。因此，可以认为空间数据可视化包含了地理空间数据可视化的内容。同时，因为目前空间数据可视化的主要内容是地理空间数据可视化，所以常常把空间数据可视化作为地理空间数据可视化的同义词。

在地理信息领域，地理信息、空间信息、地理空间信息、地理数据、空间数据、地理空间数据等术语，在不严格区分的情况下，常常可以相互替代使用。因此，地理信息可视化、空间信息可视化、地理空间信息可视化、地理数据可视化、空间数据可视化、地理空间数据可视化等术语，在不严格区分的情况下，也可以相互替代使用。

2. 地理空间数据可视化的内涵

地理空间数据是具有地理空间位置的自然、社会、人文、经济等方面的数据，具有四个基本特征：空间特征、属性特征、关系特征和时间特征。可以归纳为三类：几何数据、属性数据和关系数据，并且几何数据、属性数据和关系数据都具有时间特征，都会随着时间而发生变化。因此，地理空间数据可视化的内涵既可以认为是几何数据、属性数据和关系数据及其变化的可视化，也可以认为是空间特征、属性特征、关系特征和时间特征的可视化。

1) 空间特征和属性特征的可视化

几何数据和属性数据的静态可视化是地理空间数据可视化的基本内容。几何数据用于描述地理实体的空间特征，如位置、形状、大小等；属性数据描述地理实体的属性特征，如类型、等级、数量、名称、质量、状态等。只有将地理实体的几何数据和属性数据结合起来进行可视化表达，才能完整地表达地理实体的基本内容。图 9-4 体现了地理实体(公路)的空间特征及其属性特征(公路组成、等级公路占总里程的比重)的可视化。

几何数据通常用点、线、面、栅格、体、模型等数据来描述，也可以显示为点、线、面、栅格、体、模型等形式，但只有与属性数据结合起来，才能确定具体的可视化形式。例如，河流和道路的几何数据可以都为线状几何数据，单纯几何数据的可视化结果只能都是曲线，只有结合其属性特征数据(如道路等级、河流等级等)后，河流才能可视化为渐变宽度的蓝色线状符号，道路才能可视化为不同等级的线状道路符号。因此，几何数据通常用来确定地理空间数据可视化的空间位置，属性数据中的某一或某几个特征用来确定可视化的具体形式。

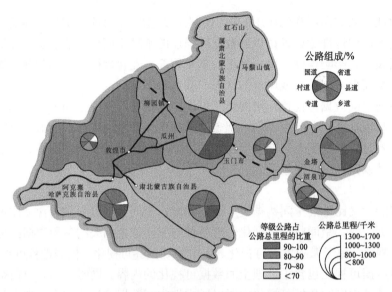

图 9-4　空间特征和属性特征的可视化

2) 关系特征的可视化

关系数据描述了不同地理实体间的相互联系，可以显式或隐式地进行可视化表达。所谓隐式表达，是指不用专门的符号进行可视化表达，即不作可视化表达；所谓显式表达，是指使用专门的符号进行关系特征的可视化表达。

通常，地理实体间的空间关系，如包含、相交、相离、相邻等，都隐含在多个地理实体本身的可视化表达之中。例如，一个省包含哪些市，通过省界(省的可视化表达)和市界(市的可视化表达)就可以看出来，无需用专门的符号来表达这种包含关系。但是，为了表达地理实体间因为属性特征而产生的关系时，需要设计专门的符号进行可视化表达。例如，用机场之间的连线表达城市间的航线，如图 9-5 所示。

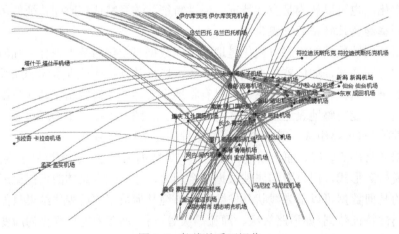

图 9-5　航线关系可视化

3) 时间特征的可视化

时间特征的信息包含在几何数据、属性数据和关系数据中。例如，不同时间的河道几何数据体现了河道随时间发生的变化，河道几何数据的时间信息是通过记录下该几何数据采集的时间来描述的，即通过给几何数据附加时间戳来描述其时间信息。除了用时间戳的方法描述几何数据、属性数据和关系数据的时间特征外，还可以用与时间关联的数学模型来描述其随时间发生的变化。

时间特征描述了几何数据、属性数据和关系数据随时间发生变化的情况，所以，时间特征的可视化通常是通过展示几何数据、属性数据和关系数据的动态变化来实现的，即通常用动态可视化方式来显示数据随时间发生的动态变化。例如，用动画的方式显示河道随时间发生的位置变化等。

时间特征的可视化也可以用静态方式来展现。例如，图 9-6 显示了北京交通随时间的变化情况，从图上可以感受到在不同的时间段和不同的城市区域的交通拥挤程度。

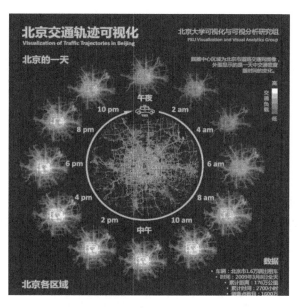

图 9-6　北京交通随时间的变化情况

9.1.3　地理空间数据可视化的方式

地理空间数据可视化是对地理空间信息的空间特征、属性特征、关系特征和时间特征的图形化表达。根据空间认知的需要，可以指定需要重点可视化表达的数据内容，也可以为每种数据设计不同的表达方式，因此，地理空间数据可视化的方式是多种多样的。从不同的角度去看这些可视化方式，就形成了不同的划分方法。

1. 根据可视化的维度分类

根据地理空间数据可视化的维度，可以分为二维可视化和三维可视化两种，随后又在此基础上衍生出了 2.5 维可视化和多维可视化的术语。

现实世界中的地理环境和地理实体，其空间形态是三维的；数字世界中的地理空间信息，是对地理环境和地理实体的数字化抽象描述，可以是二维的，也可以是三维的。因此，地理空间数据的可视化表达方式，可以是二维的，也可以是三维的。

1)地理空间数据的二维可视化

当地理空间数据以二维平面方式进行可视化展现时,称为地理空间数据的二维可视化,如常规地图就是一种最典型的、最重要、最古老的地理空间数据的二维可视化方式,如图 9-7 所示。

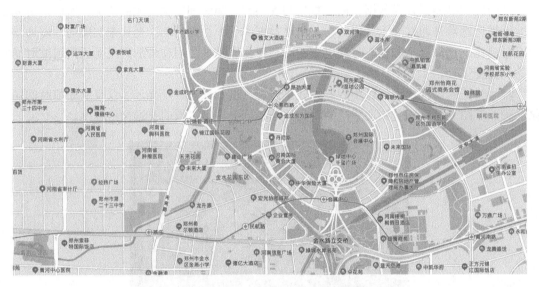

图 9-7　地理空间信息的二维可视化

2)地理空间数据的三维可视化

当地理空间数据以三维立体方式进行可视化展现时,称为地理空间数据的三维可视化,如图 9-8 所示。

图 9-8　地理空间数据的三维可视化　　　　　图 9-9　地理空间数据的 2.5 维可视化

3)地理空间数据的 2.5 维可视化

如果在地理空间数据三维可视化时,只是对地理环境和地理实体的表面进行三维可视化表达(如只根据 DEM 展现地形表面的起伏),而不对其内部结构进行三维可视化表达,称为 2.5 维可视化,如图 9-9 所示。

4)地理空间数据的多维可视化

地理空间数据的多维可视化,特指对地理实体多个(多维)属性特征的可视化表达,如图 9-10 所示。通常,在地图上表达地理实体时,只表示其主要属性特征。例如,用不同形状和尺度的线状符号表达道路的等级和类型(县道、省道、高速等)，用不同形状和大小的点状符号表示居民地的等级和类型(村、镇、市等)。而道路的多维可视化则需要对其等级、归属、路面性质、承重、车流量等多维属性特征进行可视化表达，居民地的多维可视化则需要对其等级、类型、建筑面积、人口信息等多维属性特征进行可视化表达。

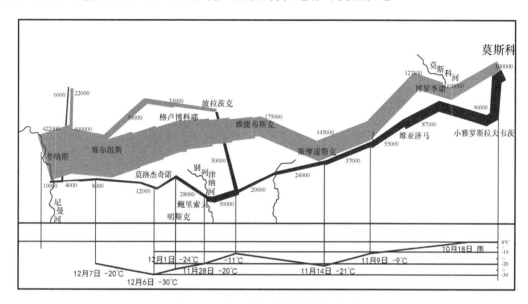

图 9-10　地理空间数据的多维可视化

2. 根据可视化的动态性分类

根据地理空间数据可视化的动态性，可以分为静态可视化和动态可视化。

1)地理空间数据静态可视化

地理空间数据静态可视化，是指在展现地理空间信息时，地理空间数据的内容不发生变化。例如，纸质地图就是一种最典型的地理空间数据静态可视化方式，地理空间数据以图形化的方式(符号、注记等)表达并印制在纸张上，展现某一时刻地理空间数据的状态。虽然可以设计符号来表达地理空间数据的动态特征，如用带箭头的线状符号表达行进路线等，但所表达的地理空间数据并不发生变化，所以仍然是一种地理空间数据的静态可视化方法，如图 9-11 所示。

电子地图将地图显示在计算机屏幕上，可以进行放大、缩小、漫游、量算等操作，但当电子地图本身所承载的内容没有发生变化时，就是一种静态的可视化方式。同样，在地理空间数据三维可视化时，虽然可以进行视角变换等操作，但只要其所展现的地理空间数据内容没有发生变化，就仍然是一种静态的可视化方式。

2)地理空间数据动态可视化

地理空间数据动态可视化，是指在展现地理空间信息时，地理空间数据的内容会发生动态变化。例如，在车辆导航电子地图上，实时显示道路拥堵情况，就属于动态可视化，因为其道路特征信息在发生变化。如图 9-12 所示，在导航地图上，用不同的色彩显示实时道路拥堵情况。

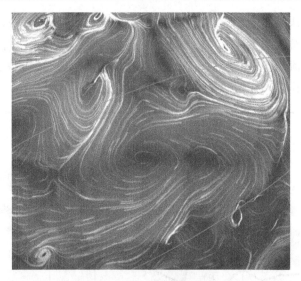

图 9-11　全球风场(局部)

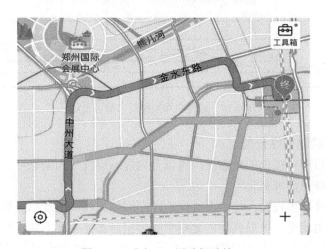

图 9-12　动态显示道路拥堵情况

3. 根据可视化的形式分类

根据地理空间数据可视化的形式,可以分为地图可视化方式和虚拟现实可视化方式。

1)地图可视化方式

地图是根据特定的数学法则,使用地图符号系统,按照一定的比例,将地球表面物体或现象通过缩影表示为平面上的图形。地图是地理空间数据可视化的最主要和最古老的方式。

传统的纸质地图(包括绘制在布匹、木板等介质上的地图)是对地理空间信息的静态和固化的表达,使用者主要通过观察、阅读和量算来使用地图,但不能与地图进行交互操作。当GIS 把地理空间数据装入计算机,并在屏幕上显示出来(称为电子地图)时,使用者就可以通过与屏幕上电子地图的交互,扩展传统地图的功能。GIS 对传统地图在可视化方面的扩展主要包括如下几个方面。

(1)地图显示范围和显示尺度的调整。GIS 可以根据使用者与地图的交互操作,进行地图的漫游显示,以扩展地图显示的范围;进行地图的缩放显示,以调整地图显示的尺度(比例尺)和范围。

(2)地图显示内容的调整。GIS 可以根据使用者的操作，控制地图显示的内容。例如，通过选择要显示的地图图层，以控制地图上显示的内容，将关注的地理空间信息重点显示；将地图进行放大或缩小，以显示更大范围、更概略的信息，或更小范围、更详细的信息；进行观察视点的调整，以显示三维地图中不同视角下的地理空间信息内容。

(3)地图显示样式的调整。GIS 用户可以选定或修改地理空间信息的可视化形式，形成不同风格的地图。如选定地图显示风格模板(二维方式、三维方式、卫星影像方式、常规地图方式、导航地图方式等)，或直接修改地图要素对应的地图符号，形成不同样式的地图。

(4)地理实体多元信息的显示。GIS 用户可以查询和显示地图上地理实体的各种信息，如各种以文本、图形、图像、音频、视频等数字形式存储的地理实体相应的信息，如图 9-13 所示。

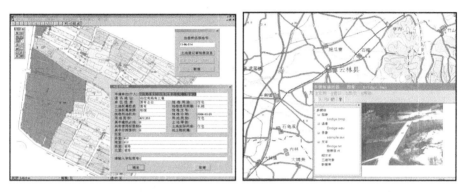

图 9-13　地理实体多元信息的显示

(5)地理空间数据的动态显示。基于二维或三维地图，在地图上显示地理实体的运动变化情况。图 9-14 显示了船舶在某一区域、某一时刻的空间位置。应用地图动画技术，可以显示随着时间的变化，船舶空间位置的动态变化情况。也可以通过获得的船舶实时空间位置，实时显示船舶的运动状态和运动轨迹。

图 9-14　船舶的动态空间位置

（6）选取和计算结果的显示。在电子地图上，可以对用户选取的内容进行加亮突出显示，以提升视觉感受的效果。也可以将地形计算、地理统计等分析计算结果进行实时显示，以增强对地理空间数据的理解。图 9-15 为两点间剖面分析的可视化。

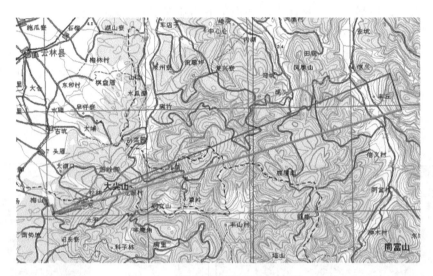

图 9-15　两点间剖面分析的可视化

2）虚拟现实可视化方式

（1）什么是虚拟现实？虚拟现实（virtual reality, VR）有很多种不同却相似的定义，可以简单归纳为：虚拟现实是基于计算机技术生成的虚拟环境，使用者通过视觉、听觉、触觉、嗅觉等自然方式与之交互，获得与现实世界一样的感受和体验（图 9-16）。

图 9-16　虚拟现实

（2）基于虚拟现实技术的地理空间数据表达。将虚拟现实技术应用于地理空间数据的表达（包括可视化表达），可以将地理空间数据表达为虚拟地理环境。通过使用与人类认知现实地理环境一样的方式，达到对地理空间数据更加具象化、更符合人类感官的感受效果。

地理空间数据的虚拟现实表达结果，即虚拟地理环境，具有虚拟现实的三个基本特征：沉浸性、交互性和想象性。虚拟地理环境的沉浸性是指人们在虚拟地理环境中的感受，与在现实地理环境中的感受是一样的，具有身临其境的感受效果；虚拟地理环境的交互性是指人们可以与虚拟地理环境产生相互作用，例如，在沙漠和雪地中走路，人会有不同的行进感觉，地面会产生不同的脚印；虚拟地理环境的想象性是指人们能够通过对虚拟地理环境的感受、理解和推想，形成对虚拟地理环境的认知。

　　虚拟地理环境不仅仅是地理空间数据的可视化表达，而且还需要将地理空间数据的多维特征表达为人类触觉、嗅觉等感觉器官可以感受到的信号，同时实现人与虚拟地理环境的交互操作。由于视觉是人类认知中最主要的部分，地理空间数据的可视化和可视交互是虚拟地理环境构建的最主要内容，基于虚拟现实技术的地理空间数据可视化表达是基于虚拟现实技术的地理空间数据表达的主要内容。

　　虚拟地理环境可视化有很多应用：虚拟地理环境可以更真实、更具象地描述地理空间信息，有利于人们更加直观地理解、认识和研究地理环境及其规律；地理空间数据的虚拟现实表达具有人与虚拟地理环境的交互能力，可以进行基于模拟环境的技能培训，如驾驶培训、巷战训练（图 9-17）等；地理空间数据的虚拟现实表达具有与现实地理环境一样的感知效果，可以为虚拟旅游、虚拟实验等提供逼真的地理环境；等等。

图 9-17　基于虚拟地理环境的作战训练

　　3）常规地图可视化与扩展地图可视化

　　绘制在纸张或在其他媒介（布匹、泥板、石板等）上的地图，是地理空间数据的古老和传统可视化方式，即常规地图可视化方式，是多媒体电子地图、动画地图、三维地图、虚拟地理环境等可视化方式的基础。

　　地图是人类的伟大发明，在人类社会发展中起到了巨大的作用。GIS 把地图装入计算机，扩展了地图的可视化方式，使其发挥了更大的效用，推动了整个社会的信息化进程。

　　因此，地理空间数据的可视化可以分为常规地图可视化方式和扩展地图可视化方式。多媒体电子地图、动画地图、三维地图等可视化方式可以认为是常规地图可视化方式的扩展。如果把虚拟地理环境认为是一种更加具象化、具有交互性、具有沉浸感的地图，那么，虚拟地理环境也可以认为是一种对常规地图可视化方式的扩展。

9.2　常规地图可视化

　　常规地图是指印制在纸张等媒介上或显示在计算机屏幕上的静态、平面地图，其可视化方式是地理空间数据可视化的基本方式，其可视化方法是地理空间数据可视化的基本方法。

9.2.1　地图概述

1. 地图的概念和特征

常规的地图，遵循一定的数学法则，使用地图符号系统，将地球表面的自然和人文现象抽象和缩小在平面上，反映各种现象的空间分布、相互关系、属性特征和变化规律。

虽然地图的定义有很多种，但基本含义是一致的。常规地图可以简单理解为是现实世界的平面化抽象模型，并具有三个特征：量测性、概括性、抽象性。

(1)量测性。地图通过一定的数学法则将地理现象的空间位置投影到地图平面上，同时，地图上的每个点也可以通过数学法则回算到现实地理空间。所以，可以在地图上进行位置、距离、面积、坡度、体积等的量算。也就是说，地图在数学上是可量测的。

(2)概括性。地图不是对现实世界中所有内容的一一对应的描述，而是概括和简化的描述。根据地图的使用目的，通过选取重要的内容、舍弃无关的内容、弱化次要的内容、综合过于细节的内容等方法，使地图具有概览性，能够更好地满足地图用户的应用需要。换句话说，地图内容是经过概括和简化的。

(3)抽象性。地图符号系统由地图符号和地图注记组成，是对地理现象的位置、数量、质量、形状等特征信息的抽象可视化方法。使用地图符号系统，将地理现象抽象表达为地图符号和注记，就形成了地图。也就是说，地图是对现实世界的抽象表达，是以地图符号的方式对现实世界的可视化表达。

2. 地图的内容和分类

1)地图的内容

广义的地图内容，是指地图"三要素"，即地图的数学要素、地理要素和辅助要素。地图的数学要素，是指地图上与空间位置精度有关的地图内容，如坐标网、控制点、比例尺等，描述了地图与实际地理空间在空间位置方面的数学关系；地图的地理要素，是指根据地图使用目的表示在地图上的内容，如自然环境、人文环境等地理环境内容，以及政治、经济、文化、军事、科学等专题内容；地图的辅助要素，是指为了方便地图使用而表示在地图上的内容，如图例、坡度尺、附图、出版单位、成图时间、地图投影等。

狭义的地图内容，是指地图的地理要素，即根据地图使用目的表示在地图上的内容。通常情况下，地图内容作为术语使用时，是指狭义的地图内容，即地图上表达的实际内容，也就是地图的地理要素，而不包括地图的数学基础和地图使用工具等。广义地图内容的概念往往只在专业的地图编绘和地图设计等专业中使用。

2)地图的分类

地图有很多种分类方法，如根据制图范围、比例尺、显示方式、地图内容、地图用途等进行分类，其中按地图内容分类是常用和基本的分类方式。

地图按内容可以分为普通地图和专题地图。普通地图相对平衡地表示地理要素，能够较全面地反映制图区域的自然环境、地区条件和社会经济的一般状况，按内容概括程度和比例尺可以分为地形图和地理图；专题地图详细表示与主题密切相关的地理要素，其他要素则概略表示，如地质图、气象与气候图、海洋图、人口图、旅游地图、经济地图等。

9.2.2　常规地图可视化基本原理

1. GIS 地图制图流程

GIS 的地理空间数据库中存储着矢量地图、航空像片、遥感图像、统计资料、文本信息等多种数据,GIS 可以利用这些数据制作地图。GIS 地图制图的基本流程如图 9-18 所示。

图 9-18　GIS 地图制图的基本流程

1)确定地图内容

所谓确定地图内容,是指根据地图的用途,确定需要在地图上表示的内容(如河流、道路、居民地、行政区、人口、产量等)。GIS 通常使用人机交互方式确定需要制作的地图的内容,即通过人机交互方式选定需要进行可视化的地理空间数据。GIS 空间分析的结果也可作为地图内容,但首先要把空间分析结果存储为地理空间数据。

2)数据处理

在确定了需要制图的地理空间数据后,需要对这些数据进行一定的数据处理,以便后续的地图内容可视化。主要的数据处理包括:投影变换、分类分级、空间分析、制图综合等。

投影变换是为了将地理空间数据库中以地理坐标或某种地图投影记录的地理空间数据,转换为所需制作的地图的投影坐标系下的数据,以保证地图数学基础的正确性;分类分级是为了将地理实体的属性数据(如统计数据等),处理为类型或等级数据,以便对数据的符号化表达;空间分析是为了形成分析结果数据集,以便分析结果数据与其他地理空间数据一样,作为地图可视化的内容;制图综合是为了在某一空间尺度下清晰地表达地图内容,而对地理空间数据进行的选取、化简、合并等处理。

3)符号化

地图可视化可以认为就是地图内容的符号化,地图就是地图内容符号化的结果。如何进行地图内容的符号化表达,是地图设计的主要内容之一,是保证地图空间认知效果的关键。

地图符号化不仅包括给地图内容配置符号,还包括为地图内容配置注记。同时,图例、图廓、图名、比例尺等用于帮助实现地图空间认知的工具的构建,可以认为是地图符号化的辅助内容。

4)显示与输出

地图显示是指将地图内容以符号化的方式显示在计算机屏幕等设备上,GIS 可以随时进行地图内容、地图范围、显示尺度等的调整;地图输出是指将地图内容符号化的结果输出为纸质地图等硬拷贝形式。

GIS 地图制图的基本流程描述了 GIS 中地图制作的一般过程。在制作某一种确定类型的地图时,地图内容选定、制图数据处理、地图要素符号化、地图显示与输出等流程中的具体内容都会根据地图使用目的而确定下来,使得 GIS 可以全自动地进行地图的生成。

2. 地图符号及其分类

地图符号是指地图上表示地理实体时间、空间和属性特征的图形记号或文字。地图可视化是地理空间数据可视化的基本形式,地图可视化就是指地图的符号化表达。

地图符号有很多种分类方式，如按符号的尺度、维度、抽象程度等，但最基本的是按地图符号的空间分布来分类，基本地图符号分为点状符号、线状符号和面状符号。

1)点状符号

当地图符号所指代的概念在抽象意义下可认为是定位于几何上的点时，称为点状符号。如测量控制点、居民点、独立地物、矿产地等符号。

点状符号只能有一个定位点，而不管该点在符号的什么位置。对点状符号本身来说，该点是一数学上的点，但却可以代表实际呈点、线、面分布的事物。也就是说，不论地图符号是什么形状，什么尺寸，甚至形状有无意义，只要它有且仅有一个定位点，就是点状符号。因此各种个体符号是点状符号，各种统计图表也是点状符号。如图 9-19 所示。

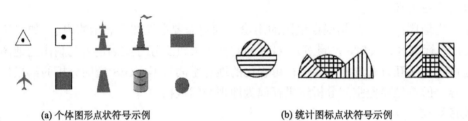

(a) 个体图形点状符号示例   (b) 统计图标点状符号示例

图 9-19　地图上的点状符号

2)线状符号

当地图符号所指代的概念在抽象意义下可认为是定位于几何上的线时，称为线状符号。这时，符号沿着某个方向延伸，且宽度与地图比例尺没有关系，而长度随地图比例尺变化而变化。如河流、沟渠、道路、等高线等符号。如图 9-20 所示。

图 9-20　道路是典型的线状符号

定位线可以对应于实际呈线状分布的要素，也可以没有实际的要素与之对应。例如，动线符号有时可不对应实际的点位，只表示某种方向，以及这种方向的变化过程。

3)面状符号

当地图符号所指代的概念在抽象意义下可认为是定位于几何上的面时，称为面状符号。如湖泊、森林、植被、行政区域范围等符号。

通常面状符号中的面与实际事物的面是对应的。地图表示方法中的范围法、质底法、量底法、分区统计图法都属于面状符号的应用。如图 9-21 所示。

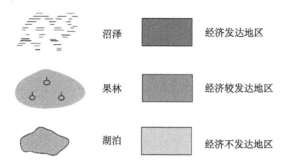

图 9-21 地图上的面状符号

总之，地图符号是制图者和用图者进行空间信息交流的语言，是连接制图者与用图者对地理现象认知的桥梁，是地理信息的具体携带者和传输地理信息的主要手段。地图通过地图符号(包括图形符号和注记)来表现复杂的空间现象或非空间现象的地理分布特征、属性特征、时间特征等。

3. 地图符号的视觉感受原理

地图符号对地图有极大的影响，决定了地图内容是否充分表达、地图是否便于阅读、地理空间信息是否能够有效传输。

1)地图符号的特点

(1)地图符号是传递地理空间信息的手段，读图者通过阅读地图符号来认知地理空间信息，理解地理实体、地理现象和地理环境。

(2)地图符号的尺寸不受比例尺的限制，以人眼能否感知为基本要求。

(3)地图符号的形态与地理实体或现象的基本特征有一定联系，便于通过符号联想实际事物。

(4)地图符号之间有明显的差异，以便通过地图符号的差别认知不同地理实体或现象之间的区别。

(5)同类地理实体或现象的地图符号有形态上的类似性，便于认知同类地理实体或现象的分布情况。

地图能够表示各种复杂的自然或社会现象，一个主要的原因是它拥有一套完整的、科学的地图符号系统，与风景画和像片等截然不同。因此，地图符号系统成为现代地图学最基本的特征之一。

2)地图符号的视觉变量

地图符号的视觉变量是指地图符号图形中能引起视觉差别的基本元素，简称符号变量。最早对符号变量进行研究，并引入到地图学来的是法国学者 J. Bertin，他提出的符号变量是：形状、尺寸、色彩、方向、亮度和纹理。J. Bertin 的视觉变量理论引起了地图学家的广泛兴趣，许多学者提出了自己的见解。

通过对各种符号变量分类的分析和概括，可以认为地图符号是由下列六种符号变量构成的：形状、尺寸、方向、亮度、密度和颜色(图 9-22)。

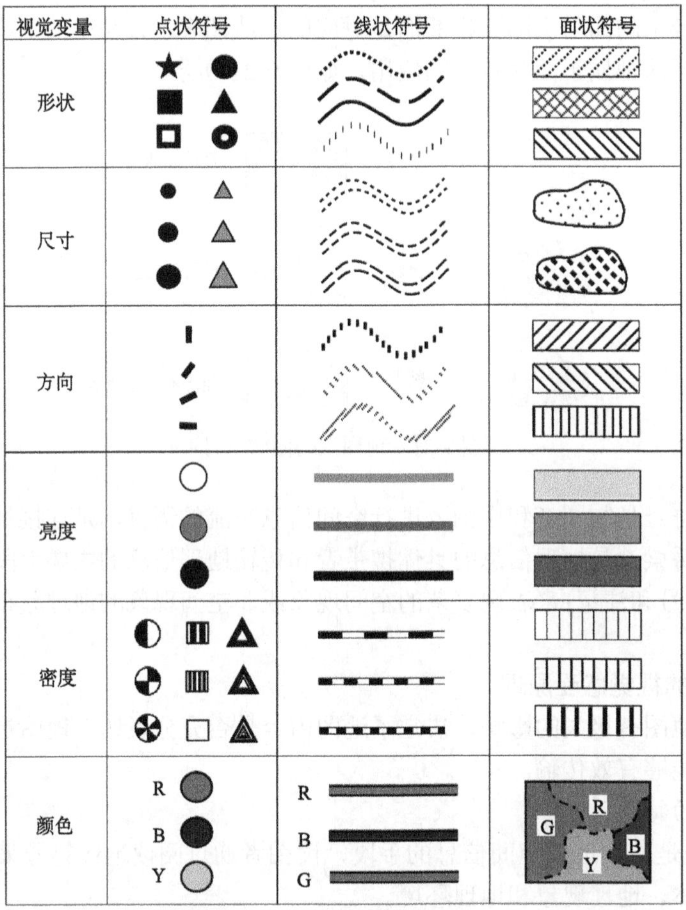

视觉变量	点状符号	线状符号	面状符号
形状			
尺寸			
方向			
亮度			
密度			
颜色	R B Y	R B G	

图 9-22　地图符号的视觉变量

3) 地图符号视觉变量的感受效果

各种符号变量能引起视觉感受的多种效果,这些效果可归纳为六种,即整体感、等级感、数量感、质量感、动态感和立体感。

(1) 整体感:由不同的符号组成一个图形时,看起来是一个整体。形状、近似色、方向等可以产生较好的整体感,而亮度、尺寸、反差大的色彩等变量由于本身差别过大,整体感的效果不好。

(2) 等级感:是指将观察对象迅速而明显分出几个等级的效果。居民地符号的大小,公路符号的宽窄,注记的字体大小,都反映了不同的等级。能产生明显等级感的是尺寸、亮度、密度等,而色相、形状、方向等则无明显的等级感。

(3) 数量感:指从地图上获得各要素绝对差值的效果。尺寸变量是产生数量感最有效的符号变量,但受图形复杂程度的影响,图形复杂时数量差别的准确性就会下降。欲建立图形符号的数量感,可以使用基本的几何图形,使问题简单化。例如,可以使用同宽度的柱状符号,以其高度的差别来模拟数量差。

(4) 质量感:指将观察对象区分为若干不同质的几个类别的效果。它和差异感有些相似,即要明显区分出对象,但不同的是,质量感不是单纯地把某一要素的符号突出于图面上,而是要把全部要素符号彼此明显地区别开来。色相的不同、形状的变化是产生质量差别的常用变量。

(5)动态感：指的是从构图上产生一种运动的视觉效果。单一的视觉变量并不能产生运动感，但有些视觉变量的有节奏的排列会产生运动感，例如，同一形状的尺寸有节奏改变的符号，会产生运动感。箭头符号是反映动态感的有效方法，是视觉变量的特例。

(6)立体感：指从二维空间的平面上产生三维空间的立体视觉效应。产生立体感较强的变量是尺寸和色彩。

9.2.3　地图符号设计概述

1. 地图符号设计的基本原则

地图符号设计就是为地图上需要表达的地理空间数据分别设计相应的地图符号的过程。地图符号设计的基本原则包括如下六个方面。

(1)定位性。地图符号的定位性是指地图符号必须有相应的定位点、方向点或定位线和方向线，以保证地理要素在地图上的精度。

(2)概括性。地图符号的概括性是指地图符号应体现人类对现实事物和现象的高度抽象的能力，即抓住事物或现象的主要特征进行地图符号设计，使设计出的地图符号构图简洁、易于识别。

(3)易感受性。地图符号的易感受性是指地图符号应使读者很容易感受到其内涵，最好是一目了然，以便提高可视化的传输效果。

(4)逻辑性。地图符号的逻辑性是指单个地图符号与所表达的空间现象之间要有对应性，具有相关意义的同类地图符号之间应具有关联性。

(5)组合性。地图符号的组合性是指通过地图符号的组合，构成新的符号。例如，用齿线和线条的组合，就可以组成凸出地面的路堤、高出地面的渠、土堆等。

(6)系统性。地图符号的系统性是指整幅图的地图符号应体系完整，相互协调，作为一个整体最佳地表现出整个地理现象之间的关系。

2. 地图符号设计的基本内容

从地图符号表示地理实体或现象的质量和数量特点及视觉效果等方面来考虑，每个地图符号设计的内容可概括为地图符号的图形(包括形状、方向、亮度和纹理等视觉变量)、地图符号的色彩和地图符号的尺寸等三个基本要素的设计。

1)地图符号的图形

地图符号的图形是决定符号的最根本、最主要的因素，直接影响着地图内容的显示程度和效果，制约着各要素的相互配合及整个地图的美观。考虑到地图内容的完整性、地理适应性、艺术性及实用性等特征，又要求符号图形应简单形象化。地图符号图形的构成应从以下几个方面来考虑。

符号构图的图案化。从构图角度而言，为了把地理实体或现象的复杂图形典型化，符号就不能是实地物体的真实写照，而必须用概括的方法，抓住物体的基本特征，用规则的图案表示出来。在这个过程中，要舍去那些不必要的细微特征，做到尽量简洁，并用艺术手法使其美化，即"图案化"。

符号构图的逻辑性。在设计地图符号时，一定要与符号代表的含义建立起有机的、内在的联系，或者说让地图内容的分类、分级、重要、次要等变化也相应地反映为地图符号的变化。这样可以避免孤立地、片面地设计每个符号的图形，从而在不增加单个符号数量的前提下，丰富地图的符号系统。一般可以用图形的大小、粗细、虚实等来相应地反映要素的分类、分级、重要、次要等变化。

2）地图符号的色彩

地图符号的色彩是构成地图符号的另一基本要素，不仅可以丰富地图的内容，增大地图的载负量，使地图各要素层次分明、清晰易读，还能增加地图的艺术性。因此，色彩与图形融合在一起，有效地提高了地图的表现力。

在使用点、线、面符号的色彩时，面状符号常具有背景的意义，一般宜使用饱和度较小的色彩；点状符号和线状符号则常使用饱和度大的色彩，使其构成较强烈的视觉刺激，而易为人们感知。在这个原则基础上，再结合色相、亮度和饱和度的变化，表现各种对象的质量特征、数量特征和分布范围等。

3）地图符号的尺寸

符号的尺寸是构成地图符号的又一基本要素，它在很大程度上将影响地图各要素的显示程度及阅读能力。符号尺寸过大，会增加地图的载负量，减少地图的表示内容；过小则使读图者不易辨认，难以阅读，影响地图的清晰性。

地图符号的大小、线划的粗细、线划的间隔等是由多种因素决定的，最主要的因素是符号本身的形状、地图的主题、用途、比例尺及地图的载负量等，而且与绘图水平、印刷工艺有关。

一般情况下在不影响地图符号绘制的情况下，都采用精细小巧的图案作为地图符号，以便在地图上表示更多的内容。此外，确定地图符号的尺寸还应考虑所表现事物和现象的主次，即重要的事物和现象用较大、较粗、较醒目的符号表示；而次要的、一般的事物和现象用较小、较细的符号表示。

3. 地图符号库

地图符号库将分类整理后的地图符号以数据库的形式进行存储和管理，具有地图符号定义、修改、重组、查询、检索、增加、删除等功能。简单地说，地图符号库就是一个管理地图符号的数据库。标准的地图符号库可以独立于 GIS 存在，可以方便地纳入不同的 GIS 中。

地图符号需要符号定位、符号结构、符号配置三类数据才能准确地在地图上显示一个地图符号。

(1)符号定位数据：描述地图符号在地图上显示位置的几何数据，如定位点、定位线、边界线等。

(2)符号结构数据：描述地图符号本身的数据，包括组成地图符号的图元(点、直线段、折线、圆等基本单元)、各图元的属性(颜色、大小、形状、方向等)、图元间的空间结构关系等。

(3)符号配置数据：描述依据符号定位数据和符号结构数据进行符号绘制的方式，保证能够在确定的位置上输出大小、方向、形状和颜色符合要求的符号图形。

符号配置数据和符号结构数据统称为符号描述数据，确定了每个地图符号的图形特性。地图符号库中存储的就是每个地图符号的符号描述数据，不同地图符号的区别在于它们的符号描述信息不同。如图 9-23 所示，地图符号库将描述符号的数据与输出符号的程序相分离，实现地图符号与显示软件的相互独立。

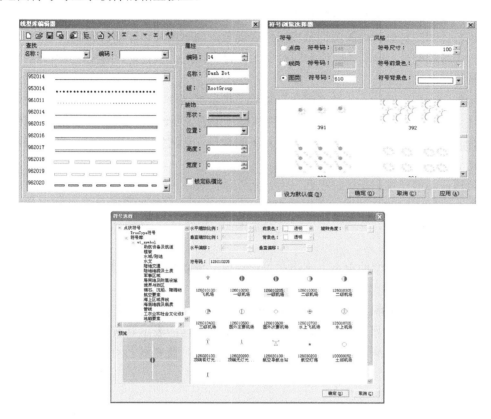

图 9-23 地图符号库示例

4. 地图注记

地图注记是一种广义的地图符号，用以配合其他符号说明事物的名称、数量、质量特征，是地图中不可缺少的重要内容。借助于地图注记，读图者不仅可以识别图上的重要目标，而且还能获取目标的其他相关信息。不难想象，如果一幅地图上没有任何的注记信息，势必会大大削弱地图的指示功能。

1) 地图注记的类型及作用

(1) 地图注记的类型。地图上的注记可分为名称注记和说明注记。

名称注记是用文字注明制图对象专有名称的注记。如居民地名称注记"北京""郑州""南京"；山峰名称注记"黄山""泰山""武夷山"；河流名称注记"长江""黄河"；湖泊名称注记"洞庭湖""太湖"等。名称注记按所注地物的特点，又分为点状注记(如山峰注记、居民地注记)、线状注记(如河流注记)和面状注记(如湖泊注记、区域注记)等。

说明注记用于标注制图对象的具体属性特征，可分为两类，一类是文字注记，另一类是数字注记。文字注记是用文字说明制图对象的种类、性质或特征的注记，以补充符号的不足，当用符号还不能区分具体内容时才使用。数字注记是用数字说明制图对象数量特征的注记。如经纬度、地面高程、水深、等高线的高程、路宽、桥长与其载重量、树高与树粗等注记。

(2) 地图注记的作用。地图注记的作用是使用图者能根据注记所提供的信息，更加具体地、明确地识别地图上所显示的各个要素的名称、特征及其空间分布、联系、变化和发展，具体作用主要是标识各种制图对象和指示制图对象的属性。

标识各种制图对象。地图用符号表示地表现象，同时用注记注明各种制图对象的名称，使注记与符号相配合，准确地标识制图对象的位置和类型。如北京、南极、38°(北纬)、大西洋等各种地理名称。

指示制图对象的属性。各种说明注记可用于指示制图对象的某些属性(质量和数量)。常用文字注记指示制图对象的质量，例如，森林符号中的说明注记"松"，补充说明森林的性质以松树为主。也可以用数字注记说明制图对象的数量，如河宽、水深注记，桥梁的载重量注记，树木的粗度注记，冲沟的比高注记等。

2)地图注记的字体、字级、字色

地图上常用不同的字体表示不同的事物。地图上经常使用的有宋体及其变形体(左斜宋体)，等线体及其变形体(耸肩等线体、扁等线体、长等线体)，仿宋体，还有隶体，魏碑体及美术宋体、美术等线体。

字级是指地图注记字的大小。字级在一定程度上反映被注对象的重要性和数量等级，等级越高的地物，其注记就越大；反之，则越小。

字色指注记所用的颜色。字色与字体类似，主要用于加强要素之间的类别差异。例如，在普通地图上，水系用蓝色注记，地貌用棕色注记，即与所表示要素的用色一致。在专题地图上，字色的应用可提高地图的载负量并区分内容层次，使要素之间的区分更明显，提高易读性。

3)地图注记的排列和配置。

注记的排列和配置是否恰当，常常会影响读图的效果。汉字注记的排列方式有四种：水平字列、垂直字列、雁行字列和屈曲字列。注记配置的基本原则是不应该使注记压盖图上的重要部分，注记应与其所说明的事物关系明确。

4)屏幕地图中地图注记的显示

对于 GIS 中的屏幕地图，用户可以很方便地进行放大或缩小，这时屏幕地图上的注记内容也要随之变化。这种变化通常分为两种形式，一种是注记随着屏幕地图的放大、缩小而放大、缩小，另一种是注记尺寸不随屏幕地图的放大、缩小而变化，但注记内容却在变化。

(1)第一种情况大多是把屏幕地图当作硬拷贝地图(如纸质地图)来使用时出现的情况。如果在屏幕上检查即将输出硬拷贝地图时，为了使在屏幕上出现的情况与输出后出现的情况完全一致，可采用这种随屏幕地图的比例尺自动缩放的方法。

为了使注记的尺寸随着屏幕地图的比例尺而变化，只要把注记的尺寸转换到原始数据的比例尺上，则当给定新的比例尺时，可算出在新比例尺下注记的尺寸，这样就可达到随着地图比例尺的缩放，注记也作相应缩放的目的。

(2)第二种情况是在把屏幕地图当作电子地图使用时出现的情况。这时，注记的尺寸必须使用户能在屏幕上清楚地识别出每个注记。因此，当屏幕地图缩小时，为了使用户能看清楚注记，注记的尺寸不能改变，但为了避免注记之间的压盖，必须自动地舍弃一部分注记；而当屏幕地图放大时，自然就可以显示更多的注记了。所以，在这里注记的自动配置是必须具备的功能。

GIS 通常具有多尺度空间数据。因此，当屏幕上的地图被放大或缩小时，地图上的内容会发生变化，也就是说，GIS 会根据屏幕地图的尺寸范围和比例尺，自动在 GIS 的地理数据库中选择合适比例尺的数据来显示。在这种情况下，地图注记应能根据屏幕地图所显示的内容，自动进行适当的配置。

9.2.4　普通地图符号设计

普通地图的符号，大都经过长时间的考验，基本达到了约定达俗成的程度，为地图使用者所普遍熟悉和承认。普通地图的符号包括点状、线状和面状三种。

1. 点状地图符号设计

1)点状符号的特点

点状符号是用来表示其定位点上的地图信息的地图符号，如水塔、烟囱、测量控制点等符号。点状符号除了拥有地图符号的一般特点外，还有许多自己的特点：点状符号图形的形体相对较小；点状符号图形都有准确的定位点和方向性；点状符号图形固定，不随在图幅中位置的变化而变化；点状符号图形尺寸通常不随比例尺的变化而变化；点状符号图形比较规则，大都是由几何图形构成。

点状符号通常以形状视觉变量来描述地理实体的质量差别，以尺寸视觉变量来描述地理实体的数量差别。根据点状符号图形形状的不同，可粗略地把点状符号分为两大类：象形符号和几何符号。

象形符号以适当简化的图形来模拟表达地理实体的外观，具有形象直观的特点。采用象形符号来表示地理实体，可以使人"望图思物"，无须看图例就知道该符号所代表的物体，因此象形符号深受大家的欢迎。

几何符号(也称为抽象符号)用简单的几何图形及其组合来指代地理实体，具有简单易绘、容易定位的特点。

2)点状符号的构造

通常，点状符号可看成有限直线段的集合，各直线段具有统一的坐标系。但有些点状符号通过直线段的集合来描述，是很困难的。例如，圆用若干直线段来表示就比较困难，而用圆的参数定义就比较容易，只需圆的半径、圆心定位点、色彩和尺寸。因此，点状符号可以定义为是任意线段和规则几何图形的组合。

任意线段和规则几何图形统称为图元，点状符号是多个图元的集合。点状符号设计时以统一的符号坐标系为基础，坐标系的原点就是点状符号的定位点。如图 9-24 所示的点状符号可定义为图形集合，可以描述为以下形式，其中数字 1 代表标准长度单位 1。

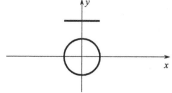

图 9-24　点状符号的符号坐标系

{圆，圆心(0, 0)，半径(1)，色彩，宽度}

{直线段，起点(–1, 2)，终点(1, 2)，色彩，宽度}

在标准的地图图式中，点状符号的定位点有明确的规定，定位点的选取必须遵从图式规定。点状符号的符号描述信息，即点状符号中图元的大小、位置、相互关系，是由图元控制点与符号定位点间的关系推导出来的。

图元是点状符号中常见的规则几何图形，所以在设计点状符号之前要先定义一些基本的图元。点、直线段、折线、圆、椭圆、圆弧等都是点状符号中常见的规则几何图形，可以把它们定义为基本图元。通过对地图图式中点状符号结构的分析，符号制作系统中用来构造符号的基本图元通常是以下九种：点、直线、折线(或多边形)、曲线、圆、椭圆、弓形、扇形、文字。

　　合理地组合应用以上图元，基本上可以构造出地图图式中的所有点状符号。如图9-25所示，水塔符号由四个直线段图元和一个折线(封闭)图元构成，油库符号由一个半圆弧(特殊弓形)图元和一个填充半圆(特殊扇形)图元构成，棕榈树符号由三个直线段图元和一个曲线图元构成。

(a) 水塔　　　　　　　　　(b) 油库　　　　　　　　　(c) 棕榈树

图 9-25　由图元构成点状符号

3)点状符号库的数据组织

　　点状符号包含了两个部分：点状符号的描述信息和图元的绘制程序。点状符号描述信息的数据结构，确定了点状符号库的数据存储方式。点状符号的描述信息表现为构成点状符号的图元与符号定位点之间的关系，即图元控制点与符号定位点的关系。对于方向可变的点状符号(如桥梁)，符号描述信息应包含符号方向线信息。

　　点状符号库需要两部分数据：点状符号索引和点状符号数据。

　　点状符号索引应包括符号代码、符号地址、符号存储长度、符号定位点、符号删除标志等信息。其中，符号代码是符号的标识，用来区别各符号；符号地址是该符号在数据文件中存储的起始位置(以字节计)；符号存储长度是该符号在数据文件中所占的字节数；符号定位点存储该符号的定位点 x,y 坐标；符号删除标志用来对一个符号在逻辑上是否删除进行标识。

　　点状符号数据存储了每个点状符号的描述信息，包括所有组成该点状符号的图元码及其参数。图元码是对不同图元的标识，不同图元的参数个数和参数的类型都各不相同。每个符号在数据文件中占有的存储空间是不相同的，取决于符号的图元个数、图元类型和图元参数的长度。

　　绘制点状符号时，只需根据点状符号索引中的符号代码、符号地址、符号存储长度和符号定位点等信息，读取到点状符号数据中的符号描述信息，将该符号的尺寸变换为地图上的尺寸，依据符号定位点坐标绘制点状符号到地图空间即可。

2. 线状地图符号设计

1)线状符号的特点

　　线状符号是用来表示地图上长度依比例，而宽度不依比例的顺线状延伸分布的地物，如河流、沟渠、道路等的符号。线状符号除了拥有地图符号的一般特点外，还有一些自己的特点：线状符号都有一条有形或无形的定位线；线状符号可进一步划分为曲线、直线、虚线、点状符号线等；线状符号的图形可看作由若干图形组合而成，例如，虚线是由短直线和空白段组合而成。

地图上的线状符号，其形状和色彩视觉变量通常用来表示物体的质量差别，尺寸视觉变量用来表示物体的数量差别。线状符号在地图上的面积不可能很大，用图案来表示效果并不好，所以线状符号很少使用图案视觉变量。

线状符号的形状视觉变量不是指线状符号的整体形状，而是指构成线状符号的基本单元的形状。这个基本单元由一些简单几何图形(图元)组成，线状符号就是多个同样形状的区段沿定位线循环配置而成的。因此，线状符号形状的差别就体现在线状符号循环段的形状区别上。

线状符号的尺寸视觉变量包括线状符号的宽度和线状符号的长度，线符宽度可以定义为循环段宽度的倍数，线符长度就是符号循环段的长度。

线状符号的色彩视觉变量是整个线状符号的颜色，而不是循环段中图元的颜色。

形状相同而只是尺寸或颜色有区别的线状符号被认为是同一个符号，在符号库中只存储一次，只是在绘图调用时改变符号的尺寸或色彩。因此，在线状符号库中只保存符号的形状，对于符号的尺寸变量和色彩变量，只是作为外部调用的参数，这样既可以节省存储空间又方便用户的使用。

2) 线状符号的构造

线状符号由符号循环段构成，不同类型的线状符号循环段代表不同的线状符号，如图9-26所示。

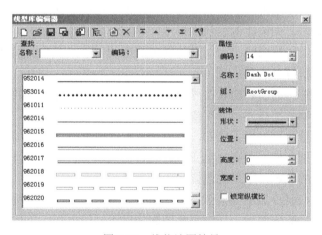

图 9-26　线状地图符号

一个线状符号的循环段其实就是一个点状符号，只是该点状符号的定位点在每个循环段的起点，方向线与线状符号在该段的定位线重合。因此，构成线状符号的图元与构成点状符号的图元大致相同，通常包括点、直线、折线(或多边形)、曲线、圆、椭圆、弓形、扇形、文字等。

线状符号的图元与定位线的关系，如平行、重合、垂直、有夹角、定位线的首末点等，可以通过记录图元与符号循环段的定位线的坐标关系来反映。

在绘制线状符号时，首先要经过"定长提取"获得每个循环段的起、终点和拐弯点坐标，然后以起点为绘制符号的定位点，以定位线的方向为循环段内各图元的旋转方向，绘制该符号的各个图元。若某个图元超出了前方拐弯点，则截去超出部分，将截去部分转到下一折线段内处理。对有截去情况的图元，在拐弯点处还要做变形处理，使得图元随定位线弯曲，在拐弯点处能够紧密结合，而不出现裂缝或重叠现象。

3）线状符号库的数据组织

线状地图符号是通过符号循环段来定义的，而每个循环段都可当作一个点状符号来描述，因此，线状符号的描述信息与点状符号是类似的。线状符号库包括线状符号索引和线状符号数据两部分内容。

线状符号索引包括符号代码、配置方式、符号地址、符号存储长度、符号删除标志等内容。其中，符号代码是符号的标识，用来区别各符号；配置方式是区分线状符号配置类型的标识，包括一次配置、两端配置、循环配置、组合配置等；符号地址是该符号在数据文件中存储的起始位置；符号存储长度是该符号在数据文件中所占的字节数；符号删除标志用来对一个符号在逻辑上是否删除进行标识。

线状符号数据内容包括图元码、位置码和图元参数。图元码是对不同图元的标识，不同图元的参数个数和参数类型都各不相同；位置码表示该图元的位置特征，如图元位于循环段、线状符号首端、线状符号末端等。线状符号的数据量大小取决于符号的图元个数、图元类型和图元参数的多少。

3. 面状地图符号设计

1）面状符号的特点

面状符号是指地图上用来表示呈面状分布的地理实体或地理现象的符号，在二维图的各方向上都能依比例表示，如依比例表示的耕地、果园、水域等。面状符号有如下特点：一般有一个有形或无形的封闭轮廓线；为区别轮廓范围内的对象，多数面状符号要在轮廓范围内配置不同的点状、线状符号或普染颜色。

面状符号由面状符号的面和面状符号的轮廓构成。面状符号的面通常由色彩(底色)和图案视觉变量进行属性特征的描述。

使用色彩视觉变量，可以用不同的色相表示要素的质量差别，而用明度和饱和度的变化来反映要素的数量差别。使用图案视觉变量，也可以表示面状符号的质量和数量差别。图案的色彩是指图案本身的色彩，不是底色。

有时可以用色彩(底色)加图案来强调表示面状要素的类型或等级特征。例如，在用不同的图案描述了面状符号的分类后，又给每种图案加以不同的色彩，以加强面状要素符号化后的分类效果。

2）面状符号的构造

根据面状符号中填充的图像或图形的特点及其绘制方式，可以把面状符号的填充方式分为两类，位图填充面状符号和点符填充面状符号，如图 9-27 所示。

位图填充式面状符号，可以用位图模板来描述。例如，可以使用一个 8×8 的位图模板来定义面状符号，将这个模板按行列顺序排列和填充到面状要素的多边形区域中而形成面状符号。位图中的一个点位对应屏幕上的一个像素，位图的设计可以在8×8的网格上进行，用户可利用面符编辑器设计制作任意形状的位图，如图 9-28 所示。

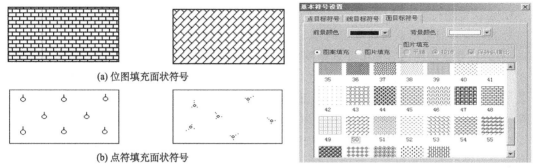

图 9-27　面状符号填充方式　　　　　图 9-28　位图填充式面状符号

点符填充式面状符号，是在多边形内以不同的填充方式(井字形、品字形、散列式等)配置点状符号而形成的，如图 9-29 所示。实现的方法是：先根据配置点符的间隔距离，求出不同填充方式下配置点符的定位点坐标，然后在定位点上绘制该点符。点状符号的描述信息来自点状符号库，在面状符号中只需包含一个点状符号的符号代码即可。

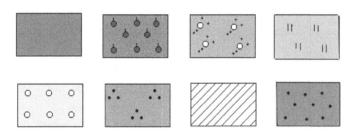

图 9-29　点符填充式面状符号

3) 面状符号库的数据组织

面状符号库需要面状符号索引和面状符号数据两部分数据。

面状符号索引包括符号代码、填充方式、排列方式、符号地址、符号存储长度、符号删除标志等内容。其中，符号代码是符号的标识，用来区别不同的面状符号；填充方式是区分符号填充类型的标识，指定是点符填充，还是位图填充；排列方式用来标识点符填充中配置点符的方式，包括井字形排列、品字形排列、散列式排列等；符号地址是该符号在数据文件中存储的起始位置；符号存储长度是该符号在数据文件中所占的字节数；符号删除标志用来对一个符号在逻辑上是否删除进行标识。

面状符号数据的内容是用于填充的位图或用于填充的点状符号，其数据组织方式与点状符号数据的组织方式一样。

9.2.5　专题地图符号设计

GIS 生成专题地图，可以使用成千上万种专题地图符号来表示专题信息，也可以自由设计地图符号。但是，专题信息的符号化表示必须符合地图设计基本原理，读者才能很好地理解地图的内容。本节重点介绍专题地图符号设计、绘制、使用、管理等方面的特点和要求。

1. 点状专题符号设计

1)点状专题符号所表示的地图内容

(1)联合要素地图内容和单要素地图内容。联合要素地图内容，简称联合要素，是指由若干具有一定联系的地图内容(单项地图内容)组成的复合地图内容，并且可以用一个地图符号表示。例如，工业总产值和农业总产值可以作为一个联合要素，即工农业总产值，用一个地图符号表示。联合要素又分为结构型联合要素和非结构型联合要素两类。

结构型联合要素包含的地图内容反映了一种结构，例如，工农业总产值反映了工业总产值和农业总产值的总和以及各自所占的比例，即体现了一种结构；非结构型联合要素不具有结构，只表示一种关系，如粮食总产和粮食亩产。

结构型联合要素通常以结构性符号表示，如工农业总产值表示为图 9-30(a)的形式有较好的效果，而用非结构性符号[图 9-30(b)]表示时，则效果不好，因为没有表示出地图内容的结构性。反之，非结构型联合要素以非结构型符号表示[图 9-30(c)]，若用结构性符号表示[图 9-30(d)]，可能会使读者产生具有结构的误解。

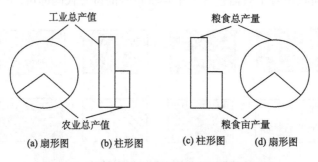

图 9-30　结构型和非结构型联合要素的符号化

单要素地图内容，简称单要素，是相对于联合要素而言的，即指具有单项属性特征的地图内容。联合要素可以看作是包含了几个单要素地图内容的地图要素，而且要用一个符号表示，所以联合要素和单要素地图内容在符号设计上的要求是不一样的。

(2)可用点状符号表示的地图要素的类型。点状符号是只有一个有意义的定位点的地图符号。点状符号不仅可以表示点状要素，而且还可以表示顺序分级、间隔分级和数值表示的面状要素。为了使点状符号与地图要素有明确的关系，并考虑到点状符号在设计上的不同，可以把点状符号所表示的地图要素分为五类。这五种地图要素类型包含了绝大多数可以用点状符号表示的地图要素：①质量型单要素，单要素的定性表示、分类表示和顺序分级；②数量型单要素，单要素的间隔分级和数值表示；③时间型单要素，单要素表示趋势时的间隔分级和数值表示；④结构型联合要素，子要素具有结构性的定量要素(间隔分级和数值表示)；⑤非结构型联合要素，子要素不具有结构性的定量要素(间隔分级和数值表示)。

根据这些地图要素的点状符号特点，可以把地图要素归为定质地图要素和定量地图要素两类。对于既有定质特征，又有定量特征的混合地图要素的符号化，可以参照定质地图要素和定量地图要素的符号化方法，用组合的方法实现。

2)定质型地图要素的点状符号设计

能够用点状专题符号表达的定质型地图要素主要就是质量型单要素，其点状符号如

图 9-31 所示。

图 9-31　定质型地图要素的点状符号

这些符号通常称为个体符号，通常用形状反映地图要素的性质，而用尺寸反映地图要素的等级。由于这些点状符号尺寸较小，色彩通常用来强调性质，而不用于表示等级。单独用形状来表示等级的效果也不好，可用形状结合尺寸的方法。

这些点状符号在 GIS 中有两种形式，即矢量型和栅格型。栅格型点状符号记录为点阵信息，很容易建立和管理。定质地图要素的矢量型点状符号的组织管理则比较复杂，需要与普通地图点状符号的组织管理一样，建立点状专题符号库。

对表示质量型单要素的点状符号，在绘制时应通过定位点坐标及符号的形状、色彩和尺寸来确定一个具体的点状符号。

3) 定量型地图要素的点状符号设计

定量型地图要素是指间隔分级和数值表示的地图要素，包括数量型单要素、时间型单要素、结构型联合要素和非结构型联合要素，相应的点状符号如图 9-32 所示。

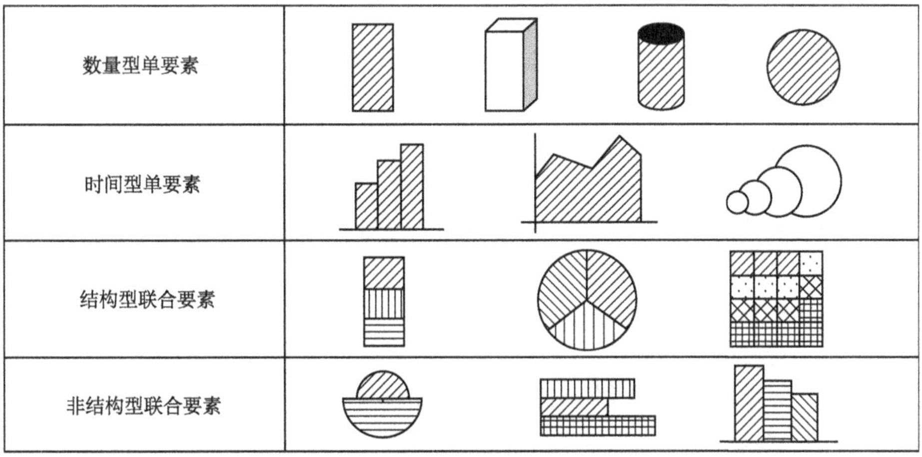

数量型单要素				
时间型单要素				
结构型联合要素				
非结构型联合要素				

图 9-32　定量型地图要素符号

(1)数量型单要素的点状专题符号。对于表示数量型单要素的点状专题符号，其形状往往与其所表示的地图要素有关，例如，习惯用圆来表示区域的人口数。

这种点状符号的核心视觉变量是尺寸，可以用以反映要素的数量。当表示要素的间隔分级时，符号的尺寸表示了要素的等级，因此尺寸之间需要有一定的关系；当表示要素的精确数值时，符号的尺寸将随数据的不同而改变。

对这种表示数量型单要素的点状符号，在给出了定位点、形状编号、色彩或图案和一个符号的尺寸后即可绘出。

(2)时间型单要素的点状专题符号。时间型单要素是指随时间变化的地图要素，如人口

图9-33　时间型单要素的点状专题符号

逐年的变化。对于表示时间型单要素的点状符号，其符号的形状是指构成符号的形式，所以，图9-33所示的符号实际是同一个形状。

也就是说，表示时间型单要素的点状专题符号可以看作是多个表示数量型单要素的点状符号的合成。单要素的数目是个变量，在点状符号具体绘制时，要与该地图要素具有的时间点的数量相对应。

色彩或图案通常用来反映地图要素的性质，而这种点状符号表示的是单要素的变化趋势，因此色彩或图案通常只有一种。

这种点状符号的尺寸需要有多个数据来描述，地图要素的每个时间点上的数据对应一个符号尺寸数据，而具体的符号尺寸需根据专题数据的数值来计算确定。

例如，要表示我国各省、自治区、直辖市近五年人口数的变化时，每个省将有五年的人口数需进行表示。可以使用图9-33所示符号进行表示，即指定使用这种形状的点状专题符号。同时，还需给定色彩，如红色，来指定符号的颜色。最重要的是需要根据每年的人口数，计算出该符号的五个尺寸。

当用间隔分级表示人口数时，需首先把人口数进行分级，并确定每级对应的符号的尺寸，然后根据某地区五年的数据分别确定属于哪个等级，这样就可以确定这个符号的各部分的尺寸了。在给出了定位点后，就可绘制符号了。

(3)结构型联合要素的点状专题符号。结构型联合要素是指联合要素的各子要素反映了一种结构，而子要素的多少和点状符号的形状没有直接对应关系。

结构型联合要素的子要素之间实际是分类的关系，所以通常用色彩来表示子要素的分类，有时也可用图案。

结构型联合要素的点状符号，其尺寸是对整个符号而言的，因而间隔分级时符号的尺寸就是指整个符号各个等级的尺寸；而数值表示时，具体某个符号的尺寸可由它所表示的数据与最大尺寸所表示的数据的比例来确定。

在确定了整个符号的尺寸后，还要确定符号内部各子要素所占的比例，这只要根据具体的专题数据就可计算出。因此对绘制这种点状符号的软件，需要提供符号形状、子要素个数 n、子要素对应的色彩或图案个数 n、符号的总体尺寸、各子要素占的比例和定位点的坐标，才能绘制出相应的符号。

(4)非结构型联合要素的点状符号。表示非结构型联合要素的点状符号与表示结构型联合要素的点状符号在设计时有许多相似之处，如需要用色彩表示子要素之间的分类关系等。主要区别在于：对非结构型点状符号，尺寸是对各子要素而言的，因此对间隔分级的非结构型联合要素，要对每个子要素进行分级，而且要给出每个子要素各个等级相应的符号尺寸。

例如，对表示粮食总产和粮食亩产的联合要素，假设需对粮食总产分五级，对粮食亩产分六级，并用图9-34所示符号表示，则需对亩产的六个等级分别确定尺寸，对总产的五个等级也分别给出尺寸。而某一个符号只需要两个尺寸，分别由这个符号所表示的亩产和总产的等级确定。所以，当给定了符号的形状、子要素的个数 n、相应

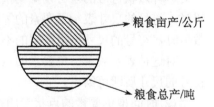

图9-34　非结构型联合要素符号

的色彩或图案个数 n、尺寸个数 n 和定位点的坐标后，即能绘制非结构型的点状符号。

虽然点状符号由形状、色彩、尺寸和图案等视觉变量构成，但根据地图符号所表示的地图要素类型，点状符号视觉变量的作用有所不同。只有弄清每种视觉变量在不同类型地图要素表示中的作用，才能更好地进行符号的设计和绘制。

2. 线状专题符号设计

1）线状符号的类型及其视觉变量

构成线状符号的视觉变量是形状、色彩、尺寸和图案，线状符号的设计就是确定构成线状符号的视觉变量的具体值。

视觉变量原理认为尺寸可以表示顺序和等级，但对线状符号来说，"尺寸"的具体含义是什么呢？

图 9-35（a）图中的线状符号是虚线，虚线的加宽是尺寸的变化，每段线的长度变化是尺寸的变化，虚线的间距也是尺寸的变化，因此虚线有三个尺寸的变化。图 9-35（b）图中的线状符号是一种境界线符号，具有更多的尺寸变化。

(a) 虚线符号 　　　　　　　　　　　　　　(b) 境界线符号

图 9-35　线状符号及其尺寸视觉变量

但并不是每个尺寸的变化都意味着顺序和等级的变化，所以，可以认为线状符号的尺寸可以分宽度尺寸和长度尺寸两部分。宽度尺寸是控制线状符号宽度方向各部分的尺寸，长度尺寸是控制线状符号长度方向上各部分的尺寸，而且这两个尺寸的变化都可以表示顺序和等级的变化，因此可以认为这两个尺寸是线状符号的视觉变量"尺寸"的具体体现。当图 9-35（b）中线状符号的宽度尺寸发生变化时，其短线的长度、线段的宽度、圆点的半径都要作相应的变化。

用于表示定性、分类和顺序分级的线状符号称为质量型线状符号，用于表示间隔分级和数值表示的线状符号称为数量型线状符号。质量型线状符号由形状、色彩和尺寸三个视觉变量构成，数量型线状符号由形状、色彩、尺寸和图案四个视觉变量构成，且两种线状符号的绘制和处理方式是不一样的。

2）质量型线状符号的设计

质量型线状符号的设计与普通地图类似，可以建立线状专题符号库。在利用符号库绘制线状符号时，如果把符号每部分的尺寸都定死，那就成了固定的线状符号，显然不行。但如果把线状符号每部分的尺寸都作为调用参数，则使用时很不方便。一个较好的办法是把线状符号的各部分的尺寸转换成随符号整体的宽度和长度尺寸变化，这样在调用绘图函数绘制线状符号时，只要给出定位线坐标、符号编号、色彩和尺寸（宽度和长度尺寸）即可，大大方便了使用。

同普通地图的线状符号一样，可以通过人机交互手段来定义和设计质量型线状符号，用线状符号的描述信息来定义线状符号。为了在线状符号绘制时更加方便和灵活，调用某一线状符号绘制函数时，应允许以参数的形式修改其色彩和尺寸（宽度尺寸和长度尺寸）。

3）数量型线状符号的设计

表示间隔分级和数值表示地图要素的线状符号称为数量型线状符号，图 9-36 列出了常用的三种。当需要表示方向时用图 9-36（a），无方向时用图 9-36（b），双向时用图 9-36（c）。例如，要表示石油的流向时，常使用图 9-36（a）所示的线状符号，而且往往用较暗的色彩表示"石油"运输量。再如，要表示道路双向的车流量时，则可用图 9-36（c）所示的线状符号。

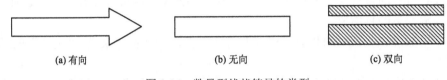

　　　　(a) 有向　　　　　　　　　(b) 无向　　　　　　　　(c) 双向

图 9-36　数量型线状符号的类型

数量型线状符号由形状、色彩、尺寸和图案四个视觉变量确定，常用尺寸来表示等级和具体的数值。数量型线状专题符号的绘制往往用软件编程实现，一种符号对应一段程序。

3. 面状专题符号设计

1）面状符号及其视觉变量

面状符号由面状符号的面和面状符号的轮廓构成，面状符号的面由色彩（指底色）和图案视觉变量构成。

色彩通过不同的色相表示面状要素的性质和分类，用明度和饱和度的变化来反映要素的顺序和等级，有时也使用色彩的其他性质，如用色彩的远近感来表示要素的顺序和等级。图案可以表示面状要素的性质、分类和分级，图案本身也有色彩，即图案的色彩，不是图案的底色。面状符号可以用色彩（底色）加图案来表示，可以起到强调作用，例如，在用不同的图案分类后，又给每种图案以不同的背景色彩以加强分类的视觉感受效果。

对于描述面状要素性质特征的面状符号，只要应用指定的色彩或图案，对面状要素相应的多边形坐标数据进行填充，即可完成面状符号的绘制。

对于描述面状要素分类特征的面状符号，首先要确定进行面状符号分类表达的色彩或图案，其次根据每一面状要素所属的类型，使用相应的色彩或图案进行填充。

对于描述面状要素分级特征的面状符号，首先要确定用哪些色彩或图案来表示面状要素的等级，其次根据每个要素的等级选用相应的色彩或图案进行填充。

对于政区图的填色或类似的情况，理论上只要有四种色彩就足够了，但在实际制作政区图时，通常用五种以上的色彩。对政区的设色要求是每两个相邻的政区都能用不同的色彩区分开。如果用计算机自动设色，则需要进行逐步的尝试，并且可以指定某一政区用某种色彩。但政区图中某一政区的色彩往往有特殊的约定，因此大多数采用人机交互的方式来设定色彩。

面状符号的轮廓由形状、色彩和尺寸视觉变量构成，因而可以当作线状符号来处理。

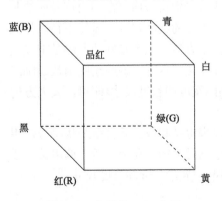

图 9-37　色彩的 RGB 空间

2) 色彩的设计

计算机上色彩通常用 RGB(红、绿、蓝)表示。RGB 空间是一个三维正立方体(图 9-37)。RGB 颜色空间的三个基本轴分别表示 R、G、B,原点为黑色,白色位于黑色的对角顶点。与使用 RGB 加色法来描述颜色相比,用色相、亮度和饱和度来描述色彩更加符合人类对颜色的自然直观感受。当给出颜料让人调配出指定的颜色时,他一定会先调配出类似的色相,再加白色或黑色来调整其亮度和饱和度。因此色相、亮度和饱和度构成的颜色空间,即 HLS 空间,对色彩的设计更有用。HLS 空间是个双圆锥体(图 9-38),RGB 空间可以方便地转换到 HLS 空间中。

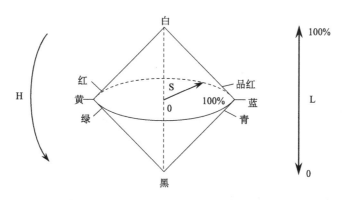

图 9-38　色彩的 HLS 空间

有了 RGB 颜色空间和 HLS 空间的相互转换后,就可在计算机上用色相、亮度和饱和度来定义一个颜色了,这样更符合人的视觉感受。所以,地图屏幕色的设计可以通过人机交互的手段,通过分别修改色相、亮度和饱和度来得到需要的色彩,而在计算机内部则需把色相、亮度和饱和度转换成 R、G、B 值。

9.2.6　地图输出

地图输出就是将地理空间数据转换成可视化地图图形的过程,是地理空间数据可视化最常用、最有效的方式。地理空间信息经符号化以后的输出有三种形式:屏幕显示、纸质绘图、胶片输出。

1)GIS 中地图显示的特点

作为地理空间信息的图形化表达,GIS 中地图的基本特征与传统地图一样,但在显示上也有其自身的特点。

(1)GIS 中的地图以地理空间数据库为数据基础,可以不受地图分幅的限制,避免了地图拼接、剪贴、复制等烦琐的处理过程。在显示输出时的比例尺也可以在一定范围内调整,不受传统地图固定比例尺的限制。

(2)GIS 可以提供远远超过传统地图的信息内容供用户进行制图内容的选择。GIS 在进行制图输出时,可以根据应用需要进行分要素、分层和分级地表达地理空间数据,有利于专题地图的生成和制作。

(3)GIS 中的地图是存储于介质上的数据,只要数据更新了,地图可视化的内容自然就更新了。传统地图虽有修测和再版的制度,但更新周期过长,不利于表示地理信息的最新变化。

(4) GIS 中的地图有更好的方式表达动态的地理空间信息。例如，可以用地图动画的方式显示地理实体或地理现象的动态变化，比传统纸质地图的动线法等可视化方式有更好的视觉感受效果。

(5) GIS 中的地图制图输出手段多种多样，有屏幕显示输出、打印机或绘图机纸张输出、印刷胶片输出等。由于这些输出设备在坐标系、坐标单位和颜色空间方面都不同，很难做到在不同的输出方式下地图显示的视觉效果都完全一致。

2) 屏幕显示

光栅或液晶的屏幕是比较廉价的地图显示设备，常用来做人机交互的输出设备，其优点是代价低、速度快，色彩鲜艳，且可以动态刷新，缺点是非永久性输出，关机后无法保留，而且幅面小、精度低、比例不够准确。

因为屏幕同绘图机的彩色成图原理有着明显的区别，所以屏幕所显示的图形如果直接用彩色打印机输出，两者的输出效果往往存在着一定的差异，这为利用屏幕直接进行地图色彩配置的操作带来很大的障碍。解决的方法一般是根据经验制作色彩对比表，以此作为色彩转换的依据。近年来，GIS 在屏幕与绘图机色彩输出一体化方面已经卓有成效。

3) 纸质地图

可以通过矢量绘图机或打印机将地理空间数据可视化结果输出到纸张上，形成纸质地图。

(1) 矢量绘图。矢量绘图是指依据地图要素的坐标数据和属性数据，形成符号化后的矢量绘图指令数据，通过绘图指令驱动绘图设备进行地图绘制。

(2) 打印输出。打印输出一般直接以栅格形式进行，可利用行式打印机、点阵打印机、喷墨打印机(也称喷墨绘图仪)、激光打印机等打印输出。

4) 胶片输出

胶片输出基本原理是：在 GIS 地图设计与编辑、符号化、注记配置等处理的基础上，实现基于 PostScript 语言的地图数据输出。将满足出版要求的地图数据用 PostScript 语言描述，经预打样检查之后，经过地图出版的专用栅格图像处理器(raster image processor，RIP)，控制输出设备输出专色或分色胶片。胶片输出的数据流程如图 9-39 所示。

(1) 数据输入及准备。主要是将地理空间数据转换为基于 PostScript 语言的描述。在这个过程中，要注意处理好数据要素丢失、套色不准、色层不统一、符号不全、字体定位偏移等问题。

(2) 地图编辑及出版编辑。地图编辑主要包括比例尺变换、投影计算和变换、地图拼幅与截幅、图廓误差纠正与精度测试、地图要素增删改、地图要素综合、图廓整饰等；出版编辑主要包括要素分版、优先级处理、符号配置与生成、符号化处理、色彩设计、汉字注记、地图内容的相互关系处理、区域边界生成、晕渲等。

(3) 色彩模式转换。印刷一般要求 CMYK 四色套印，而原始数据，特别是一些图像数据，其色彩模式大多为 RGB 模式。所以，必须完成 RGB 到 CMYK 的转换。

(4) 拼版组版。对于符合出版要求的数据在输出前需要进行拼版加工，以最大限度地利用输出设备的幅面来输出胶片。

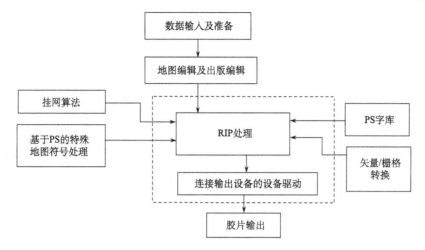

图 9-39　胶片输出的处理流程

(5)数字彩色打样。在胶片输出前还要通过数字彩色打样，检查产品的内容、挂网、设色等是否正确，整体效果是否达到用户要求，对存在的问题进行修改。打样还可以在需要地图份数不多的情况下，输出若干样图直接使用，无须出胶片和印刷。

(6)RIP 处理。输出控制中的关键部分，主要是解释 PostScript 语言描述的地图数据，并将数据转换成栅格形式。

(7)胶片输出。在校样之后，经 RIP 处理并将栅格数据经激光照排输出设备输出为四色胶片或专色胶片，供制版和印刷。

9.3　扩展地图可视化

扩展地图可视化是指在地理空间数据的常规地图可视化方式基础上，对地理空间数据的可视化方式进行了扩展，主要包括电子地图可视化和扩展电子地图可视化两种方式。

9.3.1　电子地图可视化

1. 电子地图及其特点

电子地图(electronic map)，是指以数字方式存储、在电子屏幕上显示、以人机交互方式使用的可视地图。由于电子地图是在电子屏幕上显示的地图，又称"屏幕地图"。

电子地图是 20 世纪 80 年代中期随着 GIS 的发展而产生的，逐步从单幅地图的实时显示发展到电子地图集，从浏览型电子地图发展到分析型电子地图，从静态电子地图发展为动态电子地图。

电子地图的数据存储与数据显示是分离的，并且其数据内容可以不断更新，数据显示可以随时调整。因此，与传统纸质地图相比，电子地图有了新的特点。

1)动态性

电子地图具有以动态方式表现地理空间信息的能力。电子地图的动态性表现在两个方面：一是用具有时间维的地图动画来反映事物随时间变化的动态过程，并可通过对动态过程的分析来反映事物发展变化的趋势，如城市区域范围的动态沿革变化，河流湖泊水涯线的不断推移等；二是利用闪烁、渐变、动画等动态显示技术来表达地理实体或现象，以吸引用户的注意力和理解地理空间信息的特征，如通过色彩浓度动态渐变产主的云雾状感受来描述地物定位的不确定性，通过符号的跳动闪烁来突出反映地理实体或现象的空间位置和重要性等。

2) 交互性

电子地图具有交互性，即通过地图使用者与电子地图的交互操作，可以实现地理空间信息的查询、展现和分析等，使用户能够更好地认知地理空间信息。

在电子地图数据进行可视化显示时，地图用户可以对显示内容及显示方式等进行干预，将制图过程与读图过程融为一体。由于用户使用电子地图的目的不同及对地图内容的理解不同，对同样的地理空间数据会产生完全不同的可视化结果。也就是说，电子地图的表达和使用更加个性化。

电子地图实际是一个地理信息系统，因此可以提供数据查询、图面量算、空间分析等交互应用工具，方便用户更方便、更灵活、更有效地认知地理空间信息，从而使电子地图发挥出更大的作用。

3) 多媒体性

电子地图以地理空间数据中的地理实体或现象为主体，将图像、文字、声音、视频等多媒体信息融入电子地图中，弥补了静态纸质地图在信息内容和表现方式上的先天缺陷。

将多媒体数据加入到电子地图数据库后，通过人机交互的查询手段，可以获取与地理实体或现象相关的多媒体信息，大大丰富了地图的内容，有利于充分调动读者的多种感官，最大限度地发挥地理空间信息的认知效能。因此，电子地图在提供不同类型信息、满足不同层次需要方面具有传统地图无法比拟的优点。

2. 电子地图设计的依据

电子地图与纸质地图具有许多不同的特点，纸质地图是建立在纸和模拟图形基础上的，而电子地图是建立在计算机屏幕和数字图形基础上的。电子地图设计是建立电子地图系统的主要准备工作，是生成满足用户需求的高质量的电子地图的基础。进行电子地图设计时，用户需求、软硬件环境、资料情况及地图用途等因素是电子地图设计的主要依据。

1) 用户需求

满足用户需求是电子地图设计的首要目的，也是检验电子地图设计结果好坏的尺度。

例如，军用电子地图是作战指挥最基本的工具，利用电子地图不但可以研究分析作战环境，而且可以标绘敌我态势图、兵力部署图、火力配置图等。因此，军用电子地图的基本要求是：可进行图幅的拼接和裁剪，可任选地图显示区域范围(如矩形、方形或圆形等)；电子地图各要素既能分层、分级显示，又能叠加显示；能在电子地图上按指定位置清晰地标绘各种军事目标；能快速调阅已存储的各种军事情况图，并能快速准确地实施叠加；能按图幅编号、地名及范围、经纬度、比例尺和图名进行调阅；具有开窗放大、区域漫游、推拉镜头、线划加粗变细、图形放大缩小和立体显示等功能；等等。

2) 软硬件环境

软硬件环境是电子地图设计的基础，确定了电子地图制作和使用的软硬件基础。

硬件环境可以分为电子地图制作硬件环境和电子地图使用硬件环境，包括数据采集、数据存储、数据传输和图形图像显示等设备，如计算机、扫描仪、数据采集设备、网络环境、可视化设备、人机交互设备等。

软件环境也可分为电子地图制作软件环境和电子地图使用软件环境，主要包括计算机操作系统、数据库管理系统、地图数据采集软件、地图符号制作软件、地图可视化显示软件、网络数据传输软件、多媒体显示软件、设备驱动软件等。

3）资料情况

资料情况指电子地图的数据内容，决定了电子地图制作和使用的地理空间数据内容、数据组织方式、数据显示方式和地图使用方式。

电子地图所需要的资料包括：数字地图数据，指各种类型和尺度的数字地图，有些来源于已出版的纸质地图；遥感影像数据，主要指不同范围、类型、时间、分辨率的航空像片数据、卫星遥感数据等；专题数据，指电子地图涉及的地理实体或现象的属性特征数据，如专题统计数据、兵要地志数据等；多媒体数据，指地理实体或现象相关的多媒体信息，如图片、视频、音频、文本、报表等。

制作电子地图需要各种与地图用途相关的资料，这些资料往往需要经过处理（如配准、投影变换、化简、关联、切片、分层等）才能成为电子地图可以直接使用的数据。

4）地图用途

地图用途是电子地图设计的基本依据，不仅决定了电子地图的内容和显示方式，而且决定了电子地图的人机交互操作方式。

地图用途包含的内容很多：用户类型，不同的地图用户对地图内容和使用方式会有不同的要求；使用目的，决定了电子地图应具有的功能，如对车辆导航应用目的，需要提供路径规划功能；使用环境，桌面地图使用环境、移动地图使用环境、夜晚地图使用环境、电子屏幕的尺寸与分辨率等直接影响到电子地图显示的内容、可视化符号的设计和人机交互的方式等。

3. 电子地图符号设计

电子地图符号设计需要考虑电子地图显示环境和条件，运用电子地图视觉变量理论和方法，根据表示要素及其特征的需要，确定符号的类型和视觉变量。

地图符号对地图表示效果起着决定性的影响，地图符号设计是电子地图设计中极为重要的一环。电子地图的符号，在国家基本比例尺地形图中，应与纸质地图的符号保持一致，即遵守现行的地形图的图式标准，以利于阅读的连续性，但符号的尺寸要根据视距和屏幕分辨率进行修改。对于没有图式规定的小比例尺地图，其符号设计要自行拟定，但也要和国家基本地形图的符号保持一定的联系。电子地图的符号设计内容主要有图案设计、尺寸设计、色彩设计和动态符号设计。

1）图案设计

图案设计是指电子地图符号中的图案如何构图。构图一般应遵循形象、会意、美化和逻辑性等原则。

形象是指所设计的符号与对象具有相似性，即要抓住对象的主要特征，使读者建立符号和实体的联想；会意是指对于那些在地面上无明显形状的一些现象，其符号应便于读者理解，如境界线、航线等的符号化方法；美化是指设计的符号要有艺术性，主要体现在符号美观、简洁、明显等方面；逻辑性是指地图内容的分类、分级、重要、次要等特点要体现在图形的变化上。

2）尺寸设计

尺寸设计是指确定电子地图符号的大小和线划的粗细。

与纸质地图符号尺寸不同，影响电子地图符号尺寸的最主要因素是图形载体(电子屏幕)的分辨率和阅读距离。电子屏幕的分辨率一般为 0.3mm 左右，而纸质地图的分辨率一般为 0.1mm 左右。在阅读距离上，电子地图一般为 1m 左右，而纸质地图一般为 30cm 左右。因此，在设计电子地图符号尺寸时，要考虑屏幕分辨率和视距对符号尺寸设计的影响，使设计出的符号清晰易读。

除此之外，还应考虑到电子地图的用途、地理环境特点、地物等级及符号的相互配合问题等。对于旅游用的电子地图，其旅游景点的符号尺寸应大些，以突出主要内容。在地理环境方面，地物稀少地区的符号尺寸可大些，地物稠密区的符号尺寸可小些。等级高的地物，符号尺寸应设计大些，反之则要小些。符号间尺寸的恰当配合也是设计中不可忽视的，例如，圆形居民地符号与公路符号之间尺寸的配合问题，圆形的直径应适当大于公路符号的宽度，等于或小于都是不恰当的。

3) 色彩设计

色彩设计是指确定地图符号的色彩，色彩在电子地图符号中作用尤为突出，对增强电子地图的表现力、减少符号数量等具有重要意义。

色彩的表现力体现在符号的颜色可明显区别物体或现象的分类、分级、质量、数量、重要性等特征。减少电子地图符号的数量主要体现在用同一个符号不同颜色来表现同一类别而质量不同的物体，甚至可表现不同类别的物体或现象。

4) 动态符号设计

动态符号设计是指用地图符号的动态变化来表达地图内容的动态变化，是电子地图特有的可视化表达方式，是电子地图动态显示的基础。

动态符号的出现使用户更容易理解图上所表示的现实世界，较传统静态符号减少了抽象思维的过程。动态符号设计除常用静态视觉变量外，还用到动态变量(显示时刻、持续时间、频率、显示顺序、变化率和同步变量)、扩展视觉变量(清晰度、模糊/朦胧、晕影、透明度、纹理)。

动态符号的实现需要有动态显示技术的支撑。如动画变量可用播放的帧速率表示；视频可用播放时间表示；闪烁显示的符号可用闪烁速率表示；高亮显示的符号可用色相和亮度表示等。

4. 电子地图显示形式

电子地图的显示形式根据地图用途、显示设备、地图操作等的不同而采取不同的方式。图 9-40 是手机上用于车辆导航和共享单车的电子地图显示样式示例。

地图用途。地图有不同的用途，如车辆导航、旅游参考、认知战场环境、查询专题信息、显示文化特征、分析土地利用、表达人口迁移等。同时，不同的地图用途可能会有不同的用途环境，例如，导航地图往往在车载环境中使用。地图显示效果应该更好地符合地图的用途，不同用途的地图可能需要不同的地图显示效果，在地图符号、注记样式、显示风格等方面都可能不同。

显示设备。显示设备的显卡性能、屏幕尺寸、颜色空间、分辨率等的不同，使得同一地理要素进行相同的符号化显示时，会有不一样的效果，有的亮度降低、有的层次感减弱、有的符号变小，等等。常用的图像显示设备有阴极射线管(cathode ray tube，CRT)屏幕、液晶屏幕、投影仪屏幕、掌上电脑、汽车内显示屏、手机屏幕等，屏幕尺寸有大有小，计算机运算速度有快有慢。相同地理范围在不同尺寸的屏幕上显示时，屏幕尺寸大的较尺寸小的显示的地图内容要更加详细。

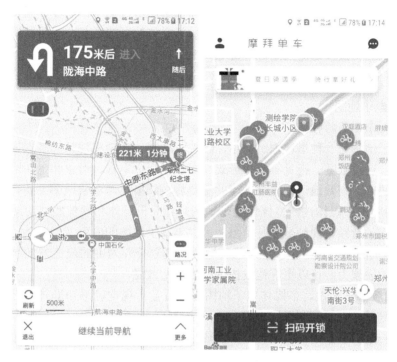

图 9-40　手机电子地图示例

地图操作。屏幕地图的比例尺和地图内容的载负量会随着用户对屏幕地图的操作(放大、缩小、漫游、查询、分析等)而发生变化，这将影响到地图显示内容的变化，其表现手法和采用的符号也可能会发生变化。例如，从全球到国家到省到市再到镇的地图显示操作，居民地的符号应从圈形符号自然变化到平面轮廓图形符号再变化到街区图形符号。

电子地图显示方式主要有全要素分区、分层和分级显示，专题要素闪烁显示，要素特征多媒体显示等。

1) 全要素分区、分层和分级显示

电子地图显示需要表达迅速、内容清晰、易于阅读，但电子地图显示区域较小，地图数据内容很多，若不进行地图内容的显示控制，那么用图者很难从大量的地图内容中找到需要的信息。为了使有用的信息得到突出显示，一般采用分区、分层和分级的策略。

分区显示是将制图区域分成若干区域，根据地图用途确定这些区域的重要性程度，以不同的详略程度和表达方式来控制不同区域中地图内容的显示；分层显示是指根据地图用途将地图内容划分不同的图层，如道路图层、河流图层等，可以根据用户使用情况，指定显示的图层；分级显示是指在分层显示基础上，根据地图内容的重要性，随着地图的放大，重要的信息先显示，次要的信息后显示；概要的信息先显示，细节的信息后显示。

2) 专题要素闪烁显示

对于需要突出显示的专题要素，可以采用闪烁显示的方法来引起读者的重点关注，即通过规定一组静态符号的有序快速播放(包括起始状态、中间状态和终止状态)，来强调表现事

物或现象的重要性。闪烁显示能吸引读者的注意力，便于快速寻找目标。

3）要素特征多媒体显示

电子地图中的地理实体或现象包含了多媒体信息，通过文本、图片、视频、声音、动画等构成了更直观、更细致的特征信息。如何触发多媒体数据的显示、如何发挥多媒体的表达效果、如何更新和修改多媒体数据等，是电子地图设计需要考虑的内容。

9.3.2 扩展电子地图可视化

1. 多媒体电子地图

1）多媒体电子地图的特点

多媒体电子地图是一种集地图、文字、图片、动画、音频和视频等多媒体信息于一体的电子地图产品，通过听觉、视觉等感知形式，更加直观、丰富、形象和生动地表达地理空间信息，使用户快速、高效地认知地理环境的主要特征。多媒体电子地图主要有以下特点。

（1）信息内容的多媒体性。多媒体电子地图是计算机硬件和软件发展的结果，集成了地图、影像、文本、音频、视频等多种信息，大大丰富了地图的内容。

（2）表现形式的多样性。相比传统纸质地图以线划符号为主的表达方式，多媒体电子地图增强了地图的表现力，可以更好地发挥地图的认知效能。

（3）感知内容的多元性。多媒体电子地图通过听觉、视觉等感知形式，可以获得以多媒体方式组织起来的信息，有利于用户综合认知地理环境的多元特征。

（4）使用方式的交互性。多媒体电子地图通过人机交互手段，使读者由被动读图变为主动查询，便于用户获得需要的信息内容。

2）多媒体电子地图的制作

多媒体电子地图制作就是应用 GIS 技术，将地图数据与多媒体数据结合起来，通过数据获取、数据处理、数据集成、软件调试等步骤，形成可发布的软件产品。

（1）数据获取。根据多媒体电子地图的内容要求，进行相关数据的准备，包括地图数据和多媒体数据。

（2）数据处理。根据多媒体电子地图软件的数据使用要求，将地图数据和多媒体数据进行规范化处理，如坐标配准、图像裁剪、视频编辑、动画制作等。

（3）数据集成。使用多媒体电子地图软件进行数据组织、图幅构建、热点设置、媒体信息链接、数据库关联等，将地图数据与多媒体数据有机集成起来。

（4）软件调试。通过对多媒体电子地图软件系统的调试，消除各种错误，并形成数据与软件一体的电子地图产品，以便出版和产品复制。

2. 地图动画

1）地图动画的特点

地图动画，也称动态地图、动画地图等，是指在地图上以动态变化的地图符号来表达地理空间信息动态特征的地图形式。地图动画使用动态地图符号来表现地理实体或现象的时空变化，具有以下特点：①可以展现地理实体或现象各种属性特征随时间变化的过程，如地壳演变、冰川形成、人口变化等过程；②可以展现地理实体或现象空间位置随时间发生变化的过程，如人、车、船、飞机、卫星、导弹、云等空间位置的变化；③可以实时显示地理实体或现象的空间位置和属性特征及其动态变化情况。通过各种实时监测设备可以获取目标的当前位置和状态，并在地图上进行实时显示，如航班实时监控、地面交通状况实时显示等。

2）地图动画的可视化表示方法

（1）采用具有地图要素动态特征表达功能的传统地图符号来表示制图对象的动态变化，即采用静态的地图符号来表达事物或现象的动态变化。例如，用带箭头的线状符号表示地理实体或现象的移动路线，用符号加时间标注来表示地理实体或现象在某一时刻的位置。

（2）通过地图符号的动态变化来表示制图对象的特征变化，即使用动态地图符号来反映事物的质量、数量、空间特征的变化。例如，通过地图符号空间位置的变化，反映制图对象的空间运动路径；通过地图符号变化的时长、速率、次序及节奏等，反映制图对象的属性特征变化。

（3）制作一系列内容逐步变化的地图快照来表现地理空间信息在不同时刻的状态，通过播放这些地图快照来形成地图动画，使读者在视觉上感受到地图内容随时间所发生的变化，从而形成对事物或现象动态变化的空间认知。

3. 三维电子地图

1）三维电子地图及其特点

三维电子地图，简称三维地图，是以三维可视化方式对地图内容的实景模拟表达。网络三维电子地图（图 9-41）通常集成了生活资讯、电子政务、电子商务、虚拟社区、出行导航等信息，具有地图内容查询、路径规划与导航等应用功能。与二维电子地图相比，三维电子地图具有一些新的特点，主要体现在以下几个方面：①三维电子地图增加了一维显示空间，可以给地图用户提供更丰富的视觉感受，便于更好地实现对地图内容的空间认知；②三维电子地图的地图符号增加了高度显示轴，可以显示更多的属性特征，便于地理空间数据的有效表达；③三维电子地图的显示方式更符合人们的日常习惯，使地图用户更容易理解和感受场景所表达的地理空间信息；④三维电子地图可以更形象地表达地理环境及相关信息，二维电子地图则更加抽象，可以满足不同的用图目的和用图习惯。

图 9-41　郑州市三维电子地图

2）三维电子地图的制作

三维电子地图除了采用传统的视觉变量表达地理实体与现象的特征外，还要用色彩、阴影、纹理、透视变换等来构造三维影像，而三维电子地图的制作则需要三维可视化软件的支持，主要包括建模软件、平台软件和应用软件三类。

（1）建模软件。主要用于构建三维模型，即将现实世界中的房屋、道路、管道、植物、动物、日常用品等建成三维模型的数据。

(2) 平台软件。基于三维模型数据，实现三维数据的显示、漫游、观察、分析、交互等功能，并提供二次开发接口，是制作三维电子地图的基础软件。

(3) 应用软件。即使用三维电子地图的软件系统，如数字校园、数字小区、数字城市、三维导航等三维电子地图系统。

因为真三维的电子地图需要大规模的三维建模工作，所以，目前大多数三维电子地图都是 2.5 维的。

4. 虚拟现实可视化

1) 虚拟现实及其特征

虚拟现实(virtual reality，VR)，是指综合应用仿真技术、计算机图形学、人机交互技术、多媒体技术等生成的一种虚拟三维动态场景，给人的感觉就像真实世界一样。虚拟现实技术为地理空间信息可视化提供了一种新的形式，即以人类认识世界的自然方式来展现地理空间信息。

交互(interaction)、沉浸(immersion)、想象(imagination)通常被认为是虚拟现实的三个基本特征。

(1) 交互。虚拟现实的最大特点就是用户可以用自然方式与虚拟环境进行交互操作，这种人机交互比平时计算机屏幕界面交互要复杂得多。例如，当人在虚拟场景中行走时，体位和视角的任何变化，都应引起场景画面的变动，计算机都要连续不断地重新构造画面。

(2) 沉浸。虚拟现实的沉浸特征可以看作是交互的深化，即置身于一个"适人化"的多维信息空间，以人在自然空间所具有的各种感觉功能(视、听、触、尝、嗅)去感知虚拟空间的信息。在这个空间中，技术的难点是感知系统和肌肉系统与 VR 系统的交互，只有实现各种感觉的逼真感受，才能产生沉浸于多维信息空间的仿真感觉。

(3) 想象。虚拟环境的设计不仅来自于真实世界，即仿制客观世界现有的物体、现象、行为等，而且可以来自人的想象世界。这个想象世界是将难以在现实生活中出现的微观、巨变、艰险、复杂的环境，用虚拟现实技术再现出来，使用户拥有亲历的机会。

2) 虚拟现实系统的基本构成

虚拟现实系统主要由虚拟环境生成系统、虚拟感知生成系统、传感与交互系统三部分组成，各部分的关系是密切关联的。

(1) 虚拟环境生成系统。用于生成逼真的三维立体图像。人接受外界信息的 80% 是通过视觉获得的，因此，虚拟环境生成系统是虚拟现实系统的核心部分。

(2) 虚拟感知生成系统。用于生成听觉、触觉、嗅觉、味觉等人类感知。需要通过操控音频系统等设备，产生需要的感官刺激。

(3) 传感与交互系统。用于人与虚拟现实系统的交互操作。通过传感设备获取用户的各种输入信息，并反馈到虚拟现实系统，使系统的输出做出相应改变。

虚拟现实系统需要使用多种硬件设备，如声像头盔、大屏幕显示器、立体眼镜、数据手套、跟踪球等，也需要相应软件支持，如三维建模软件、实时仿真软件等。

3) 虚拟地理环境

应用虚拟现实技术，地理空间信息可以展现为虚拟地理环境。虚拟地理环境可以看作是现实地理环境在信息空间中的映射，同时，其展现的内容还可以超越现实地理世界包含的内容。

与三维电子地图相比，虚拟地理环境更加追求逼真性和沉浸感，虽然是以视觉感知为主，但结合了听、触、嗅等感知，使人们犹如进入了真实的地理空间环境，并可以以自然方式进行交互。

　　虚拟地理环境提供了一种更加具象化、更加自然的空间认知方式和操作平台，在数字城市、智慧城市、虚拟战场环境(图 9-42)、虚拟海洋环境等领域得到了广泛的应用。

图 9-42　虚拟战场环境示意图

思　考　题

1. 简述可视化的基本概念和作用。

2. 举例说明可视化的应用方向。

3. 简述地理空间数据可视化的概念和内涵。

4. 需要针对地理空间数据的哪些特征进行可视化？举例说明。

5. 地理空间数据可视化的方式如何分类？

6. 什么是地理空间数据 2.5 维可视化？

7. 什么是地理空间数据静态和动态可视化？

8. 什么是虚拟现实？与地理空间数据可视化是什么关系？

9. 简述常规地图制图的基本流程。

10. 简述点状、线状、面状地图符号的特点。

11. 地图符号能产生哪些视觉感受？

12. 简述地图符号图形、色彩、尺寸在地理空间数据可视化中的作用。

13. 简述地图注记在地理空间数据可视化中的作用。

14. 分别阐述点状、线状、面状地图符号的构造方法。

15. 专题地图符号主要用于表达地理空间数据的哪些特征信息？

16. 简述 GIS 中地图的可视化输出方式。

17. 举例说明电子地图可视化的特点和地图符号设计的基本要求。

18. 简述地图动画的概念和特点，举例说明地图动画的可视化方法。

19. 简述三维电子地图的特点和制作方式。

20. 什么是虚拟地理环境？

21. 简述虚拟现实技术用于地理空间数据可视化带来的优势。

第 10 章　地理空间信息服务

随着信息化、网络化时代的全面到来，在网络上让更多的用户共享和使用地理空间信息的需求越来越迫切。地理空间信息需要以更灵活、更便捷的方式进入到人们的工作和生活中，这就需要不断更新地理空间信息的生产和服务方式。因此，一种基于网络服务技术的"地理空间信息服务"逐渐取代了传统的网络地理信息系统，成为解决地理空间信息网络共享问题的有效途径。

10.1　地理空间信息服务技术基础

10.1.1　网络服务概述

1. 网络服务的基本概念

从网络地理信息系统到地理空间信息服务，核心是"服务"化，而这个"服务"特指一种网络应用交互的实现标准，称为网络服务(web service)。

随着网络用户的不断增加，网络应用的数量急剧增多，用户常常需要在不同的应用中多次切换才能找到需要的信息，不同应用程序之间的频繁交互问题成为阻挠网络应用进一步发展的难题。为此，迫切地需要制定一种支持不同网络应用进行交互的统一标准协议。

HP 公司最先提出了"e-Speak"标准，并声称要将其定为下一代 Internet 信息交互的标准。此后，微软，IBM，SUN 等公司及 W3C 也相继推出各自版本的网络服务标准，以期占领这一网络应用技术更新的高地。在各方推出的标准中，对于网络服务的概念也做出了各自的解释。具有代表性的有以下几种。

(1)微软公司对网络服务的定义：网络服务是使用标准的 Internet 协议访问的可编程的应用逻辑。微软认为"软件就是服务"(software as a service，SaaS)，今后软件公司将自己的软件以服务的形式发布在网上，客户可以通过"软件租赁"的形式访问其服务，就如同用电、用水一样，软件公司则按照服务使用量(如访问次数，访问时间等)收取费用。

(2)IBM 公司对网络服务的定义：网络服务是新一代的 Web 应用，是一种可以通过 Web 发布、查找和调用的自包含、自描述的模块化应用。网络服务执行从简单的请求到复杂的业务流程的任何功能。一旦网络服务被部署后，其他应用和网络服务就可以发现和调用已部署的服务。

(3)W3C 组织对网络服务的定义：网络服务是由统一资源标识符(uniform resource identifier，URI)标识的软件应用程序，其接口和绑定可以通过 XML 部件进行定义、描述和发现，网络服务支持通过基于 Internet 的协议并使用基于 XML 的消息与其他软件应用程序直接交互。

综上所述，虽然对网络服务的描述各不相同，但都具有如下共同点：①网络服务通过 Web 协议向用户提供有用的功能；②网络服务可以对自己的功能进行自我描述，这使用户能够通过客户端应用程序与它们进行通信；③网络服务可以注册，以便潜在用户可以很方便地发现这些服务。

2. 网络服务的基本特征

网络服务具有以下一些特征。

(1)良好的封装性。网络服务是一种部署在 Web 上的对象，因而具备对象的良好封装性，使用者只能也只需看到该对象提供的功能列表。

(2)松散耦合。这一特征源于对象/组件技术，只要网络服务的调用接口不变，调用者不会感受到 Web 服务的实现发生变更，甚至是当 Web 服务的实现平台从 J2EE 迁移到.Net 或者是按相反的方向迁移时，调用者都可能一无所知。

(3)采用标准的协议规范。无论是网络服务的传输协议、还是接口描述协议都采用公共的、开放的标准协议，所以其接口调用更加规范，更易于用户理解。一般而言，绝大多数协议规范将最终由 W3C 或 OASIS 作为最终版本的发布方和维护方。

(4)具有高度可集成能力。由于网络服务采用简单、易理解的标准协议作为组件接口描述和协同描述的规范，屏蔽了不同软件平台之间的差异，因而无论 CORBA、DCOM 或 EJB 都可以通过这一标准的协议进行互操作，实现了在应用环境下的高度集成。

随着微软、W3C 和 SUN 相继宣布了对网络服务标准的支持，用户可以选择使用.Net 或 J2EE 实现一个标准的网络服务，并能够跨平台运行和交互。这一特性使得网络服务标准得到迅速普及。

3. 网络服务的实现技术

1) 网络服务协议栈

网络服务的实现完全基于标准协议，核心是支持网络服务的发布、发现和绑定三个操作。图 10-1 给出了一个概念性的网络服务协议栈。网络服务的协议栈主要包括四个部分。①网络服务开发和描述协议：位于最底层，是当前 Internet 上广泛使用的网络传输协议，包括超文本传输协议(hyper text transfer protocol，HTTP)、文件传输协议(file transfer protocol，FTP)、简单邮件传递协议(simple mail transfer protocol，SMTP)及其他相关的中间件协议等。其上是

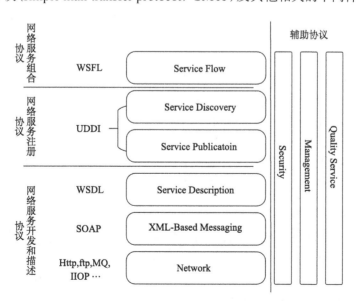

图 10-1　网络服务协议栈(据 W3C)

服务消息传输协议(simple object access protocol, SOAP)和服务描述协议(web services description language, WSDL)。②网络服务注册协议:主要是服务发布和服务发现协议,统称为统一描述、发现和集成协议(universal description discovery and integration, UDDI)。③网络服务组合协议:即网络服务流语言(web services flow language, WSFL),定义了不同网络服务进行组合时需要遵循的标准协议。④辅助协议:包括网络服务质量、管理和安全等协议。

2) 网络服务协议简介

(1)HTTP。超文本传输协议(HTTP)是互联网上最为广泛的一种网络传输协议,所有的WWW 文件都必须遵循这个标准。HTTP 定义了客户端与服务器请求应答的标准,在网络服务中,用于实现服务请求者向服务提供者发送服务请求操作和获取服务的响应。HTTP 定义了八种用于操作和获取资源的方式,包括 OPTIONS、GET、HEAD、POST、PUT、DELETE、TRACE 和 CONNECT。其中,网络服务通常支持两种:HTTP GET 和 HTTP POST。HTTP GET用于获取任意 URI 所指定的资源,而 HTTP POST 用于请求由 URI 所指定的资源并对请求中所包含的数据进行处理。

(2)XML。可扩展标记语言(extensible markup language, XML)是由 W3C 制定的在 Internet上进行数据描述的标准语言。采用开放的自我描述方式定义数据结构,既能够描述数据内容,也能够描述数据之间的关系。具有结构化、自描述、可扩展、通用语言支持、浏览器自适应等特性,非常适合网络上数据的交换和共享。XML 是标准协议中最核心的部分,是 SOAP、WSDL 等标准的基础。

(3)SOAP。简单对象访问协议是一种基于 XML、并在分布式环境中交换结构化信息的轻量级协议,用于实现异构应用系统间的信息交互和互操作。通常 SOAP 可以这样理解:SOAP=RPC+HTTP+XML,即采用 HTTP 作为底层通信协议,RPC 作为一致性的调用途径,XML 作为数据传送的格式,允许服务请求者和服务提供者经过防火墙在 Internet 上进行交互。

(4)WSDL。网络服务描述语言是 W3C 用于描述网络服务的规范,它主要用来描述一个网络服务可以做什么、如何调用该服务及该服务在什么地方等。WSDL 利用 XML 来描述网络服务、函数、参数和返回值。WSDL 是基于 XML 的,所以既是机器可以阅读的,又是人可阅读的。

(5)UDDI。统一描述、发现和集成协议是为解决网络服务的发布和发现而制定的标准,它包含一组基于 Web 的、分布式的网络服务注册中心实现规范,同时也包含一组使服务提供者能够将自己提供的网络服务注册以供服务请求者发现服务的实现规范。

UDDI 编程接口分为两类:一类用于发布,另一类用于查询。这些编程接口均以网络服务的方式开放,可以通过 SOAP 访问。需要注意的是发布接口只允许授权用户使用 HTTP 传输协议访问,而对于查询接口可以不要任何验证和授权。

10.1.2　面向服务的体系架构

随着网络服务的兴起,网络应用软件的开发和运行方式也发生了很大变化。面向服务的体系架构(service oriented architecture, SOA)成为新的软件范式。

网络应用的迅速普及要求网络应用程序能够对应用需求的频繁变化做出高效响应,这就要求软件的体系架构具有模块松散耦合、灵活配置等特性。针对这一问题,Gartner 于 1996年率先提出了 SOA 的概念,认为"如果系统构建于 SOA 架构,任何处于变化的事情都可以做得更好"。这一概念最初被认为是继 20 世纪 70 年代模块化编程、80 年代的面向事件的软件设计和 90 年代组件式开发模式的延续或演化,并没有引起足够的重视。直到 10 年后,随着网络服务的逐渐兴起,IBM 等开始推出基于 SOA 架构的软件工具,2008 年前后 SOA 逐渐成为网络软件开发的主流模式。

面向服务的体系架构如图 10-2 所示。面向服务的体系架构中包含三种角色:服务提供者、服务消费者和服务目录。

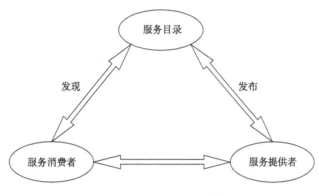

图 10-2　面向服务的体系架构

(1)服务提供者(service provider):网络服务的所有者,拥有服务访问权的宿主平台,负责提供和维护服务。服务提供者在实现网络服务后,依据标准协议描述网络服务的功能和接口,并在服务目录中注册和发布这些描述,从而使不同的服务消费者能够查找并调用该网络服务。

(2)服务消费者(service consumer):网络服务的需求者,是可以查找和调用服务的应用程序,也可以是浏览器或其他无用户界面的应用程序。需要使用网络服务时,到服务目录中依据网络服务的描述方式设置查询条件,检索满足需要的服务。找到符合要求的网络服务后,与该服务的提供者绑定,并通过接口调用该服务。

(3)服务目录(service catalog):服务交易平台,也称为服务注册中心。服务提供者将网络服务的描述按照要求注册到目录中,服务目录对所有网络服务的描述文件进行管理,并对外发布目录服务,以供服务消费者查询。

面向服务网络架构的三个角色之间定义了三种操作:发布、发现和绑定。

(1)发布(publish):发布对服务的描述。发布操作通过统一描述、发现和集成(universal description, discovery and integration, UDDI)协议发布网络服务,目的是使服务请求者能够找到服务。

(2)发现(find):发现对服务的描述。发现操作使用 UDDI 与网络服务描述语言(web service description language, WSDL)在注册中心中检索所需要的网络服务。

(3)绑定(bind):绑定和调用找到的服务。绑定操作通过 WSDL 与简单对象访问协议(simple object access protocol, SOAP)实现,服务请求者使用 WSDL 中的绑定细节来定位和调用服务,调用过程中使用 WSDL 的接口细节和 SOAP 协议与服务实现交互。

采用面向服务的体系架构实现网络应用,除了能够充分展现网络服务技术封装良好、与平台无关、集成性好等优点之外，还具有以下优点：①复用度高，开发者可以集中精力按部分设计功能，而不需要同时考虑整个系统的架构和通信方式等细节。②可扩充、灵活性好，无论是网络服务的数量还是网络服务内部的结构都具有良好的可扩充性，使系统具有较高的灵活性，可以支持不同形式的客户端。③便于更新维护，服务提供者与服务请求者相分离，大大降低了系统的耦合度，服务结构的改变只需进行部分的修改，不会因为依赖关系而影响全局，同时服务使用者和提供者之间的维护成本也大大降低。④便于集成，封装后不同类型网络服务之间使用相同的访问协议和机制，不仅可以实现服务之间的互操作，还可以实现服务之间的集成与互操作。

10.2　地理空间信息服务概念与类型

10.2.1　地理空间信息服务概念

地理空间信息服务也被称为地理信息服务或空间信息服务。随着开放地理空间信息联盟（OGC）在地理空间信息网络服务标准制定和推广领域逐渐占据主导地位，为保持与 OGC 相关定义和标准的一致性，本书中统一采用"地理空间信息服务"。

地理空间信息服务的概念有广义和狭义之分。广义上地理空间信息服务泛指以任何方式提供任何类型的地理空间信息，从某种意义上说是对地理空间信息行业使命的总体概括。而狭义上的地理空间信息服务则是指遵循网络服务体系架构和标准，利用网络服务技术在网络环境下提供地理空间数据分析、可视化等功能的服务和应用。本书中所指的地理空间信息服务是指后者。

根据前面关于网络服务的定义，若服务的属性描述具有地理空间定位特征，而且按照地理空间属性标准来描述，则这样的服务称为地理空间信息服务。地理空间信息服务是基于位置的服务，除具有服务的一般特征外，还具有地理空间定位的属性，可以基于地理空间属性描述来查找，使得任何人、任何地点、任何时间在任何智能设备上都可以通过网络获得服务。

具体地说，地理空间信息服务是按照网络服务标准实现的与地理空间信息相关的软件功能实体。根据实现功能的不同，可以划分为数据服务、功能服务、注册服务、用户服务等不同类型。地理空间信息服务具有网络服务的基本特征，如具有服务提供者、消费者和服务目录三种角色，具有发布、发现和绑定三种基本操作，同时也继承了网络服务自我定义、自我描述、自我封装、自我描述等能力。

通过将紧密耦合的 GIS 分解和封装为地理空间信息服务，用户可以通过调用网络服务将相关的功能集成到他们的应用程序中，实现地理空间信息的共享和灵活交互。

地理空间信息网络服务的实现为地理空间信息在社会各领域的全面应用提供了技术手段。借助服务化的手段，地理空间信息能够灵活的集成到各行业、各领域、各种类型的网络应用中，为其提供在线、便捷、安全可靠的地理空间信息。同时，作为其他所有类型信息的时空基础，地理空间信息服务的出现使得依托地理空间的信息获取、管理和服务方式都发生了重大变化，众包式的应用层出不穷，为 GIS 在网络时代的发展打开了新的局面。

10.2.2　地理空间信息服务类型

如何将结构和功能复杂的地理信息系统分为类型合理、功能独立、粒度适宜又能够与其他应用灵活交互的标准模块，是从 GIS 到地理空间信息服务首先需要解决的问题。对于不同类型的用户来说，系统分割的出发点和标准各不相同，这也使得地理空间信息服务难以按照统一的标准设计和实现。

为解决这一问题，OGC 与 ISO/TC211 从地理空间信息资源共享与互操作的角度出发，联合制定并发布了地理信息服务模式和标准(ISO19119:2005《地理信息服务》2008 年和 2016 年两次更新；OGC 标准名称：《开放地理空间信息服务架构》)。该标准分别从五个不同的角度对地理信息服务模式与规范进行了详细的描述与规定，并据此划分了地理空间信息处理资源(软件)的标准模块。

1. 计算视角

计算视角认为，只有当两个系统的界面和内部功能(服务)都能够互操作的时候，才能认为这两者之间是满足互操作条件的。因此，需要定义一个标准化的界面和一组能够支持互操作的实体(即功能模块)，并且定义不同实体之间的交互方式，才能实现系统之间的互操作。为此，计算视角相关条款中规定了以下内容：①描述了分布式系统中与实现和语义无关的"实体"，描述了组件和界面之间的交互模式，定义了服务、界面与操作的概念以及这些概念之间的关系。②设计了系统的 n 层体系结构，解决了服务的物理分布问题。③定义了服务链模型，可以将相互依赖的一系列服务组合起来，以完成更大任务。④定义了服务元数据模型，支持从服务目录中发现服务。

按照计算视角，地理空间信息服务的划分主要以"实体"为单位，分类标准如表 10-1 所示。

表 10-1　计算视角下的地理空间信息服务类型

服务分类	通用 IT 服务	地理空间信息服务
交互服务	以服务为中心的服务，用于定义、控制和初始化服务链 以目录为中心的服务，用于显示和浏览服务元数据	以目录为中心的服务，用于发现、浏览和管理空间数据的元数据 以空间处理为中心的服务，用于编辑、显示、查询和分析制图数据 以计算为中心的服务，允许通过电子表形式显示和操作地理数据
工作流/任务服务	工作流实施服务，用于定义、启动、初始化和控制服务链接 服务链有效性检查服务 对系统存储和网络等资源进行预留和协调分配的机制，用于保证端点间传输的可预测性	
处理服务	各类地理空间信息管理、分析和可视化功能	
模型/信息管理服务	服务实例的元数据目录 服务类型注册 服务代理与协调	地理数据集实例 地理元数据目录
系统管理服务	授权和认证 支付方法 用户隐私 关键资源的性能度量和评估	
通信服务	消息机制 大数据对象传送 远程文件和可执行程序管理 格式转换	地理信息格式转换

从计算视角出发，地理空间信息服务的核心任务是实现不同网络服务的互操作和协同工作，因此，特别定义了不同服务之间的协同工作模式——服务链。

服务链是一系列服务为了完成特定的任务组合在一起的服务序列。它并不是多个服务的简单罗列，而是多个服务根据特定的业务需求，按照一定的业务流程有机组合。服务链使得分散在网络上的服务得到更加充分、有效地利用，用户可以根据实际的业务需求动态地组合现有的网络服务，具有松散耦合、面向任务、按需集成的特点，是网络环境下网络服务发展的趋势，也是基于网络应用集成的最佳模式。利用服务链技术，可以根据用户的需要将多个功能单一的网络服务连接在一起，实现多个网络服务的组合，以满足用户的具体应用需求。

根据用户对服务链控制能力的不同，ISO19119 将服务链划分为以下三种类型。

(1)透明链：也称为用户自定义链，由用户自定义和控制服务链中各个服务的执行顺序，负责服务链中每个服务之间的交互。服务链中的每个服务对于用户来说都是透明、可见的。用户必须具备发现和评估服务的能力，确定执行特定任务所需要的服务，同时必须深入了解每个服务的详细信息，包括服务的输入、输出参数，服务的功能等。透明链的执行过程如图 10-3(a)所示。

(2)半透明链：也称为工作流管理链。在半透明链中，存在一个流程服务，由它控制服务链的执行，用户负责服务链参数或者某些特殊事件的处理和判断，不直接对服务链中的服务进行控制，而是通过流程服务间接进行控制，因此又称为工作流管理服务链。这种服务链要求预先指定工作流程，并将指定的工作流程送入工作流引擎执行，通过工作流管理系统监控工作流中服务的执行，在需要的时候用户可以与工作流中的服务进行交互。半透明链的执行过程如图 10-3(b)所示。

(3)不透明链：也称为集成服务链，在该种类型的服务链中，所有的服务聚集在一起，并以单个聚集服务的形式出现，由聚集服务处理隐藏在其中的所有单个服务之间的协作问题。用户不知道也不需要知道在聚集服务背后隐藏的一系列服务，集成服务具有绝对控制功能。不透明链的执行过程如图 10-3(c)所示。

2. 信息视角

信息视角认为，互操作的核心是不同系统之间信息模型的互操作。为了实现信息模型互操作，系统之间必须在语法上和语义上都支持互操作。语法互操作是指不同系统对互操作中涉及的信息使用相同的结构进行定义和描述；语义互操作则是指不同系统对互操作中涉及的信息有共同的语义理解。

ISO9119 引用了 ISO 19100 系列地理信息标准中对于语法互操作性的定义，通过定义信息模型的公共结构模式来实现语法的互操作。同时引用了 ISO/IEC 15414—2015 国际标准(信息技术—开放分布式处理—参考模型—企业语言)对于语义互操作的规定。

根据信息观点，ISO19119 标准定义了地理信息服务中应当使用的六种信息服务类型，并列举了每一种类型包含的具体服务，如表 10-2 所示。

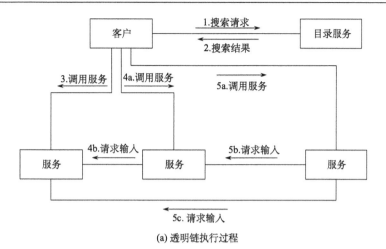

(a) 透明链执行过程

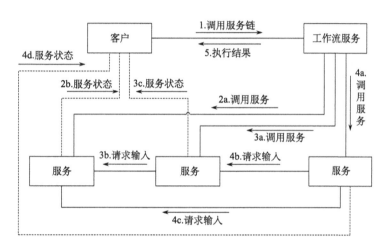

(b) 半透明链执行过程

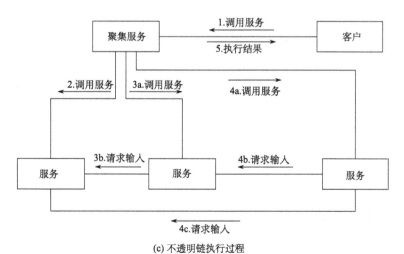

(c) 不透明链执行过程

图 10-3　计算视角定义的三种服务链执行过程

表 10-2　信息观点下的地理空间信息服务类型

服务类型		地理空间信息服务实例
人机交互服务	定义	管理用户界面、图形、多媒体等的客户服务
	目录浏览器	
	地理信息浏览器：包括动画浏览器、镶嵌浏览器、透视浏览器、影像浏览器	
	地理信息电子表格浏览器	
	服务编辑器	
	链定义编辑器	
	工作流制定管理器	
	地理要素编辑器	
	地理要素符号编辑器	
	要素综合编辑器	
	地理数据－结构浏览器	
信息管理服务	定义	用于管理空间数据及空间服务的元数据、概念模式和数据集的开发、操纵和存储的服务
	要素访问服务	
	地图访问服务	
	覆盖访问服务	
	覆盖访问服务——传感器	
	传感器描述服务	
	产品访问服务	
	要素类型服务	
	目录服务	
	注册服务	
	地名词典服务	
	订购处理服务	
	委托服务	
工作流服务	定义	用于定义、调用、解释和控制服务链，并提供服务链的有效性检查，这是一类通用 IT 服务，并不是特有的空间服务
	链定义服务	
	工作流执行服务	
	预定服务	
处理服务	定义	建立在通用地理要素模型的基础之上，用于实现空间数据(信息)处理，进一步划分为四类:空间处理服务、专题处理服务、时间处理服务和元数据处理服务
	空间处理服务	坐标转换服务
		覆盖/矢量转换服务
		正射纠正服务
		空间子集服务
		空间采样服务
		要素操作服务
		要素简化服务
		路径规划服务
		定位服务

续表

服务类型		地理空间信息服务实例	
处理服务	专题处理服务	地理参数计算服务	
		专题分类服务	
		变化检测服务	
		辐射校正服务	
		空间分析服务	
		影像处理服务	
		地理解析服务	
		地理编码服务	
	时间处理服务	时间参考系变换服务	
		时间子集服务	
		时间采样服务	
		时间邻域分析服务	
	元数据处理服务	数据统计分析服务	
		地理注记服务	
通信服务	定义	在通信网络上对数据进行编码、传输以及格式转换的服务	
	编码服务		
	传输服务		
	地理信息压缩服务		
	地理信息格式转换服务		
	消息服务		
	远程文件		
	可执行程序管理		
系统管理服务	定义	用于管理系统组件、应用程序、网络及用户账号和用户访问权限，是一类通用 IT 服务，并不是特有的空间服务	
	授权和认证		
	支付方法		
	调度服务		

除了对六大类服务进行了详细定义外，ISO19119 还充分考虑了地理空间信息网络服务与已有的地理信息系列标准 ISO19100 之间的对应关系(表 10-3)，从而使其具有广泛的标准基础。

表 10-3　ISO19119 信息观点分类标准与 ISO19100 系列标准的对应关系

ISO19119 信息观点分类标准	相关的 ISO19100 系列标准
地理信息人机交互服务	19117 地理信息——图示表达
	19128 地理信息——网络地图服务接口
地理信息模型/信息管理服务	19107 地理信息——空间模式
	19110 地理信息——要素编目方法
	19111 地理信息——基于坐标的空间参照
	19112 地理信息——基于地理特征的空间参照
	19115 地理信息——元数据

续表

ISO19119 信息观点分类标准	相关的 ISO19100 系列标准
地理信息模型/信息管理服务	19123 地理信息——覆盖的几何和函数表达模式
	19125-1 地理信息——简单要素访问——第一部分：公共体系结构
	19128 地理信息——网络地图服务器接口
地理工作流/任务管理服务	无相关标准
地理信息处理服务	19107 地理信息——空间模式
	19108 地理信息——时间模式
	19109 地理信息——应用模式规则
	19111 地理信息——基于坐标的空间索引
	19116 地理信息——定位服务
	19123 地理信息——覆盖的几何和功能模式
	19118 地理信息——编码
地理信息通信服务	无相关标准
地理信息系统管理服务	无相关标准

可见，从信息观点出发，地理信息服务的分类已经构成了一个相对完整且具体的服务分类体系，并且大多数服务均有相关的 ISO19100 系列标准支持，具有较好的可用性，也是目前最广为接受和使用的分类体系。

3. 工程视角

工程视角认为，互操作的核心是分布式系统之间必须保持"透明"，才能实现不同抽象层及之间进行服务映射。这种透明性包括分布式机制的透明、位置透明、服务复制透明、失败透明、联邦透明、对象群透明、迁移透明、资源透明、状态持续性透明、事务透明及安全透明等。为了实现这种透明性，需要定义具有多层结构的体系结构。ISO19119 引进 ISO 19101 中所定义的 IT 领域通用的开放系统环境(open system environment，OSE)模型(图 10-4)为基础，根据地理空间信息服务特点进行了扩展。

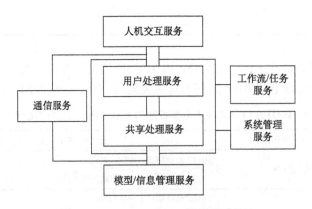

图 10-4 ISO 19101 OSE 模型体系结构

工程视角对于地理空间信息服务的分类继承自 OSE 模型，将服务分为七个大类(表 10-4)。

表 10-4　工程视角对于地理空间信息服务的分类

服务类别	类别描述
人机交互服务	负责同用户的物理交互，分为表达层与对话层
用户处理服务	处理服务的一部分，负责用户所要求的功能
共享处理服务	处理服务的一部分，负责为多用户使用的公共服务
模型/信息管理服务	负责数据的物理存储和数据管理
工作流/任务服务	作为一个服务集，可被视为一个专用的处理服务
通信服务	负责把各种不同的层连接起来
系统管理服务	独立于多层体系结构，但也可以作为多层体系结构的一部分

　　为了将这种逻辑结构映射到物理结构，工程视角部分解释了模型中间部分的 4 层逻辑结构到 2 层、3 层物理结构的网络地理信息系统之间的映射方法(图 10-5)。通过这种方法能够将地理空间信息服务部署到网络系统的相应模块，为工程实践提供指导。

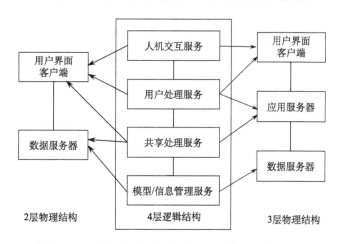

图 10-5　工程视点中逻辑模型到物理模型的实现方法

4. 技术视角

　　技术视角认为，互操作的基础是一个能够支持分布式系统组件的可互操作的基础设施。该设施可以由分布式计算平台(distributed computing platform，DCP)来提供，能够支持对象跨越计算机网络、硬件平台、操作系统和程序语言进行互操作。

　　技术视角部分并没有对地理空间信息的类型进行重新划分，而是关注地理空间信息服务的跨平台互操作问题。该部分同样引用了 ISO/IEC 15414 标准《开放分布式处理——参考模型》中对于分布式系统中底层基础设施的相关描述，采用了以"通信服务"为核心的互操作方式 (图 10-6)。

　　无论两个系统是否处于同一个底层基础设施，都需要通过通信服务作为中介实现对对方功能的互操作。因此，通信服务必须具有与平台无关的特性。对此，ISO19119 引用了 ISO/TS19103 的规则和指南，基于 UML 定义了动态与静态两种服务模型，并详细制定了基于 SOAP 协议到 SQL、COM/OCE、JEE/EJB 和 CORBA 平台的映射方法。

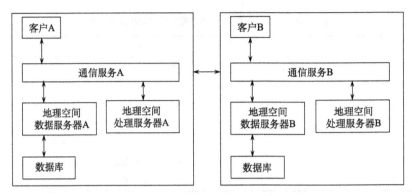

图 10-6 互操作性参考模型的技术观点模型

10.3 地理空间信息服务模型

10.3.1 OGC 与地理空间信息服务

1. 开放地理空间信息联盟简介

开放地理空间信息联盟(Open Geospatial Consortium, OGC)的前身 OGF(Open GRASS Foundation, OGC)创建于 1992 年, 1994 年更名为 Open GIS Consortium, 2004 年再次更名为 Open Geospatial Consortium 并沿用至今。

OGC 是一个国际化、非盈利、自愿协商的标准化组织, 致力于提供地理信息行业软件和数据及服务的标准化工作。OGC 致力于寻找一种基于新技术的商业方式, 来实现具备互操作能力的地理空间信息数据的处理方法, 利用通用的接口模板提供分布式访问(即共享)地理空间数据和地理空间信息处理资源的软件框架。OGC 的使命是设计地理空间数据处理技术, 与最新的以开放系统、分布处理组件结构为基础的信息技术同步, 推动地球科学数据处理领域和相关领域的开放式系统标准及技术的开发和利用, 最终创建一个任何人都能从任何网络、应用或平台获取地理空间信息和服务进而受益的世界。

作为一个标准化组织, OGC 与 ISO/TC211(地理信息)有着密切的关系。自 ISO 19100 系列开始, 由 ISO 协会发展的标准逐步取代了 OGC 抽象规范。此外, OGC 标准的网络地图服务、地理标记语言(geographic markup language, GML)、网络要素服务、观察与测量及简单功能接入都已经成为 ISO 的标准。与此同时, OGC 还与超过 20 个国际标准协会合作, 包括万维网联盟(World Wide Web consortium, W3C), 结构化信息标准促进组织(Organization for the Advancement of Structured Information Standards, OASIS), 工作流管理联盟(Workflow Management Coalition, WfMC), 以及互联网工程任务组(The Internet Engineering Task Force, IETF)。

目前 OGC 的成员已经涵盖了 490 个多个来自世界各地的商业组织、政府机构、非营利组织和研究性机构, 在发展和执行地理信息的开放式标准, 规范地理空间的内容、服务, 方便地理信息系统的数据处理、数据共享方面发挥了重要作用。

2. OGC 网络服务

为了将网络服务引入地理空间信息领域, 提高地理信息共享与互操作的能力和标准化程度, OGC 于 1999 年率先提出了 OGC 网络服务(OGC web service, OWS)研究计划。

　　根据 OGC 描述，OWS 是一个基于 OGC 网络服务标准、实现各种在线地理信息处理和位置服务无缝集成的框架。该框架以服务为中心，使用 XML 和 HTTP 技术相互通信，支持多种在线地理数据源、传感器产生的信息并具有地理信息处理能力，支持基于 Web 的地理空间信息服务发现、访问、集成、分析、利用和可视化。

　　基于网络服务的共性特征，OWS 也是一种可以通过 Web 发布、查找和调用，具备自包含、自描述能力的模块化应用。一个 OGC Web 服务可以被视为是一个执行某种特定功能的"黑盒子"，通过服务元数据（capability）来描述其主要功能和操作，通过 URL 和其他网络可访问的地址定位并绑定服务。

　　与此同时，OWS 也是一个通过网络连接各种不同的地理空间信息处理应用或将地理空间信息处理功能集成到其他类型应用中的支撑框架。它能够实现将不同功能的地理空间信息服务连接在一起，构成动态、开放、互操作的服务链从而创建具备定制功能的动态应用，实现地理空间信息服务的按需装配。还能够支持地理空间信息服务与其他形式的网络服务之间的动态连接，使地理空间信息可以通过网络插入到其他应用系统中，提供动态、数据一致且免维护的地理空间信息服务。

　　2005 年 OGC 发布了 OWS 通用规范（OpenGIS Web Services Common Specification）和 OWS 通用实现规范（OpenGIS Web Service Common Implementation Specification），提出了 OWS 的抽象模型、服务框架和实现规范。此后，这两个规范不断进行补充和修订，规范中设计的一些 OWS 服务类型已逐渐成熟并被接受和认可，发展成为单独的 OGC 标准，为地理空间信息服务的设计和实现提供了依据。

10.3.2　OGC 网络服务抽象模型

　　在 OGC 提出的 OWS 的抽象模型中提出了对于地理空间信息服务的设想。如图 10-7 所示，OWS 由两类主要组件组成：用于内容转换操作的组件、用于内容访问和描述操作的组件。前者称为"操作"组件，后者称为"数据"组件。

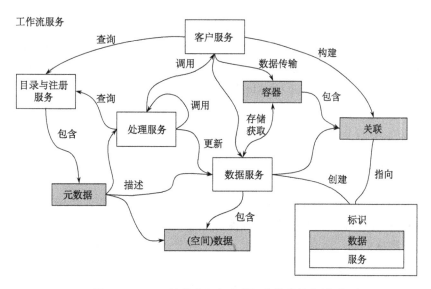

图 10-7　OWS 的基本服务和数据构件块抽象模型

1. "操作"组件

操作组件主要包括四部分：客户服务、目录和注册服务、数据服务及应用服务。

(1)客户服务：与用户交互或在服务器端与 OpenGIS 服务交互的应用组件，主要是用户界面组件，提供数据视图和操作并允许用户对其实施控制，如查看器和编辑器。

(2)目录和注册服务：支持访问构成元数据及其类型的集合的目录和注册库。目录和注册库是基本的元数据库。目录存储关于数据集和服务的实例信息。目录服务提供搜索操作返回元数据或者数据集和服务的实例名称。注册库存储由熟悉的词汇集定义的类型信息。注册服务实现搜索操作返回元数据或类型名称。

(3)数据服务：数据服务提供对数据集(或数据库)的访问。如 OGC 的 Web 地图服务(web map service，WMS)、Web 要素服务(web feature service，WFS)、Web 覆盖服务(web cover service，WCS)等。

(4)应用服务：操作地理空间数据并提供增值服务的基本应用服务构件块，是给定一个或多个输入进行数据增值处理并产生输出结果的组件。可以是数据的转换、组合和创建，也可以与数据服务紧耦合或松耦合，如地理编码服务等。

2. "数据"组件

(1)地理空间数据(data)：数据是关于事物的信息或只是一般的信息，能被创建、存储、操作、删除、查看等。一组(或单一)数据可以有元数据。

(2)元数据(metadata)：关于数据的数据。资源集合和资源类型的元数据存储在目录和注册库中可以根据元数据查找和使用这些资源或资源类型。

(3)名称(name)：名称是标识符。如果知道名称有效的上下文语境(命名空间)，则名称本身是有含义的。名称可指向数据、操作，也可以扩展到元数据、关系、其他名称、应用服务、目录/注册服务、数据服务和客户服务。

(4)关系(relationship)：两个信息元素之间的联系形成关系。关系常用于连接命名元素。OGC 将地理空间关系称为"地理链接(geolink)"。

(5)容器(container)：数据或者内容在 Web 上进行传输的编码形式。容器含有熟悉的命名空间、模式和协议。OGC 已开发了两个相关的规范：位置组织目录(location organization directory，LOF)和影像与地图注记标记语言(XML for image and map annotation，XIMA)，两者都基于地理标记语言(geographic markup language，GML)。

10.3.3 OGC 网络服务体系结构

在抽象模型的基础上，OGC 进一步提出了 OWS 的体系框架(图 10-8)，从技术实现的角度定义了 OWS 的操作体系结构、技术体系结构和系统体系结构。

1. OWS 操作体系结构

OWS 操作体系结构描述了以 OGC 互操作框架为基础的典型生产环境，如图 10-8 所示，一个完整的 OWS 从数据获取到生成 OWS 服务需要经过四个步骤。

(1)通用源数据处理：所有源数据获取、评估和处理，按照 OGC 互操作模型进行数据的描述和组织。

(2)数据生产：包括矢量要素生产、影像生产及其他信息生产。

(3)通用产品处理：最终产品制作和分发功能。

(4)通用操作：支持用户查看和使用产品的通用功能。

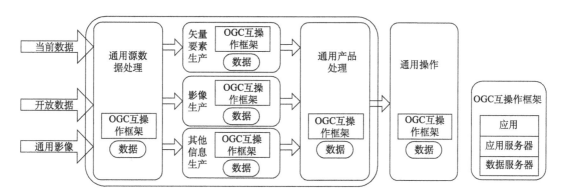

图 10-8　OWS 操作体系结构：系统概念

2. OWS 技术体系结构

OWS 的技术体系定义了实现 OWS 服务过程中需要遵循的服务类型、标准和服务实现流程(图 10-9)。

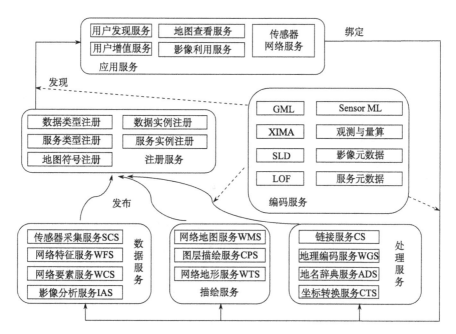

图 10-9　OWS 的技术体系框架

在抽象模型的基础上，技术体系结构中详细定义了服务组件的类型、接口、数据编码标准和协议及不同类型服务之间的逻辑交互关系。从下到上依次介绍如下。

(1)数据服务：定义了对地理空间数据集的访问机制，使封装和发布好的数据可以通过数据资源的网络名称、标识符、地址等信息进行访问。常见的类型包括传感器采集服务(sensor collection service，SCS)、网络特征服务(web feature service，WFS)、网络要素服务(web cover service，WCS)和影像分析服务(IAS)等。

(2) 描绘服务：定义了对地理空间信息可视化产品的访问机制，通过约定的网络服务接口，输入相应参数，可以得到数据可视化产品服务，如按制图规范描绘的地图、地形透视图、注记后的影像、随时空动态变化的特征视图等。常见的类型包括网络地图服务 (web map service，WMS)、图层描绘服务 (coverage portrayal service，CPS) 和网络地形服务 (web terrain service，WTS) 等。与数据服务不同，描绘服务提供的是数据可视化后的结果 (通常是各种格式和尺寸的图片)，不能直接访问到数据本身。

(3) 处理服务：定义了对地理空间信息进行处理的各种操作及面向应用的增值服务方法，通过约定的地理空间信息处理服务标准，可以将 GIS 中的各种地理数据处理和分析功能封装为网络服务，供用户直接调用，或者支持用户通过服务链方式进行组合调用。常见的类型包括链接服务、地理编码服务、地名辞典服务、坐标转换服务等。

(4) 编码服务：定义了服务生成和使用过程中需要遵循的技术标准，如服务描述语言，图层样式描述语言及地理空间信息的元数据、时空基准和计算方法等。常见的类型包括：地理标记语言 (GML)、XIMA、图层样式注记 (SLD)，位置组织目录 (LOF) 等。

(5) 注册服务：定义了网络资源信息的分类、注册、描述、搜索、维护和访问的通用机制。网络资源是网络可访问的数据和服务的类型和实例。注册类型包括数据类型 (如地理特征、图层图像、传感器数据、符号)、数据实例 (如数据集、数据库、符号库)、服务类型 (如 WFS、WCS、WMS、SCS)、服务实例。注册服务允许资源提供者发布资源的类型和实例信息，同时允许请求者搜索和发现这些信息，并能够支持请求者访问 (绑定) 资源提供者。

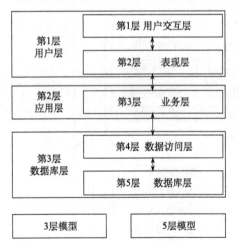

图 10-10　OWS 的系统体系结构

(6) 应用服务：定义了用户使用地理空间信息服务的方式和方法。支持客户端应用通过使用注册服务查找地理空间服务和数据资源，访问和使用相关服务，以及将 OWS 服务与其他应用集成；支持服务器端的应用通过网络服务器与客户端应用组件交互。常见的类型包括用户发现服务、地图查看服务、用户增值服务、影像利用服务、传感器网络服务等。

3. OWS 系统体系结构

OWS 的系统体系结构定义了地理空间信息服务在分布式系统架构中实现的逻辑结构。如图 10-10 所示，OWS 的系统体系与通用网络服务系统的体系结构相一致，主要包括通用的 3 层和 5 层分布式计算模型。

采用与通用网络服务系统相一致的体系结构，确保了地理空间信息服务的通用性，使其能够符合各种网络应用系统的结构，以便其灵活的集成到其他系统中。

10.3.4　OGC 网络服务的应用模型

使用 OWS 服务的方式与其他通用网络服务的方式相同，也需要遵循 SOA 架构下的应用逻辑。如图 10-11 所示，在将地理空间数据封装为 OWS 服务后，需要将服务的描述文档注册到注册中心；客户端通过查找注册中心检索满足需要的服务类型，发现服务后通过绑定并调用操作使用相应的 OWS 服务。

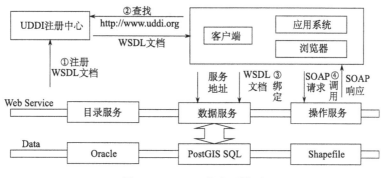

图 10-11 OWS 的应用模型

10.4 典型网络地图服务

OGC 推出的地理空间信息服务类型和实现方式已经被用户广为接受，特别是 W*S 系列的服务，包括网络地图服务（WMS）、网络要素服务（WFS）、网络覆盖服务（WCS）及网络地图瓦片服务（wet map tile service，WMTS）等，在网络中非常普遍。由于 W*S 系列服务的实现原理和方式基本相同，本节以 WMS 服务为例，介绍 W*S 服务的实现原理和请求过程。

网络地图服务（web map service，WMS）是 OWS 体系中描绘服务（portrayal service）中的一种，也是目前应用最为广泛的 OWS 服务类型。WMS 支持通过一套简单的 HTTP 访问接口获得一个或多个地理空间数据可视化后的产品——地图。获得的地图并不是数据本身，而是数据可视化后的形式，一般是 TIF、JPEG、PNG、SVG 等通用的图片格式，但又能够支持地理定位或者查询。

WMS 有两种类型：一是基础版的 WMS（basic WMS），另一种是可查询的 WMS（queryable WMS），两者在功能上的区别就是是否支持客户端的查询操作，相应的在实现方式上也略有差别。

1. 网络地图服务操作

WMS 支持 HTTP 的 GET 和 POST 两种方式进行访问。服务请求者向服务器发送请求操作时，可以采用两种编码方法：名/值对（Key Value Pair，KVP）和 XML。KVP 适合对较为简单的数据信息进行编码，而 XML 适合对复杂的数据信息进行编码。对于 HTTP GET 方法，所有的请求信息都包含在 URI 中，所以只能采用 KVP 编码；而对于 HTTP POST 方法，其请求 URI 只包含目标资源的基本 URI，所有的请求信息作为载荷附加到 HTTP POST 请求中，所以可以采用以上两种编码。

使用 HTTP GET 请求服务时，所有的请求通过 KVP 编码生成一个 URL 字符串，其中包含了要请求操作所在服务器的网络地址和所请求的操作名及其属性。请求 URL 字符串的基本格式是：

http://host[:port]/path?name=value&

其中，[ ] 中的内容是可选参数，{ } 中的内容是参数名/值对，可以有 0～N 个，名/值对 name=value&表示请求参数的名称及值，顺序依据每个操作的实现规范确定。URL 字符串中特殊符号的意义见表 10-5。

表 10-5 HTTP GET URL 字符串符号

字符	意义
?	URL 中查询字符串和前面字符串之间的分隔符
&	构成查询字符串的参数之间的分隔符
=	参数名和参数值之间的分隔符
,	某个参数的参数值序列之间的分隔符
+	查询条件字符串中空格的简化表达

WMS 定义了三个操作来访问服务。

（1）GetCapabilities 操作。用来返回服务的描述文档，也就是服务的能力。包括服务名称、服务的简要描述、服务的发布者，返回的图片格式、服务中包含的图层信息、样式信息以及支持的操作等。

GetCapabilities 请求的基本格式是：

http://host[:port]/wmsserver?<servicename>&version&request=Getcapabilities

字符串中包含的字段和含义如表 10-6 所示。

表 10-6 HTTP GET 方式中 WMS GetCapabilities URL 字符串符号

请求参数	必选	说明
VERSION=version	否	请求版本
SERVICE=WMS	是	服务类型
REQUEST=GetCapabilities	是	请求名称
FORMAT=MIME_type	否	服务元数据输出格式
UPDATESEQUENCE=string	否	用于缓存控制的序列号或字符串

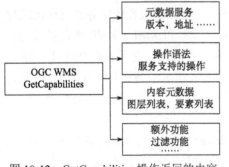

图 10-12 GetCapabilities 操作返回的内容

返回的内容包括四部分，如图 10-12 所示。

（2）GetMap 操作。用来返回具有明确定义的地理空间参考以及其他图片参数的地图图像。与 GetCapabilities 请求方式类似，在使用 HTTP GET 方式请求 GetMap 操作时也需要将所有的请求通过 KVP 编码生成一个 URL 字符串，字符串中包含的字段和含义如表 10-7 所示。

表 10-7 HTTP GET 方式中 WMS GetMap URL 字符串符号

请求参数	必选	说明
VERSION=version	是	请求版本
REQUEST=GetMap	是	请求名称
LAYERS=layer_list	是	请求的图层列表，以逗号隔开多个列表，SLD 可选
STYLES=style_list	是	请求的样式列表，以逗号隔开多个列表，SLD 可选

续表

请求参数	必选	说明
SRS=namespace：identifier	是	空间参考系
BBOX=minx,miny,maxx,maxy	是	边框界左下、右上角坐标
WIDTH=output_width	是	以像素表示的地图图像宽度
HEIGHT=output_height	是	以像素表示的地图图像高度
FORMAT=output_format	是	以像素表示的地图图像格式
TRANSPARENT=TRUE/FLASE	否	背景是否透明，默认 default=FALSE
BGCOLOR=clolor_value	否	背景颜色，十六进制，0xFFFFFF
EXCEPTION=exception_format	否	WMS 异常通告的格式，SE_XML
TIME=time	否	请求层的时间值
ELEATION=elevation	否	请求层的高程值
Other sample dimensions	否	其他维度值
Vender-specific parameters	否	可选的试验性参数

（3）GetFeatureInfo 操作。用来根据用户请求返回查询到的要素属性，它不是必选的操作，仅在请求的服务是可查询的 WMS 时可使用，用于查询地图上任意空间位置的特定要素信息。其请求方式与 GetMap 操作相同，只需要增加一个 X，Y 参数即可。

2. 网络地图服务请求过程

WMS 服务的请求过程如图 10-13 所示。主要包括三个步骤：①调用 GetCapabilities 操作，获得 WMS 服务的元数据，了解服务的具体功能和支持的操作及访问方法；②调用 GetMap 操作，设置请求的参数，获得返回的地图图像；③如果 WMS 是可查询的 WMS，可以调用 GetFeatureInfo 操作，设置要求的位置参数，返回查询到的结果。

3. 网络地图服务请求实例

以 HTTP GET 方式请求 WMS 服务为例，简要介绍调用 WMS 服务的方法及返回的结果。

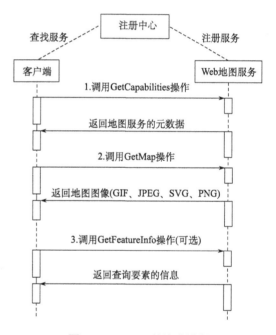

图 10-13　WMS 的请求过程

1）GetCapabilities 操作请求及返回

在浏览器地址栏中输入 GetCapabilities 的请求字符串，格式参照：

http://host[:port]/wmsserver?<servicename>&version&request=Getcapabilities

将会在页面中返回服务的描述文档，符合 OGC WMS1.3.0 标准的文件。该文件中详细描述了服务的名称、发布者信息、服务支持的三种操作、服务异常遵循的标准、服务包含的图层、图层的空间参考和空间范围、图层样式信息及是否支持查询等信息。通过解读该 XML 文件，用户可以了解服务的详细内容，确定服务的调用方式，以此为依据设置 GetMap 的调用参数。

不同版本的 WMS 服务的 GetCapabilities 操作返回的 XML　Schema 格式和内容上略有不同，具体可参见 OGC WMS 规范的相应版本。

2）GetMap 操作请求及返回

使用 GeoServer 软件发布一个 WMS 服务，在浏览器地址栏中输入 GetMap 的请求字符串：

http://localhost:8084/geoserver/wms?service=WMS&version=1.3.0&request=GetMap&Layers=tasmania&styles=&CRS=EPSG:4326&BBOX=-43.648056,143.83482400000003,-39.573891,148.47914100000003& format=image/gif&WIDTH=1200&HEIGHT=900

在上述字符串中，定义了 GetMap 操作需要的参数，如 WMS 服务的地址、版本号、空间范围、返回的图片尺寸、图层的数量、格式、不同图层之间的叠加方式等信息。服务器接收该字符串后提取相应参数，按照参数制作符合要求的图片并返回客户端，完成 GetMap 请求的操作。返回的结果在浏览器中显示如图 10-14 所示。

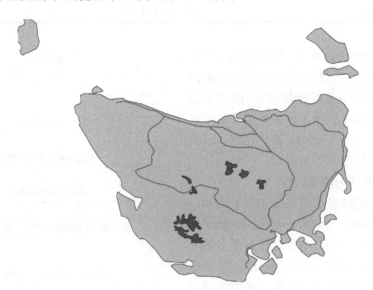

图 10-14　WMS 服务返回结果

思 考 题

1. 什么是网络服务？网络服务具备什么特征？

2. 什么是面向服务架构（SOA）？与其他软件范式相比，面向服务架构（SOA）有什么独特的优势？

3. 支撑网络服务技术的核心是什么？网络服务的协议栈主要包括哪些内容？

4. 什么是地理空间信息服务？与一般的网络服务有哪些异同？

5. 从信息视角看，地理空间信息服务主要包括哪些类型？

6. OGC 提出了地理空间信息服务（OWS）的抽象规范和技术实现规范，两者之间是什么关系？

7. OGC 提出的地理空间信息服务（OWS）技术规范定义了几种服务？分别完成什么功能？

8. 阐述 OGC 网络地图服务（WMS）实现的基本原理，试分析 OGC WMS 的主要优点和缺点。

9. 与传统 C/S、B/S 架构的 WebGIS 系统相比，基于网络服务架构的 GIS 系统具有什么优势和不足？

主要参考文献

陈述彭, 鲁学军, 周成虎. 1999. 地理信息系统导论. 北京: 科学出版社

崔铁军. 2016. 地理空间数据库原理. 2 版. 北京: 科学出版社

崔铁军. 2018. 地理信息服务导论. 2 版. 北京: 科学出版社

高俊, 夏运钧, 游雄, 等. 1999. 虚拟现实在地形环境仿真中的应用. 北京: 解放军出版社

郭仁忠. 2001. 空间分析. 2 版. 北京: 高等教育出版社

何建邦, 闾国年, 吴平生. 2004. 地理信息共享的原理与方法. 北京: 科学出版社

何宗宜. 2004. 地图数据处理模型的原理与方法. 武汉: 武汉大学出版社

胡鹏, 黄杏元, 华一新. 2002. 地理信息系统教程. 武汉: 武汉大学出版社

华一新, 吴升, 赵军喜. 2001. 地理信息系统原理与技术. 北京: 解放军出版社

黄杏元, 马劲松, 汤勤. 2001. 地理信息系统概论. 修订版. 北京: 高等教育出版社

江南, 李少梅, 崔虎平, 等. 2017. 地图学. 北京: 高等教育出版社

蒋景瞳. 1999. 中国地理信息元数据标准研究. 北京: 科学出版社

李德仁, 关泽群. 2002. 空间信息系统的集成与实现. 武汉: 武汉大学出版社.

李德仁, 王树良, 李德毅. 2019. 空间数据挖掘理论与应用. 3 版. 北京: 科学出版社

李国藻, 杨启和, 胡定荃. 1993. 地图投影. 北京: 解放军出版社

廖克, 等. 2007. 地球信息科学导论. 北京: 科学出版社

刘南, 刘仁义. 2002. 地理信息系统. 北京: 高等教育出版社

刘湘南, 王平. 2017. GIS 空间分析. 3 版. 北京: 科学出版社

龙毅, 温永宁, 盛业华. 2006. 电子地图学. 北京: 科学出版社

闾国年, 张书亮, 龚敏霞. 2003. 地理信息系统集成原理与方法. 北京: 科学出版社

孟令奎, 史文中, 张鹏林, 等. 2010. 网络地理信息系统原理与技术. 2 版. 北京: 科学出版社

宁津生, 陈俊勇, 李德仁, 等. 2016. 测绘学概论. 3 版. 武汉: 武汉大学出版社

全国地理信息标准化技术委员会, 中国 GIS 协会标准化与质量控制专业委员会. 2004. 地理信息国家标准手
    册. 北京: 中国标准出版社

史文中. 2005. 空间数据与空间分析不确定性原理. 北京: 科学出版社

汤国安, 刘学军, 闾国年. 2005. 数字高程模型与地学分析的原理与方法. 北京: 科学出版社

汤国安, 赵牡丹, 杨昕, 等. 2010. 地理信息系统. 2 版. 北京: 科学出版社

王宏志. 2017. 大数据分析原理与实践. 北京: 机械工业出版社

王家耀. 2011. 地图制图学与地理信息工程学科进展与成就. 北京: 测绘出版社

王家耀, 华一新. 1997. 军事地理信息系统. 北京: 解放军出版社

王家耀, 孙群, 王光霞, 等. 2014. 地图学原理与方法. 2 版. 北京: 科学出版社

邬伦, 刘瑜, 张晶, 等. 2001. 地理信息系统——原理、方法和应用. 北京: 科学出版社

吴信才. 2009. 空间数据库. 北京: 科学出版社

姚海鹏, 王露瑶, 刘韵洁. 2017. 大数据与人工智能导论. 北京: 人民邮电出版社

张宏, 温永宁, 刘爱利. 2006. 地理信息系统算法基础. 北京: 科学出版社

赵建虎. 2007. 现代海洋测绘. 武汉: 武汉大学出版社

中国科学技术协会, 中国地理学会. 2014. 2012—2013 地理学学科发展报告（地图学与地理信息系统）. 北京:
    中国科学技术出版社

周成虎, 苏奋振, 等. 2013. 海洋地理信息原理与实践. 北京: 科学出版社

周启鸣, 刘学军. 2006. 数字地形分析. 北京: 科学出版社

周卫, 孙毅中, 盛业华, 等. 2006. 基础地理信息系统. 北京: 科学出版社

朱长青, 史文中. 2006. 空间分析建模与原理. 北京: 科学出版社

Bernhardsen T. 2002. Geographic Information Systems: An Introduction. Third Edition. New York: John Wiley & Sons Press

Dodge M, McDerby M, Turner M. 2015. 地理可视化——概念、工具与应用. 张锦明, 陈卓, 龚建华, 等译. 北京: 电子工业出版社

Goyal R K，Egenhofer M J. 1997.The direction-relation matrix: A representation for direction relations between extended spatial objects.The Annual Assembly and the Summer Retreat of University Consortium for Geographic Information Systems Science. Monterey, USA

John D, Bossler J D. 2002. Manual of Geospatial Science and Technology. New York: Taylor & Francis Press

Kang-tsung Chang. 2009. 地理信息系统导论. 3 版. 陈健飞, 等译. 北京: 清华大学出版社

Kang-tsung Chang. 2016. 地理信息系统导论. 8 版. 陈健飞, 等译. 北京: 科学出版社

Karrk M J, Ormeling F. 2014. 地图学空间数据可视化. 张锦明, 王丽娜, 游雄译. 北京: 科学出版社

Okabe A, Miller H J. 1996. Exact computational methods for calculating distances between objects in a cartographic database.Cartography and Geographic Information Systems, 23(2): 180-195

Zeiler M. 2004. 为我们的世界建模. 张晓祥, 张峰, 姚静, 等译. 北京: 人民邮电出版社